Prof. Dr. Peter Schwarz

WASSERFASTEN

Prof. Dr. Peter Schwarz

mit Dr. Stefanie Reinberger

WASSERFASTEN

Diabetes und andere
entzündliche Krankheiten
in nur 14 Tagen besiegen

Neueste
Erkenntnisse
aus der
Medizin

DUMONT

Die Ratschläge in diesem Buch sind von Autor und Verlag sorgfältig erwogen und geprüft. Sie ersetzen jedoch keinen Arztbesuch. Alle Angaben in diesem Buch erfolgen daher ohne jegliche Gewährleistung seitens des Verlages und des Autors. Eine Haftung des Autors oder des Verlages und seiner Beauftragten für Personen-, Sach- und Vermögensschäden ist ausgeschlossen.

FSC
www.fsc.org
MIX
Papier | Fördert gute Waldnutzung
FSC® C083411

Das bei der Produktion dieses Buches entstandene CO_2 wurde durch die Finanzierung von Klimaschutzprojekten kompensiert:
climate-id.com/17531-2110-1001/de

4. Auflage 2026

Umschlaggestaltung: Lübbeke Naumann Thoben, Köln
Redaktionelle Mitarbeit: Dr. Stefanie Reinberger
Satz: Angelika Kudella, Köln
Gesetzt aus der Minion Pro
Druck und Verarbeitung: CPI books GmbH, Leck
Gedruckt auf säurefreiem und chlorfrei gebleichtem Papier
Printed in Germany
ISBN 978-3-7558-0080-4

www.dumont-buchverlag.de

Inhalt

Prolog

ES BEGANN MIT EINEM MISSVERSTÄNDNIS

Ich gebe zu, auch ein Professor ist nicht völlig frei von Vorurteilen. Ich jedenfalls bin es nicht. Lange Zeit zählte ich zu den Wissenschaftlern, die, wenn sie das Wort »Fasten« hörten, die Nase rümpften. Fasten, das gehörte für mich – wie vermutlich für die meisten meiner Kolleginnen und Kollegen in der akademischen Medizin – in einen Bereich, den ich irgendwo zwischen Esoterik und Quacksalberei ansiedeln würde. Ein Bereich, den wir in unserem Berufsfeld lieber nicht ernst nehmen, den wir ignorieren oder vor dem wir sogar warnen. Das mag einerseits einer gewissen Arroganz oder vielleicht sogar einer Portion Narzissmus geschuldet sein. Sie wissen schon: die Halbgötter in Weiß … Andererseits hat eine gewisse Skepsis auch ihre Berechtigung. Denn tatsächlich tummeln sich da draußen – neben guten Therapeuten, die fundiertes Wissen und sinnvolle komplementärmedizinische Behandlungsstrategien anzubieten haben – auch viele Scharlatane. Jene Vertreter, die den Leuten mit Heilsversprechen und »Therapien«, denen jegliche wissenschaftliche Grundlage fehlt, Geld aus der Tasche ziehen und die schlimmstenfalls sogar enormen gesundheitlichen Schaden anrichten können.

Kurz gesagt: Fasten war kein Thema, von dem ich dachte, dass ich mich jemals ernsthaft damit befassen würde. Doch dann passierte etwas, was mein Selbstbild vom erhabenen und quasi allwissenden Professor gründlich auf den Kopf stellte. Und das mich gelehrt hat, einen Schritt zurückzutreten und mit einem neuen Blick auf das Fasten und den Stoffwechsel zu schauen.

Sie müssen wissen, ich bin der Präsident der International Diabetes Federation, eines weltweit agierenden Diabetes-Verbandes. Das teile ich hier nicht aus Angabe oder Eitelkeit mit. Vielmehr möchte ich damit unterstreichen, dass ich durchaus etwas von meinem Fach verstehe – und von der Krankheit, die so vielen Menschen das Leben zur Qual macht. Doch weder mein Fachwissen noch die über viele Jahre gesammelte Erfahrung konnten mich auf das vorbereiten, was ich vor einigen Jahren erlebt habe, als ich gemeinsam mit meinen Kolleginnen und Kollegen an der Uni Dresden, wie schon so oft, an einer großen, internationalen wissenschaftlichen Studie mit Diabetes-Patienten beteiligt war.

Die Studie hatte folgendes Ziel: zu verstehen, warum es einigen Menschen mit Typ-2-Diabetes gelingt, die Krankheit durch eine geeignete Ernährung, Gewichtsabnahme und mehr Bewegung wieder loszuwerden – und anderen eben nicht. Den Typ-2-Diabetes kennen viele als sogenannten Altersdiabetes, obwohl diese Erkrankung auch immer öfter jüngere Menschen betrifft.

Wir wollten also untersuchen, welche Faktoren darüber entscheiden, ob eine Veränderung des Lebensstils die erhoffte Wirkung zeigt oder nicht. Ursprünglich dachten wir, den Schlüssel zur Umkehr des Diabetesgeschehens im Lebensstil der Menschen zu finden, also ob sie beispielsweise mehr auf Bewegung oder mehr auf Ernährung setzen. Oder ob bestimmte Diätkonzepte günstiger sind als andere. Aber natürlich haben wir auch körperliche Merkmale untersucht, etwa das Körperfett, von dem man weiß, dass es eine Rolle beim Entstehen und dem Fortschreiten der Erkrankung spielt. Wir analysierten bei unseren

Studienteilnehmern auf das Gramm genau, wie viel Fett in jedem Organ vorhanden war. Alle sechs Monate wurden die Patienten auf Herz und Nieren (und andere Organe) untersucht.

Unter den Teilnehmenden war ein Mann, der zu Studienbeginn eine große Menge Leberfett besaß. Er war Ende 60, mittelgroß und schob einen ordentlichen Bauch vor sich her. Ein eher unauffälliger Typ mit Schiebermütze und Blouson. Wenn ich ehrlich bin – das möge er mir verzeihen –, habe ich seine Erscheinung weniger gut in Erinnerung behalten als seine MRT-Aufnahmen. Diese haben sich wohl für immer in mein Gedächtnis gebrannt, und ich sehe sie noch heute im Detail vor mir. Wie gesagt: Zu Beginn der Studie hatte der Teilnehmer eine ordentliche Menge Leberfett. Die Bilder, die wir dann ein halbes Jahr später gemacht haben, waren für mich als Wissenschaftler ein echter Schock: Das Leberfett war weg. Vollständig verschwunden. Als sei es nie da gewesen. Das hatte ich bisher noch nie erlebt.

Ich habe geflucht. Und an der Technik gezweifelt. Meinem Team ging es genauso. Denn das, was wir da sahen, konnte einfach nicht sein. Wo war das Leberfett hin? Das verschwindet nicht einfach so! Also musste das Gerät defekt sein. Das war die einzige vernünftige Erklärung, die mir in den Sinn kam. Ich rief also bei Siemens an, dem Hersteller des MRT-Gerätes, das wir nutzten, und bestellte einen Techniker. Er sollte herkommen und das Gerät überprüfen. Doch bereits am Telefon, ohne das Gerät überhaupt gesehen zu haben, stellte er eine erste Ferndiagnose – und eine alles entscheidende Frage: »Hat der Patient vielleicht eine strenge Diät hinter sich?« – »Natürlich nicht«, antwortete ich bestimmt. »Er nimmt doch an einer Studie teil!« Der Techniker blieb beharrlich: »Fragen Sie ihn. Das kostet doch nichts. Ich habe das schon erlebt, dass Werte plötzlich besser wurden, wenn jemand wenig oder nichts gegessen hat.«

So weit war es also gekommen: Der Techniker, der für die Wartung meines Arbeitsgeräts zuständig war, erklärte mir, dem renommierten Mediziner, seinen Job und das Wunder einer Heilung. Ich war empört. Sollte nicht jeder Schuster bei seinem eigenen Leisten bleiben? Doch die Neugier, die ein Wissenschaftler sich schließlich immer bewahren sollte, siegte schließlich. Außerdem wollte ich sichergehen, dass der Techniker irrte und nicht etwa ich selbst. Ich rief also den Patienten an, der prompt von einer Fastenkur berichtete, die ihm seine Ernährungsberaterin empfohlen hatte!

Das gab mir zu denken. Wenn mein Proband sein Leberfett einfach so wieder losgeworden war – war das dann vielleicht kein Einzelfall? Steckte am Ende mehr dahinter? Der Techniker hatte es angedeutet. Ich fragte also bei Kollegen in anderen Ländern nach, die ebenfalls an der Studie beteiligt waren. Und tatsächlich: Auch sie hatten ähnliche Erfahrungen gemacht. Und sie waren von diesen Beobachtungen genauso überrascht wie ich.

Dieser wissenschaftliche Schock hat mich wachgerüttelt und gab den Anstoß für meine ganz persönliche Auseinandersetzung mit dem Fasten. Ich habe gelesen, geforscht und mich mit anderen Wissenschaftlerinnen und Wissenschaftlern ausgetauscht. Ich habe selbst gefastet und mehr als tausend Menschen persönlich beim Fasten begleitet. Viele weitere haben es ohne meine Unterstützung durchgezogen, weil sie etwa von Bekannten, die bei mir in Behandlung waren, davon gehört hatten. Manche von denen meldeten sich später bei mir, sodass ich auch von ihrem Erfolg erfahren habe.

Heute, einige Jahre nach meinem Anruf bei Siemens, bin ich ein glühender Anhänger des Fastens. Als entschiedener Wissenschaftler komme ich nicht umhin anzuerkennen, dass das, was ich einst für Hokuspokus hielt, die schnellste und effektivste Gesundheitsmaßnahme für praktisch alle chronischen Volkskrankheiten darstellt. Egal ob Diabetes, Bluthochdruck, Demenz, entzündliche Erkrankungen, Fettstoffwechselstörungen oder andere Leiden. Das bestätigen mittlerweile mehr als hundert wissenschaftliche Studien in der westlichen, von der akademischen Medizin geprägten Welt. So zeigt sich beispielsweise, dass bei mehr als der Hälfte der Patienten, die bereits seit bis zu zehn Jahren unter Diabetes mellitus Typ 2 leiden, die Erkrankung nach zwei Wochen Wasserfasten vollständig verschwindet – zusammen mit dem Leberfett.

Warum ist das so? Kurz gesagt: Mit Fasten bekämpfen wir körpereigene Fettdepots, genauer gesagt Fettablagerungen in der Leber. Die pure Präsenz von Fett in der Leber und in der Bauchspeicheldrüse (Pankreas) stellt ein enormes Gesundheitsrisiko dar und beschleunigt die Entwicklung von Diabetes, aber auch vieler anderer chronischer Erkrankungen. Man kann sich das Leberfett vorstellen wie eine körpereigene Massenvernichtungswaffe, die nach und nach Zellfunktionen und damit unsere Gesundheit zerstört.

Zugegeben: Das Leberfett loszuwerden, ist kein Allheilmittel. Und natürlich gibt es Umstände, unter denen es vielleicht nicht ratsam ist, zwei Wochen lang keine Nahrung zu sich zu nehmen. Doch für die meisten unter uns bringt dieser Verzicht einen enormen Benefit für die Gesundheit. Eine Nulldiät ist der effektivste und schnellste Weg zur Bekämpfung des Leberfetts, das unseren Organismus in seiner gesunden Funktion stört. Fasten bringt Ihren Stoffwechsel wieder ins Lot, kann Krankheiten vorbeugen und andere lindern oder sogar heilen. Es birgt die Chance auf ein gesünderes und sehr wahrscheinlich auch längeres Leben. Um es anders zu sagen: Für mich bieten zwei Wochen Wasserfasten den schnellsten Zugewinn an Gesundheit, der für einen Einzelnen möglich ist. Ich finde, das ist eine Aussicht, für die man durchaus zwei Wochen Verzicht in Kauf nehmen kann.

Mit diesem Buch möchte ich Ihnen erklären, warum das Wasserfasten funktioniert, und zeigen, welchen unglaublichen Nutzen es für Ihre Gesundheit bringt, Lebensmittel eine Weile nicht anzufassen. Vor allem aber möchte ich Sie einladen, es mir und den vielen Menschen, die ich dabei begleiten durfte, gleichzutun. Lassen Sie die Nahrung mal für zwei Wochen links liegen und wagen Sie das Abenteuer Wasserfasten. Ihre Gesundheit wird es Ihnen danken!

TEIL 1

Fasten: Neue Erkenntnisse

1

DIE WIEDERENTDECKUNG DES FASTENS

»Wer stark, gesund und jung bleiben will, sei mäßig, übe den Körper, atme reine Luft und heile sein Weh eher durch Fasten als durch Medikamente.«

Diese Empfehlung wird Hippokrates (460 – 375 v. Chr.) zugesprochen, dem griechischen Arzt, der als Mitbegründer der abendländischen Medizin gilt und auf den wir Ärzte auch heute noch unseren Eid schwören, die Regeln der ärztlichen Ethik zu achten. Hippokrates sah Fasten als ganzheitliche Gesundheitsstrategie an, aber auch als Heilmethode, um Krankheiten zu therapieren. So soll er ebenfalls gesagt haben: »Wenn die Krankheit auf ihrer Höhe ist, dann muss die knappste Nahrungszufuhr erfolgen.«

Ärzte im Mittelalter und in der Renaissance griffen diese Denkweise auf und ließen ihre Patienten bei einer ganzen Reihe von Erkrankungen fasten, vom Fieber über Syphilis bis hin zu allgemeinen Altersbeschwerden. Und der französische Chirurg Guy de Chauliac (1298 – 1368), einer der bedeutendsten Mediziner seiner Zeit, empfahl eine Fastenkur als Vorbereitung für Operationen.

Auch schon lange vor Hippokrates hatten Heiler und Gelehrte

beobachtet, dass eine maßvolle Ernährung oder sogar der zeitweise vollständige Verzicht auf Nahrung der Gesundheit zugutekommt und sogar Krankheiten heilen kann. Den ältesten Berichten über das Fasten zufolge wurde diese Methode bereits vor mehr als 4000 Jahren praktiziert. Und wahrscheinlich ist sie sogar noch viel älter. Bereits im alten Ägypten kannte man Perioden des Verzichts. Und im Ayurveda, dem alten indischen Medizinsystem, kommt dem Fasten ebenfalls eine wichtige Rolle zu: Es soll die Verdauungsorgane zur Ruhe kommen lassen, den Organismus reinigen und alle Körperfunktionen optimieren.

Gewiss, die moderne Medizin hat heute andere Methoden im Repertoire als das Fasten. Und doch täten wir gut daran, uns hin und wieder an das alte Wissen zu erinnern und es für uns zu nutzen. Denn der Lebensstil, der hierzulande und in anderen westlichen Industrienationen vorherrscht, macht uns krank: zu wenig Bewegung und bei Weitem zu viel Nahrung, die uns mit viel zu vielen Kalorien versorgt – und das am besten noch rund um die Uhr an jedem beliebigen Tag des Jahres. Die Folgen wiegen nicht nur auf der Waage schwer.

Wir Menschen werden immer dicker. Seit den 1970er-Jahren hat sich Adipositas, also Fettleibigkeit, weltweit fast verdreifacht. Die Weltgesundheitsorganisation (WHO) spricht von einer Adipositas-Epidemie. Noch Ende des 19. Jahrhunderts lag in Deutschland die durchschnittliche Lebenserwartung für Männer bei 35,6 Jahren und für Frauen bei 38,5 Jahren, wie die erste allgemeine Sterbetafel von 1871–1881 belegt. Nach Angaben des Statistischen Bundesamts leben Männer heute im Mittel 78,2 Jahre und Frauen 83 Jahre. Das ist im Grunde eine gute Entwicklung, gäbe es da nicht die Kehrseite der Medaille: Wir werden zwar älter, entwickeln aber auch mehr Krankheiten. Vor allem das Zuviel an Körperfett, eine Folge unserer modernen Lebensweise, bringt ein enormes Gesundheitsrisiko mit sich.

Die Gefahren von starkem Übergewicht für die Gesundheit sind längst bekannt. Adipositas gilt als Auslöser und Risikofaktor für mehr als 60 Begleit- und Folgeerkrankungen: Typ-2-Diabetes, Bluthochdruck und andere Herz-Kreislauf-Erkrankungen sowie Gelenkschäden sind nur die offensichtlichsten. Forschende finden immer mehr Beweise dafür, dass mit zunehmendem Gewicht auch das Risiko für eine ganze Reihe von Krebserkrankungen steigt. Das Immunsystem, also die körpereigene Verteidigungstruppe gegen Krankheitserreger, wird geschwächt. Die Psyche leidet. Das Risiko für neurodegenerative Erkrankungen wie Morbus Parkinson und die Alzheimer-Demenz steigt. Die Lebenserwartung dagegen sinkt: Nach Angaben der Deutschen Adipositas-Gesellschaft (DAG) haben Menschen mit Adipositas eine um etwa fünf Jahre geringere Lebenserwartung als Menschen mit Normalgewicht.

Die Liste lässt sich schier endlos fortsetzen. Klar ist: Dauerhafte Überversorgung und Adipositas schaden nicht nur dem Einzelnen. Sie werden auch zum Kosten- und Versorgungsproblem für das Gesundheitssystem und damit für die gesamte Gesellschaft.

Leberfett: Bad Guy des entgleisten Stoffwechsels

Epidemiologischen Studien zufolge hat rund 40 Prozent der Bevölkerung in einem Ausmaß Fett in der Leber und in der Bauchspeicheldrüse eingelagert, dass dieses im Ultraschall sichtbar ist. Wir sprechen hier von einer Größenordnung von 300 bis 350 Gramm Fett und mehr. Kritisch ist der Fettgehalt in der Leber aber bereits bei rund 100 Gramm. Wie viele Menschen das betrifft, dazu gibt es keine gesicherten Zahlen, denn um Fettmengen in dieser Größenordnung nachzuweisen und zu berechnen, müsste man aufwendige und vor allem kostspielige Untersuchungen im Magnetresonanztomografen durchführen. Rechnen wir aber die Daten hoch, die wir für das im Ultraschall sichtbare Fett haben, dann müssen wir davon ausgehen, dass ein Großteil der Bevölkerung betroffen ist. Wenn Sie älter als 35 sind, liegt die Wahrscheinlichkeit, kein Leberfett angesammelt zu haben, bei unter zehn Prozent – und zwar unabhängig von Ihrer Statur. Auch schlanke Menschen können Fetteinlagerungen in der Leber haben. Ursache dafür ist eine ungesunde Lebensweise mit vielen Kohlenhydraten und wenig Bewegung.

Und es kommt noch schlimmer: Ab etwa 100 Gramm Leberfett werden Sie bereits zum sogenannten Non-Responder. Das heißt, der Körper spricht auf Diäten und Sport kaum noch an. Stellen Sie sich das mal vor: Sie laufen 10 000 Schritte am Tag, aber es wirkt auf den Körper nur wie 2000 Schritte. Mit der altbekannten und oft empfohlenen Methode – also geringere Kalorienaufnahme bei gleichzeitig höherem Kalorienverbrauch – lässt sich das Körpergewicht dann nicht mehr reduzieren oder nur noch über einen sehr langen Zeitraum.

Das Leberfett besteht aus sehr festen Verbindungen zwischen Glukose und Fett. Diese Verbindungen knackt der Organismus nur, wenn ihm keine andere Wahl bleibt. Und genau hier setzt das Wasserfasten an: wenn dem Körper keine Nahrung und damit keine Energie mehr zugeführt wird und er sich diese aus den gut verschlossenen Fettreserven holen muss. Doch solange das Fett in der Leber sitzt, ist der Fettstoffwechsel insgesamt blockiert.

Der einzige effektive Weg, um das Fett loszuwerden und einen gesunden Körper zurückzuerlangen, ist dann das Wasserfasten. Und wenn wir der Epidemiologie Glauben schenken, sollte fast jeder von uns seinem Leberfett etwas mehr Aufmerksamkeit schenken – und es mithilfe des Wasserfastens, meiner 14-tägigen Nulldiät, eliminieren.

Stiefkind der Medizin

Bislang konnte sich das Fasten in der Medizin nicht so recht durchsetzen. Zwar gibt es Menschen, die verschiedene Formen des Heilfastens praktizieren. Doch es scheint, als stecke die Methode in einer Ecke irgendwo zwischen Lifestyle und Esoterik fest – ohne rechten Stellenwert in der etablierten Medizin. Oder haben Sie vielleicht schon mal von Ihrem Hausarzt eine Fastenkur verordnet bekommen?

Warum das so ist, dazu habe ich einige Thesen. Ich denke, ein ausschlaggebender Punkt ist, dass eine volle Speisekammer (und ein voller Bauch) etwas Beruhigendes hat. In der Geschichte der Menschheit gab es viel mehr Phasen der Mangelernährung als Zeiten des Überflusses: Die Angst davor, nichts zu essen zu bekommen, hat sich tief in unser kollektives Gedächtnis gegraben. Wir sind quasi darauf programmiert zu essen, solange etwas da ist. Denn wer weiß schon, wann die nächste Hungerphase kommt? Noch heute werden Sie in Städten wie Hamburg erleben, dass ältere Menschen mehr Lebensmittel aus dem Supermarkt nach Hause schleppen, wenn eine Sturmflut angekündigt ist – obwohl das die Versorgung in der Regel nicht beeinträchtigt. Und während der Coronapandemie kam es zu regelrechten Hamsterkäufen. Auch sie waren Ausdruck der Angst vor Hungerleiden und Hungertod. Wobei das Bunkern von Toilettenpapier eher weniger dazu beiträgt, die Ernährung in harten Zeiten zu sichern.

Der so programmierte Mensch denkt: Mehr ist besser, weniger schlechter. Dann muss gar nichts – und Wasserfasten ist nun mal gar nichts – logischerweise richtig schlecht sein (ist es aber nicht!). Essen hat einen enormen Stellenwert in unserer Gesellschaft. Bei Familienfesten wird gegessen, ebenso bei wichtigen Anlässen wie Geschäftsabschlüssen, wissenschaftlichen Konferenzen oder politischen Zusammenkünften. Essen ist bei uns mit Erfolg, Freude und Feiern verbunden. Ein reich gedeckter Tisch ist zudem Ausdruck, »es« geschafft zu haben – wie immer man dieses »es« definieren möchte. In manchen Kulturen sind üppige Körperformen noch immer ein Zeichen des Wohlstands. In Mauretanien etwa werden junge Frauen sogar regelrecht gemästet, um sie für ihre zukünftigen Ehemänner attraktiv zu machen und ihre Chance auf einen reichen Gatten zu erhöhen. Was das für ihre Gesundheit bedeutet, steht auf einem anderen Blatt.

Ein anderer Punkt ist: Die Medizin hat sich in vielerlei Hinsicht weiterentwickelt und kann heute mit anderen Methoden aufwarten. Medikamente und chirurgische Eingriffe wirken scheinbar schneller, eindeutiger, und zumindest auf den ersten Blick ist ihre Wirkung leichter nachvollziehbar. Außerdem ist es – zumindest kurzfristig gedacht – wesentlich einfacher, eine Tablette zu schlucken, einen Wirkstoff zu spritzen oder sich operieren zu lassen, als tagelang zu hungern.

Dass Naturheilkundler gern davon sprechen, den Körper mithilfe von Fastenkuren zu entschlacken, macht die Sache nicht besser. Der Begriff »Schlacken« gehört in den Bereich der Stahlindustrie, wo Eisenerz im Hochofen auf enorme Temperaturen erhitzt und so Roheisen gewonnen wird. Als Nebenprodukt entstehen die Hochofenschlacken. Im Körper jedoch gibt es zwar Abfallprodukte, die beim Stoffwechsel anfallen. Doch der Organismus sorgt dafür, dass diese fortwährend über Nieren, Leber, Darm, Lunge und Haut ausgeschieden werden. Die Vorstellung von Schlacken, die irgendwo im Körper herumgammeln, ist aus medizinischer Sicht nicht haltbar. Es ist vielmehr so, dass das Fasten die körpereigene Müllabfuhr ankurbelt und Zelltrümmer und Abfallprodukte dadurch effektiver entsorgt werden – ein Vorgang, den wir fachlich als Autophagie bezeichnen. Auch läuft der Stoffwechsel in der Leber auf Hochtouren, sodass eingelagerte Gifte ausgeschwemmt werden. Ganz so falsch ist die Vorstellung des Entschlackens und Entgiftens also nicht, nur die Wortwahl ist ein bisschen unglücklich. Doch darauf werde ich später nochmals eingehen.

Schließlich, so denke ich, sorgt noch ein weiterer ganz entscheidender Punkt dafür, dass dem Fasten in der akademischen Medizin unserer Zeit eine eher stiefkindliche Behandlung zuteilwird: die Gier der Menschen. Wasserfasten ist Medizin zum Nulltarif. Sie müssen schließlich nichts anderes tun, als 14 Tage lang jegliche Nahrung wegzulassen. Sie geben also für Ihr Gesundheitsprogramm nicht nur kein Geld aus. Sie sparen sogar noch, weil Sie ja keine Lebensmittel brauchen. Eine Frau, die ich beim Fasten begleitet habe, berichtete mir, dass sie ihren Mann von der Idee überzeugen konnte und beide die 14 Tage bei Wasser und Kräutertee gemeinsam durchgezogen haben. Es sei alles gut gelaufen und sie fühle sich wie neugeboren, erzählte sie. Auch ihre Laborwerte waren top und bestätigten den Erfolg. »Aber, Herr Schwarz, das Beste ist: Wir haben in den zwei Wochen ganz nebenbei noch 300 Euro gespart, weil wir nicht einkaufen mussten!«

Mit Menschen, die ihre Gesundheit derart eigenständig – und noch dazu kostenlos – in die Hand nehmen, lässt sich allerdings kein großer wirtschaftlicher Gewinn erzielen. Weder die Lebensmittelhersteller noch die Pharmaindustrie oder die Klinikbetriebe verdienen daran, wenn Sie einfach eine Zeit lang nicht essen.

Verstehen Sie mich bitte nicht falsch: Ich bin ja selbst approbierter Mediziner, und sowohl Arzneimittel als auch andere Therapiemethoden meiner Zunft haben natürlich ihre Berechtigung. Doch ich glaube, der fehlende monetäre Anreiz ist durchaus ein Grund dafür, dass es bislang noch verhältnismäßig wenige wissenschaftliche Studien zum Fasten gibt. Die Industrie wird solche Untersuchungen kaum finanzieren. Die bislang dünne Studienlage wiederum sorgt dafür, dass das Fasten seinen eher esoterischen Touch nicht so recht abschütteln kann. Und hier beißt sich die Katze dann in den Schwanz. Denn sind wir ehrlich: Welcher Staat und welche unabhängige Institution gibt schon gern Millionen an Fördergeldern für Forschung aus, um eine Methode zu erforschen, der ein eher fragwürdiger Ruf vorauseilt?

Fasten aus spirituellen Motiven

Ganz von der gesellschaftlichen Bildfläche verschwunden ist das Fasten natürlich nie – schon allein aus spirituellen Gründen. So ist Fasten seit Jahrtausenden wichtiger Bestandteil der Hindu-Religion, wobei es sich hier nicht um eine fest ritualisierte Pflicht handelt, sondern um eine freiwillige Handlung, die Anhänger dieser Glaubensrichtung aus verschiedenen Fastenpraktiken wählen können – vom Verzicht auf bestimmte Speisen über das Fasten an einzelnen Tagen bis zu einem ausgedehnten Wasserfasten.

Im Judentum und im Buddhismus wurde dem Fasten bereits früh eine reinigende Wirkung für Körper und Geist zugeschrieben. Muslime verzichten im Ramadan von Sonnenaufgang bis Sonnenuntergang auf Essen, Trinken, Rauchen und Sex. Und auch wenn das nicht das eigentliche Motiv ist: Aus rein medizinischer Sicht vollziehen sie damit eine Form des Intervallfastens. Den positiven gesundheitlichen Effekt machen viele aber durch abendliche Festgelage zunichte. Nun, es sei ihnen gegönnt! Gemeinsam zu essen ist eben auch gut für die Seele.

In der christlichen Tradition ist das Fasten ebenfalls fest verankert – 40 Tage vor Ostern und eigentlich auch im Advent, der Zeit, die heute eher von Plätzchen und Glühwein geprägt ist, also von noch mehr Kalorien statt Mäßigung. Der Verzicht in der christlichen Fastenzeit wird auch längst nicht mehr so streng gehandhabt wie einst: Im Mittelalter war den Christen in der vorösterlichen Fastenzeit lediglich eine Mahlzeit am Tag erlaubt. Der Genuss von Alkohol sowie Fleisch oder anderen tierischen Produkten war verboten. Bereits Mitte des 16. Jahrhunderts wurden die Regeln gelockert, und heute geht es eher darum, bewusst auf Genussmittel oder bestimmte Dinge wie Fernsehen und Social Media zu verzichten. Auch das kann in gewisser Weise reinigend wirken, ist aber nicht das, was ich als Arzt meine, wenn ich vom Fasten und dem damit verbundenen Gewinn für die Gesundheit spreche.

Medizinisches Fasten im 21. Jahrhundert

Um fair zu bleiben: Es gibt natürlich auch in unserer Zeit Menschen, die aus gesundheitlichen Gründen fasten. Oder, besser gesagt, es gibt sie wieder.

Das medizinisch motivierte Fasten erlebte eine Renaissance im Zuge der Lebensreformbewegung, die ab Mitte des 19. Jahrhunderts insbesondere in Deutschland und der Schweiz aus verschiedenen Strömungen entstand. Ihre Anhänger übten Kritik an Industrialisierung, Materialismus und Urbanisierung und führten an, dass diese zu Zivilisationsschäden und Zivilisationskrankheiten führen würden. Eine Rückkehr zu einer naturverbundeneren Lebensweise sollte dieser krank machenden Entwicklung entgegenwirken. Mäßigung, Verzicht und eben das Fasten passten wunderbar zu dieser Sichtweise.

Vorreiter des Heilfastens in Deutschland war Anfang des 20. Jahrhunderts der Arzt Otto Hermann Ferdinand Buchinger. Buchinger war zunächst als Militärarzt tätig, schied aber 1917 als Invalide – mit schwerer rheumatischer Erkrankung und kaum funktionierender Leber – aus dem Dienst aus. Verzweifelt wandte er sich an den Freiburger Naturheilkundler Dr. Gustav Riedlin. Selbst von amerikanischen Naturmedizinern und Fastenärzten beeinflusst, verordnete Riedlin seinem Kollegen eine 19-tägige Fastenkur – mit vollem Erfolg: Buchinger fand seine Gesundheit zurück und konnte sein Rheuma heilen. Davon beflügelt, etablierte Buchinger eine eigene Fastenmethode.

Das Heilfasten nach Buchinger ist nach wie vor eine der bekanntesten und beliebtesten Methoden. Zwei bis vier Wochen lang – heute meist 7 bis 10 Tage – gibt es maximal 250 bis 500 Kilokalorien pro Tag. Erlaubt sind 250 Milliliter Gemüsebrühe, 250 Milliliter Obst- und/oder Gemüsesäfte, 30 Gramm Honig und dazu mindestens 2,5 Liter Wasser oder Kräutertee. Wer über einen langen Zeitraum fastet oder viel Sport treibt, darf seinen Speisezettel noch um bis zu 200 Gramm Milchprodukte pro Tag ergänzen.

Es gibt heute schier unzählige Varianten des Heilfastens: Saftfasten, Molkefasten oder Schleimfasten, bei dem es dünnen Getreidebrei zu löffeln gibt, um nur einige zu nennen. Im Trend liegt aktuell das »Scheinfasten« – eine Form, die aus den USA zu uns herübergeschwappt ist. Diese Methode geht ursprünglich auf den Zellbiologen und Gerontologen Prof. Valter Longo von der University of California in Los Angeles zurück. Mein sehr geschätzter Kollege Prof. Dr. Andreas Michalsen, der an der Charité in Berlin eine Stiftungsprofessur für Naturheilkunde innehat, hat sie aufgegriffen, weiterentwickelt und im deutschsprachigen Raum bekannt gemacht. Rund 800 Kalorien dürfen bei dieser Kur auf drei Mahlzeiten verteilt verzehrt werden. Kompletter Verzicht gilt allerdings bei tierischen Produkten und Zucker.

Mir ist wichtig, klarzustellen, dass ich keine dieser Fastenmethoden in irgendeiner Weise schlechtreden möchte. Ich schätze es sehr, dass wir in der Gemeinschaft der Fastenforschenden einen sehr kollegialen und respektvollen Umgang miteinander pflegen. Schätzungsweise liegt das daran, dass es uns allen sehr am Herzen liegt, den größtmöglichen Gesundheitsgewinn für die Menschen zu erzielen, die uns und unseren Methoden vertrauen. Und wir wissen alle, dass wir dieses Ziel am besten verfolgen können, wenn wir in einem guten Austausch miteinander bleiben und bereit sind, voneinander zu lernen. So habe ich im Rahmen eines Fastenkongresses mit der kompletten Familie Buchinger/Wilhelmi gefrühstückt. Sie müssen wissen, dass die Nachkommen Otto Buchingers sich auch heute noch dem Fasten verschrieben haben – mit eigenen Fastenprogrammen und in den Buchinger-Kliniken, aber auch in der Forschung.

Mit Professor Andreas Michalsen tausche ich mich häufig aus und wir arbeiten auch auf verschiedenen Ebenen zusammen. Aktuell entwickeln wir gemeinsam große Pläne, um das Fasten und die Fastenforschung in Deutschland auf noch bessere Füße zu stellen.

Und Dr. Nicolai Worm, den geistigen Vater des »Leberfastens«, habe ich bei einem Kongress in der Pause kennengelernt. Ausgerechnet auf der Herrentoilette, die wir beide zeitgleich aufsuchten. Er begrüßte mich mit den Worten: »Herr Schwarz, das ist ja großartig, was Sie da machen!« – ein Kompliment, das ich ihm gern und mit Überzeugung zurückgeben konnte. Das Leberfasten nach Worm setzt während einer zweiwöchigen Kur vor allem auf Gemüse und einen von ihm entwickelten Proteinshake – mit dem Ziel, das Fett in der Leber zu reduzieren und einen Neustart für den Stoffwechsel zu erreichen. Das Faszinierende daran ist: Der Ernährungswissenschaftler hat sein Leberfasten bereits vor mehr als zehn Jahren entwickelt – in einer Zeit, in der man die Zusammenhänge zwischen Leberfett und Diabetes wissenschaftlich noch gar nicht so genau erklären konnte wie heute. Er hat also intuitiv in die richtige Richtung gedacht, und allein dafür zolle ich ihm meinen Respekt.

Leider wissen wir heute, dass eine Teilreduktion des Leberfetts nicht ausreicht. Der wirkliche Gesundheitseffekt setzt erst ein, wenn die Leber ganz frei ist von Fett – ein Zustand, der sich mit Wasserfasten erreichen lässt.

Königsdisziplin Wasserfasten

Was meine Fastenmethode von der meiner Kollegen unterscheidet? Ich bin radikaler! Denn keine der oben erwähnten Fastenkuren verzichtet vollständig auf Nahrungszufuhr – sie reduzieren sie lediglich mehr oder weniger drastisch. Mal gibt es Brühe und Gemüse, mal eine sehr kalorien- und kohlenhydratarme Kost, dann wieder gibt es einen speziellen Fastenshake. Ich will gar nicht in Abrede stellen, dass auch das einen herben Verzicht bedeuten kann. Und ich bin sicher, dass diese Methoden alle ihren Nutzen haben, zu einem positiven Effekt für die Gesundheit führen und Sie damit sogar Leberfett in einem gewissen Umfang reduzieren können – aber eben nicht ganz. Daher möchte ich Ihnen nahelegen, keine halben Sachen zu machen und sich stattdessen in der Königsdisziplin zu versuchen: dem Wasserfasten, also dem vollständigen Verzicht auf Nahrung – und damit den schnellsten und stärksten Zugewinn an Gesundheit, der möglich ist. Warum, das will ich Ihnen gern erläutern.

Zunächst einmal verstehe ich gut, wenn es Ihnen leichter erscheint, über den Tag verteilt wenigstens noch ein bisschen Nahrung zu sich nehmen zu dürfen. Ich selbst hatte bei meiner ersten Annäherung an das Fasten ebenfalls die Idee, dass das die Sache vielleicht etwas erträglicher macht. Mein Plan war, am Tag ein wenig Krautsalat zu essen und mir am Abend, nach den Strapazen des Verzichts, ein Gläschen Wein zu gönnen. Der pure Wahnsinn eigentlich. Eine Kollegin, mit der ich damals Dienst in der Notaufnahme schob, quittierte dieses Vorhaben mit den Worten: »Du spinnst! Entweder du fastest richtig oder du lässt es einfach bleiben!«

Das war in gewisser Weise mutig von der Kollegin – war sie doch damals Assistenzärztin und ich bereits Professor. Und Sie wissen ja vielleicht, dass Hierarchien im Fachbereich der Medizin durchaus noch etwas zählen. Aber die junge Kollegin war so überzeugt von dem, was sie zu sagen hatte, dass sie sich von der akademischen Rangordnung nicht davon abhalten ließ, mir ordentlich den Kopf zurechtzurücken. Und ich bin ihr für ihre Unverblümtheit wirklich dankbar. Denn nicht nur, dass ich mir mit dem Alkohol den positiven Effekt des Fastens zu einem Gutteil zunichtegemacht hätte. Für den Organismus ist Alkohol ein Gift, das schnellstmöglich unschädlich gemacht und entsorgt werden muss. Das nimmt die Leber in Anspruch, die den Alkohol mit oberster Priorität verstoffwechselt, um ihn zu entgiften – der Fettabbau wird derweil gebremst. Außerdem entstehen beim Alkoholabbau Fettsäuren, die wiederum in der Leber eingelagert werden.

Dazu kommt, dass ich mir das Leben durch den Krautsalat nur unnötig schwer gemacht hätte. Denn ich hätte meinem Darm permanent Arbeit geliefert. Ist der Darm dagegen vollständig geleert – und das ist ein wichtiger Grund dafür, weshalb eigentlich alle Fastenmethoden beinhalten, dass vorab abgeführt wird –, beruhigt sich die Darmbewegung. Das führt wiederum dazu, dass er weniger Botenstoffe ausschüttet, die »Hunger« signalisieren. Die allermeisten Hormone nämlich, die Hunger und Appetit signalisieren, kommen aus der Darmwand und werden ausgeschüttet, wenn sich der Darm bewegt.

Es mag psychologisch betrachtet leichter erscheinen, wenigstens ein bisschen zu essen. Sie wissen ja, wir tragen alle eine tief verankerte Angst in uns, verhungern zu müssen. Daher ist auch bei vielen die Bereitschaft größer, eine Fastenmethode zu probieren, bei der es zumindest noch ein klein wenig Nahrung gibt –

selbst wenn es sich nur um winzige Mengen von 100 bis 200 Kilokalorien handelt. Diese Erfahrung hat bereits der kalifornische Fastenvorreiter Valter Longo gemacht, als er vorschlug, Krebspatienten mithilfe einer Fastenkur auf die Chemotherapie vorzubereiten (mit großem Erfolg übrigens). Ursprünglich wollte er, ähnlich wie ich es heute propagiere, seine Patienten auf eine Nulldiät setzen – und biss damit auf Granit. Gänzlich ohne wenigstens eine winzig kleine tägliche Mahlzeit wollte sich niemand darauf einlassen. Das war im Grunde die Geburtsstunde des bereits erwähnten Scheinfastens.

Das Problem an der Sache: Selbst winzige Nahrungsmengen stimulieren den Verdauungstrakt – mit der Folge, dass Sie Hunger und Appetit verspüren. Ich will nicht behaupten, dass beides beim Wasserfasten nicht auch auftreten kann. Aber ich bin der festen Überzeugung, dass es sogar leichter ist, gar nicht zu essen, als dem Verdauungstrakt immer wieder ein kleines bisschen Nachschub zu liefern. Und genau so habe ich es ja auch selbst erlebt.

Viel gravierender ist aber: Der Fettabbau in der Leber funktioniert am besten, wenn überhaupt kein Nachschub mehr kommt. Beim Fasten schaltet der Stoffwechsel nach ein paar Tagen in einen anderen Modus um: die Ketose. Der Körper nutzt diesen Stoffwechselweg, wenn die verfügbaren Nährstoffe aufgebraucht sind und auch kein Nachschub mehr von außen kommt. So wie beim Wasserfasten. Die Ketose ist ein Stoffwechselzustand, bei dem der Körper zur Energiegewinnung auf die gespeicherten Reserven zurückgreift: Er nutzt das sonst nur schwer verfügbare Fett aus der Leber. Dabei entstehen die namensgebenden Ketonkörper – sehr energiereiche chemische Verbindungen. Sie fluten den Körper und versorgen so als Energieträger weiter entfernt liegende Organe und Gewebe. Doch wie gesagt: Die Voraussetzung dafür ist, dass dem Körper keine Energie mehr von außen zugeführt wird.

Sie ahnen vielleicht schon, was passiert, wenn Sie bei einer Fastenkur immer wieder ein wenig Nahrung zu sich nehmen, und sei es nur eine Kleinigkeit. Genau! Die Ketose wird jedes Mal unterbrochen, weil der Körper ja nun wieder auf leicht verfügbare Energie zurückgreifen kann. Dadurch wird das Fett in der Leber zwar reduziert und auch abgebaut, aber eben nicht vollständig. Genau das lässt sich aber mit Wasserfasten erreichen. Alternativ könnten Sie bei anderen Fastenmethoden die »verlorene Zeit« nachholen. Hochgerechnet müssten Sie dann aber sechsmal so lange fasten, um im Bezug aufs Leberfett den gleichen Effekt zu erreichen. Wollen Sie das?

So viel zur Theorie. Wie gut die einzelnen Fastenmethoden im echten Leben in Bezug auf das Leberfett abschneiden, untersuche ich derzeit gemeinsam mit meinen Kollegen Prof. Andreas Michalsen und Dr. Daniela Koppold, die auch bei mir im Institut gearbeitet hat. Bis wir hier die ersten handfesten Ergebnisse veröffentlichen können, wird es aber noch eine Zeit lang dauern. Ich hatte ja bereits erwähnt, dass es schwierig ist, Mittel für die Finanzierung von Studien zum Fasten zu erhalten. Wir bauen daher gerade ein Fastenregister auf, um Daten von Fastenden zu sammeln und auswerten zu können. Um noch besser zu verstehen, was beim Fasten im Körper passiert.

Ich persönlich schwöre auf das Wasserfasten. Für mich steht fest: Es ist an der Zeit, das Fasten im großen Maßstab wiederzuentdecken und in unserem Kulturkreis zu etablieren. Das hat nichts mit Irrationalität, Esoterik und Geheimnissen zu tun. Es lässt sich gut erklären, was beim Fasten im Körper passiert und warum es die Gesundheit fördert. Darauf werde ich in den folgenden Kapiteln noch näher eingehen. Denn ich möchte, dass Sie verstehen, warum ein zeitweiliger Nahrungsverzicht gut ist für Ihren Organismus. Sie sollen ja, wenn Sie es selbst probieren wollen, aus Überzeugung handeln – und nicht, weil der Professor aus Dresden es gesagt hat.

2

FASTEN IST TEIL DES EVOLUTIONÄREN ERBES

»Alles schön und gut, Herr Professor«, denken Sie jetzt vielleicht. »Verzicht hin, Minimalismus her – aber kann es denn überhaupt gesund sein, gar nicht zu essen?«

Ich will Ihnen an dieser Stelle eine kleine Anekdote erzählen, die sich vor ein paar Jahren auf einem internationalen Kongress zugetragen hat: Ich war selbst überrascht, als ich bei dieser Veranstaltung hörte, dass sich viele Hindus jedes Jahr eine Nulldiät verordnen. Ein amerikanischer Mediziner empörte sich und bezeichnete das Verhalten als »gefährlich«. Ein indischer Kollege konterte: »Nein, überhaupt nicht.« Daraufhin erwiderte der US-Bürger: »Ja, aber die Hindus haben bekanntlich keinen Diabetes.« Der Inder: »Jetzt wissen Sie auch, warum.« Ich – der Diabetologe, der damals schon aufs Wasserfasten schwor – musste lachen.

Natürlich kann ich es verstehen, wenn Sie erst mal Zweifel haben. Und damit sind Sie auch nicht allein. Ich bin mittlerweile bekannt. Menschen lesen Interviews mit mir, in denen ich über das Wasserfasten spreche, oder sie entdecken auf YouTube Videos, in denen ich mich zum Thema äußere. Andere finden meine Website zum Thema, über die ich auch Fastenbegleitung anbiete, oder sie hören von Freunden und Bekannten, dass sie das Wasserfasten durchgezogen haben, und werden neugierig. Und natürlich sind da meine eigenen Patienten, denen ich das Wasserfasten immer wieder zur Behandlung ihrer Stoffwechselerkrankung empfehle. Die Menschen kommen also aus völlig verschiedenen Richtungen auf mich zu. Kranke ebenso wie Gesunde wenden sich an mich, weil sie in Erwägung ziehen, meine Form des Wasserfastens auszuprobieren. Viele treibt dabei vor allem eine Sache um: »Geht das überhaupt, zwei Wochen lang auf Nahrung zu verzichten? Schade ich mir am Ende nicht mehr, als ich damit gewinne?«

Um es vorwegzunehmen: Es ist wissenschaftlich erwiesen, dass der Mensch vier bis sechs Wochen lang ohne Nahrung auskommen kann – und zwar ohne dass es in dieser Zeit zu einer Minderversorgung an Mikronährstoffen oder Vitaminen kommt. Entscheidend für das Überleben ist die Flüssigkeitszufuhr. Der Organismus ist sogar darauf ausgerichtet, auch längere Hungerphasen zu überleben. Ich gehe sogar so weit zu sagen: Niemals zu hungern ist gegen die Evolution und die menschliche Biologie!

Das evolutionäre Erbe

Lassen Sie uns einen Blick auf die Menschheitsgeschichte werfen. Die ältesten Fossilien des Homo sapiens datieren ungefähr 300 000 Jahre zurück. Forschenden vom Max-Planck-Institut für evolutionäre Anthropologie in Leipzig gelang es vor einigen Jahren, Knochenfunde aus der Höhle Djebel Irhoud in Marokko eindeutig unserer Spezies zuzuordnen und sie auf dieses stolze Alter zu datieren.

Warum ich das erzähle? Weil ich denke, dass Sie diese Fakten kennen und sich diese immensen Zeiträume bewusst machen sollten. Denn nur dann können Sie nachvollziehen, warum unser evolutionäres Erbe vorsieht, dass wir eben ab und an auch mal Hungerphasen durchmachen müssen, um gesund zu bleiben – und warum sich unser Stoffwechsel nicht mal eben auf das Leben in einer westlichen Industrienation umprogrammiert.

300 000 Jahre sind eine unfassbar lange Zeit. Und die Entwicklungsgeschichte des Menschen reicht noch viel weiter zurück: Der letzte gemeinsame Vorfahre von Mensch und Schimpanse lebte wissenschaftlichen Berechnungen zufolge vor rund sechs Millionen Jahren. Nach allem, was Anthropologen und Anthropologinnen herausgefunden haben, hat sich die Ernährungsweise in dieser Zeit immer wieder verändert: vom reinen Pflanzenköstler zum zeitweisen Allesfresser, der seinen Speisezettel ab und an durch Aas ergänzte, hin zum Jäger und Sammler und später auch zum Ackerbauern. Doch egal, welche Kost unsere Vorfahren in der jeweiligen Entwicklungsperiode bevorzugten – sie mussten für ihre Mahlzeiten immer schwer schuften. Sie legten weite Wege zurück auf der Suche nach Essbarem, verausgabten sich bei der Jagd und ackerten auf ihren Feldern. Gleichzeitig erlebten sie immer wieder Zeiten, in denen das Nahrungsangebot knapp war, weil Dürren, Überschwemmungen, Feuer und andere Katastrophen die Ernte vernichteten oder das Sammeln von Nüssen, Samen, Beeren und Wurzeln unmöglich machten. Weil der dringend benötigte Jagderfolg ausblieb. Weil zu bestimmten Jahreszeiten – in unseren Breiten etwa im Winter – der Essensnachschub knapp war und die Vorratskammer irgendwann leer. Und weil Stammesfehden, Kriege, Ausbeutung und Unterdrückung den Zugang zu Essbarem immer wieder limitierten.

Auf diese immer wiederkehrenden Phasen des Mangels hat die Evolution eine Antwort gefunden. Wir haben einen enormen Appetit auf energiereiche Nahrung entwickelt, also beispielsweise Süßes und Fettiges. Und wir besitzen die Fähigkeit, uns einen Vorrat anzufuttern – in Form von Fettreserven, von denen man in Zeiten des Mangels zehren konnte. Der Mensch machte also über Jahrtausende das, was wir bei Tieren beobachten können, wenn sie sich eine Speckschicht für den Winterschlaf anfressen.

Dieses evolutionäre Erbe tragen wir noch immer in uns. Doch zumindest in unseren Breiten haben sich die Lebensbedingungen seit den Wirtschaftswunderjahren, also vor allem in den letzten 70 bis 80 Jahren, drastisch geändert. Nahrung ist für die meisten von uns quasi rund um die Uhr verfügbar, der Weg zum gut gefüllten Kühlschrank und zum nächsten Supermarkt in der Regel nicht weit. Körperlich anstrengen müssen wir uns also nicht, um uns die Bäuche zu füllen. Gleichzeitig strotzt das Angebot vor fettigen, süßen und salzigen Speisen, bei denen wir – dank des über Jahrmillionen etablierten Programms – kräftig zulangen.

Die Nahrungsmittelindustrie trägt mit Produkten wie Schokoriegeln und Cornflakes, mit frittierten Kohlenhydraten und mit stark verarbeiteter Fertignahrung, die mit verstecktem Zucker und unsichtbarem Fett »aufgepeppt« wurde, ihr Übriges dazu bei. Nahrung wurde von Lebensmittelchemikern derart optimiert, dass sie einfach unwiderstehlich ist – obwohl sie oft wenig von dem enthält, was unserem Körper guttut, und mehr von dem, was billig ist, uns zudem nach mehr verlangen lässt und letztlich unserer Gesundheit schadet. Ich selbst habe im Rahmen eines Experiments von Kollegen mal die, wie ich fand, leckerste Pizza meines Lebens verkostet. Wie ich hinterher erfuhr, gab es dabei jedoch einen Haken: Sie enthielt nichts, aber auch gar nichts, was normalerweise in eine gute hausgemachte Pizza gehört (und die ist mit ihrem Gehalt an Fetten und Kohlenhydraten schon nicht die allerbeste Ernährungswahl). Diese Pizza, wenn man dieses belegte Etwas überhaupt noch so nennen möchte, war ein Meisterstück der Lebensmittelchemie.

Geschmacks-, Füll- und Zusatzstoffe gaukeln uns leckere und wertvolle Produkte vor, von denen wir immer mehr und mehr wollen. Die Nahrungsmittelindustrie versteht sich vortrefflich darauf, die Werkzeuge in die Irre zu führen, die uns die Evolution mitgegeben hat, um gute von minderwertiger Nahrung zu unterscheiden – für maximalen finanziellen Gewinn, aber leider auf Kosten unserer Gesundheit.

In der evolutionären Falle

Ich denke, Sie ahnen, worauf ich hinauswill: Unser evolutionäres Erbe fällt uns auf die Füße. Niemals in der Geschichte der Menschheit war der Tisch permanent so reichlich gedeckt, wie wir es heute in den meisten Esszimmern in westlichen Industrienationen erleben. Die fünfzig oder auch hundert Jahre, in denen sich dieser Wandel vom periodischen Mangel hin zum dauerhaften Überfluss vollzogen hat, sind im Vergleich zu – je nach Betrachtungsweise – 300 000 oder sogar 6 Millionen Jahren Entwicklungsgeschichte nicht einmal ein Wimpernschlag. Die Entwicklung zum Homo McDonald's vollzog sich zu schnell. Und hinter dieser Revolution, die unsere moderne Lebensweise bedeutet, kommt die Evolution schlicht nicht hinterher. Vielleicht justiert sie im Laufe der nächsten Zehntausenden von Jahren nach und verlagert unser Programm vom Energiespeichermodus mit beinahe unstillbarem Appetit auf Hochkalorisches hin zu einem Hang zu kleineren Portionen, energieärmerer Nahrung und einem Stoffwechsel, der weniger auf Vorratshaltung ausgerichtet ist. Doch das ist höchst spekulativ. Und vor allem werden Sie und ich das nicht mehr erleben.

Aktuell sitzen wir also in der evolutionären Falle. Wir werden immer dicker und kränker. Schätzungen der World Obesity Federation legen nahe, dass im Jahr 2035 mehr als vier Milliarden Menschen weltweit von Übergewicht und Adipositas betroffen sein könnten. Zum Vergleich: Im Jahr 2016 waren mehr als 1,9 Milliarden Erwachsene (39 Prozent) über 18 Jahren übergewichtig, davon mehr als 650 Millionen Menschen (13 Prozent) fettleibig. Im Jahr 1975 dagegen waren lediglich fünf Prozent der Erwachsenen weltweit adipös – das entspricht einer dreimal niedrigeren Rate im Vergleich zu 2016.

Übergewicht und Fettleibigkeit sind bei Weitem nicht nur ein optisches Problem – zumal Schönheitsideale auch kulturell bedingt sind und schlank nicht immer dem vorherrschenden Trend entspricht. Denken Sie nur an die gemästeten jungen Frauen in Mauretanien. Oder an die üppigen Rundungen, die der flämische Barockmaler Peter Paul Rubens (1577 – 1640) auf seine Leinwände bannte, die sogenannten Rubensfiguren. Oder nehmen Sie die Venus von Willendorf, eine circa 30 000 Jahre alte prähistorische Skulptur, die eine durchaus beleibte Frau darstellt, mit ausladendem Becken, dicken Schenkeln und Bauch sowie großen Brüsten. Archäologen interpretieren sie und vergleichbare Funde aus ganz Europa als Fruchtbarkeitssymbol. Kein Wunder eigentlich, denn wer so viel Körperfett gebunkert hat, vermag den Nachwuchs sehr wahrscheinlich auch noch durch die nächste Hungerperiode zu bringen.

Hier zeigt es sich also wieder, das über Jahrtausende geprägte Verhalten, in guten Zeiten für schlechte vorzusorgen. Wer leicht zunahm und schnell ein paar Fettpolster zu speichern vermochte, hatte in prähistorischen Zeiten – und wohl auch bis weit in die Neuzeit hinein – einen klaren Überlebensvorteil. Die negativen Folgen machten sich kaum bemerkbar. Die Menschen hatten ja ausreichend Gelegenheit, ihre Fettreserven in Zeiten des Mangels auch wieder loszuwerden, und waren daher wahrscheinlich nie dauerhaft fett.

Wer es dennoch schaffte, seine Pölsterchen über einen längeren Zeitraum zu halten, bekam von den negativen Nebenwirkungen seiner körpereigenen Vorratshaltung trotzdem nichts mit – weil er sie schlicht nicht erlebte. Die Menschen starben früh – an Infektionskrankheiten oder an Verletzungen, die sie sich etwa bei der Jagd zuzogen. Das galt bis weit in die Neuzeit hinein. Noch Ende des 19. Jahrhunderts lag die durchschnittliche Lebenserwartung sowohl bei Männern als auch bei Frauen unter 40 Jahren. Während des allergrößten Teils der Entwicklungsgeschichte wurden die Menschen also schlicht nicht alt genug, um Diabetes zu entwickeln oder mit 60 einen Herzinfarkt zu erleiden. Solche negativen Langzeitfolgen übten daher kaum Selektionsdruck aus – die Evolution musste sich damit, platt gesagt, nicht befassen.

Das evolutionäre Erbe nutzen

»Schöner Mist«, schießt es Ihnen jetzt möglicherweise durch den Kopf. »Wenn uns die Evolution darauf programmiert hat, möglichst viel zu essen, solange etwas da ist, uns aber genau dieses Verhalten in der heutigen Zeit krank macht, dann sind wir doch praktisch chancenlos.« Nun, ganz so ist es zum Glück nicht. Mir ist es wichtig, Ihnen die prekäre Lage, in die wir uns in den westlichen Industrieländern manövriert haben, deutlich zu machen. Aber nur zu jammern und Untergangsstimmung zu verbreiten, entspricht nicht meinem Stil. Ich schaue lieber optimistisch in die Zukunft. Und ich würde bestimmt kein ganzes Buch schreiben, wenn ich für dieses Problem keine Lösung anzubieten hätte.

Was also können Sie tun, um der Fettfalle zu entkommen, die unsere eigene Evolution uns gestellt hat? Eine Möglichkeit wäre ein durch und durch disziplinierter Lebensstil mit ausgewogenen, aber niemals üppigen Mahlzeiten, einem ausreichenden Maß an Bewegung und tunlichst ohne Alkohol. Dumm nur, dass die Wenigsten von uns auf Dauer das nötige Maß an Disziplin mitbringen. Denn das würde bedeuten, beständig gegen das eigene evolutionär bedingte Verhalten anzukämpfen.

Dazu kommt, und das ist das weitaus gravierendere Problem: Hat sich das Leberfett erst einmal festgesetzt, helfen disziplinierte Ernährungspläne und Bewegung kaum noch. Betroffene werden, wie bereits erwähnt, zu sogenannten Non-Respondern: Ihr Stoffwechselprogramm ist durch das Leberfett derart beeinträchtigt, dass sie auf herkömmliche Methoden zur Gewichtsreduktion kaum noch ansprechen.

Die andere, meines Erachtens bessere Methode ist, Ihr evolutionäres Erbe für sich arbeiten zu lassen. Das klingt jetzt vielleicht etwas paradox. Aber eigentlich ist es doch ganz logisch: Wenn wir dafür gemacht sind, in guten Zeiten vorzusorgen, dann müssen diese Phasen des Mangels, in denen diese Vorräte aufgebraucht werden, eben auch mal kommen. Und wenn das Bunkern in unseren Genen liegt, dann hat uns die Evolution logischerweise auch das Fasten in die Gene geschrieben.

Das Ganze habe ich mir natürlich nicht nur ausgedacht. Erst 2024 lieferten Forschende des Berlin Institute of Health in der Charité gemeinsam mit internationalen Kollegen entscheidende Beweise dafür, dass wir über ein körpereigenes Fastenprogramm verfügen. Männer und Frauen hatten sich freiwillig für die Untersuchung einem siebentägigen Wasserfasten unterzogen. Während dieser Zeit – genauer gesagt ab dem dritten Fastentag – veränderte sich die Zusammensetzung der Eiweißmoleküle im Blut der Probanden und Probandinnen grundlegend. Das betraf etwa jedes dritte gemessene Protein, also mehr als 1000 dieser Moleküle, was auf eine weitreichende Veränderung im Stoffwechsel und in den Organen hinweist. Der Organismus arbeitet beim Fasten nicht einfach nur auf Sparflamme. Er schaltet vielmehr in ein völlig anderes Programm um: sein Fastenprogramm.

Interessanterweise legten die Männer und Frauen in der Studie einen Gutteil des während des Fastens abgenommenen Körpergewichts – im Mittel waren es 5,7 Kilogramm – zwar schnell wieder zu, darunter etwa verloren gegangenes Bindegewebe. Die durchschnittlich rund 1,5 Kilogramm Körperfett, die die Teilnehmenden dank Nahrungsverzicht verloren hatten, setzten sie jedoch nicht wieder an. Zu einem ähnlichen Ergebnis kam zuvor bereits eine Studie aus China, bei der Männer ein zehntägiges Wasserfasten vollzogen hatten.

Das unterstreicht auf das Vortrefflichste, was ich seit Jahren immer und immer wieder fast schon gebetsmühlenartig wiederhole: Um gesund zu bleiben oder – wenn der Stoffwechsel bereits entgleist ist – wieder gesund zu werden, müssen wir auf den Gegenspieler unseres evolutionären Erbes setzen. Wir müssen also ab und an mal hungern, um unsere Speicher wieder zu leeren und Fettdepots loszuwerden. Und wenn die Hungerperioden nicht von den Umweltbedingungen vorgegeben werden, dann müssen Sie sie sich eben selbst verordnen: in Form von Wasserfasten. Sind die Speicher dann geleert und das Leberfett vernichtet, dürfen Sie übrigens gern einen disziplinierten oder zumindest gesünderen Lebensstil anstreben. Das wäre sehr zu Ihrem Vorteil. Wie das aussehen kann, darauf kommen wir am Ende des Buches nochmals zu sprechen.

Warum Kritiker irren

»Aber Moment mal! Ich habe doch erst kürzlich ein Interview gelesen, in dem ein Mediziner vom Fasten abrät«, mag sich jetzt vielleicht eine mahnende Stimme in Ihrem Inneren melden. Und tatsächlich gibt es einige Kolleginnen und Kollegen, die das Fasten kritisieren oder sogar für gefährlich halten. Dabei handelt es sich oft um angesehene Fachleute. Daher will ich auf diese

Kritik eingehen und sie aus meiner Sicht beleuchten. Denn ich möchte ja, dass Sie sich sicher sind, wenn Sie nach dieser Lektüre (hoffentlich) mit dem Fasten beginnen.

Eines der häufigsten Gegenargumente, die Ihnen in Zeitschriften und im Internet entgegenspringen: Fasten eignet sich nicht zum Abnehmen. Nun, möchte ich kontern, das ist auch nicht unser Ziel. Jedenfalls nicht das vorrangige. Für viele Menschen, die ich beim Fasten begleite, ist die Gewichtsabnahme natürlich trotzdem wichtig – aus medizinischen Aspekten ebenso wie für ein besseres Körpergefühl und nicht zuletzt, um sich selbst wieder attraktiver zu finden. Und tatsächlich ist das auch der Effekt, den Sie bei sich zu Hause beobachten können. Kein Radiologe wird Sie mal eben in die Röhre schieben, damit Sie anhand von MRT-Aufnahmen prüfen können, ob Ihr Leberfett wirklich verschwunden ist. Wenn Sie also nicht gerade an einer Studie teilnehmen, bei der das untersucht wird, oder so viel Leberfett haben, dass es in der Hausarztpraxis per Ultraschall festgestellt wurde, bleibt Ihnen letztlich nicht viel anderes übrig, als darauf zu vertrauen, dass es funktioniert. Dagegen sehen Sie die Gewichtsreduktion in Form von Zahlen auf Ihrer Waage – und mit Sicherheit zeigt auch Ihr Spiegelbild die Veränderung. Die Gewichtsabnahme ist beim Fasten also ein Indikator, dass es funktioniert – und für viele natürlich auch ein wichtiger Motivator.

Womit ich den Kritikern recht geben muss: Während des Fastens stellt sich der Stoffwechsel nicht nur um. Er fährt auch herunter. Denn natürlich versucht der Körper in dieser vermeintlichen Notlage so viel Energie einzusparen, wie er kann. Er »weiß« ja nicht, dass die Hungerphase in wenigen Tagen schon wieder vorbei ist. Dem können Sie aber entgegenwirken, indem Sie aktiv bleiben. Wer sich beim Fasten auf die Couch legt, schiebt seinen Stoffwechsel in die falsche Richtung und baut zudem statt Fett wertvolle Muskulatur ab.

Wer unter diesen ungünstigen Bedingungen nach dem Fasten zudem in alte, ungünstige Ernährungsgewohnheiten zurückfällt, dem droht mit an Sicherheit grenzender Wahrscheinlichkeit der gefürchtete Jo-Jo-Effekt: Das Gewicht schnellt rapide wieder hoch, vielleicht sogar noch höher als zuvor. Wenn Sie sich aber an ein paar Regeln halten, wird Sie das Schreckgespenst des Jo-Jo-Effekts sehr wahrscheinlich nicht heimsuchen. Zu diesen Regeln gehört, dass Sie sich auch während des Fastens bewegen. Denn dadurch verhindern Sie, dass Sie statt Fett wertvolle Muskulatur verlieren, die Ihnen außerdem dabei hilft, den Grundumsatz Ihres Organismus hochzuhalten. Außerdem sollten Sie versuchen, nach den 14 Tagen Nahrungsverzicht Ihre Ernährung langsam (und im Idealfall auch gesünder) wieder aufzubauen. Wie das geht, darauf gehe ich später noch ein.

Über den zweiten Kritikpunkt, den man immer wieder liest, kann ich eigentlich nur lachen. Es gibt Ärzte und Ärztinnen, die behaupten, Fasten mache krank. Sie beziehen sich dabei auf Blutwerte, die während des Fastens oder direkt im Anschluss genommen wurden. Und tatsächlich: Diese sehen furchterregend aus. Ich habe das selbst erfahren, als wir vor einigen Jahren bei uns in der Klinik ein Fastenprogramm als betriebliche Gesundheitsförderungsmaßnahme durchgeführt haben. Ich war damals im Zusammenhang mit dem Fasten noch nicht so erfahren wie heute, aber deswegen nicht weniger motiviert. Und weil wir es für eine gute Idee hielten, haben wir bei den Teilnehmenden des Programms Blutproben genommen – eigentlich mit der Idee, ihnen schwarz auf weiß zu präsentieren, wie sehr sich ihre Gesundheit verbessert. Diese Proben, zumindest die, die wir während des Fastens oder gleich im Anschluss daran genommen haben, haben wir dann vernichtet – ohne die Fastenden über die Ergebnisse zu informieren. So schlimm sahen sie aus. Gerade so, dass man meinen sollte, einen schwer kranken Menschen vor sich zu haben.

Nach dem ersten Schock wurde uns jedoch recht schnell klar: Die erschreckenden Blutwerte hatten einen leicht erklärbaren und so gar nicht besorgniserregenden Grund. Die Leber ist, wie Sie vielleicht wissen, die Entgiftungszentrale des Körpers. Sie filtert Giftstoffe aus dem Blut, etwa Alkohol, Medikamente und schädliche Stoffe, die mit der Nahrung aufgenommen werden. Das meiste davon macht die Leber unschädlich und wandelt es derart um, dass es mit dem Urin oder über den Stuhl ausgeschieden werden kann. Einige Toxine aber – darunter Schwermetalle – kann sie nicht verarbeiten und entsorgen. Und diese sammeln sich in der Leber an.

Wenn Sie fasten, kurbeln Sie dabei den Stoffwechsel der Leber an. Und das betrifft nicht nur das Leberfett, von dem wir bereits gesprochen haben. Ganz nebenbei werden auch allerhand Giftstoffe aus der Leber beseitigt und gelangen ins Blut, bevor sie den Körper schließlich verlassen. Zwischenzeitlich und auch direkt im Anschluss an das Fasten sehen die Blutwerte dadurch verheerend aus. Doch ich verspreche Ihnen: Bereits kurze Zeit später normalisieren sich die Werte wieder – wahrscheinlich sind sie sogar besser als zuvor. Genauso haben wir es auch bei den Teilnehmenden unseres Klinik-Fastenprogramms beobachtet. Und so zeigt es meine praktische Arbeit immer wieder. Sie tun also auch auf diese Weise Ihrer Leber und Ihrem gesamten Organismus Gutes.

Gewinn für die Gesundheit

Ich gehe davon aus, dass wir in den nächsten Jahren noch viele Beweise dafür finden werden, dass Fasten Teil unserer Biologie ist und damit unabdingbar für unsere Gesundheit. Für mich ist es entscheidend zu wissen, dass die pure Präsenz von Fett in der Leber krank macht. Es loszuwerden ist das Beste, was Sie für Ihre Gesundheit tun können. Und um das zu erreichen, führt am Fasten kein Weg vorbei. Als Mediziner und als Wissenschaftler – und damit darauf geeicht, ganz genau zu überlegen, wo Risiken bestehen – sage ich daher aus voller Überzeugung: Jeder (erwachsene) Mensch sollte ab und an zwei Wochen lang wasserfasten. Fast schon gebetsmühlenartig wiederhole ich seit Jahren zwei Sätze: »Fasten ist der schnellste Zugewinn an Gesundheit, den Sie für sich ermöglichen können. Und das auch noch kostenlos.«

Jetzt werden Sie sich vielleicht fragen, wie hoch dieser zu erwartende Zugewinn an Gesundheit überhaupt ist. Schließlich muss sich der Verzicht ja lohnen. Noch vermag ich keine endgültigen Beweise in Form von Studien zu liefern. Denn dafür müssen wir eine Langzeitstudie durchführen, in der wir Menschen, die regelmäßig fasten – und eine ebenso große Gruppe, die es nicht tut –, über die nächsten 40 Jahre medizinisch begleiten und erfassen, wie sich ihre Gesundheit langfristig entwickelt und wie sich das auf ihre Lebensdauer auswirkt. Auch hier wird uns das Fastenregister helfen, genauere Aussagen zu treffen.

Wir wissen aber, dass Menschen, die regelmäßig fasten, gesünder sind und daher erwartungsgemäß auch älter werden.

Besonders gut untersucht ist dieser Effekt bei Labortieren. Bereits in den 1940er-Jahren erkannten Forschende aus den USA in Fütterungsversuchen: Ratten, die regelmäßig fasten, haben eine um 50 Prozent erhöhte Lebenserwartung. Ähnliches wurde seither bei einer ganzen Reihe unterschiedlicher Lebensformen von der Bäckerhefe bis zu Primaten nachgewiesen. Beim Menschen sind derart systematische und klar definierte Versuche unter Laborbedingungen kaum durchführbar. Und im Alltag spielen viele weitere Faktoren, wie sportliche Aktivität, Stress im Alltag oder Umweltbelastungen wie Luftverschmutzung oder Lärm, ebenfalls eine bedeutende Rolle für die Gesundheit. Dennoch legen epidemiologische Studien nahe, dass sich Kalorienrestriktion und Fasten auch beim Homo sapiens lebensverlängernd auswirken. Und wir wissen, dass Fasten eine ganze Reihe von schwerwiegenden Erkrankungen positiv beeinflussen, lindern oder heilen kann oder dazu beiträgt, dass sie gar nicht erst auftreten. Das ist mittlerweile in einer ganzen Reihe von Studien gut belegt, wie ich später im Buch noch genauer erläutern werde.

Gleichzeitig können wir mit Sicherheit sagen, dass Leberfett und Bauchfett krank machen und die Lebenserwartung verkürzen. So kommt eine internationale Studie, in der Forschende die Daten von mehr als zweieinhalb Millionen Menschen ausgewertet haben, zu dem Ergebnis, dass das Risiko, vorzeitig zu versterben, pro zehn Zentimetern Bauchumfang um elf Prozent steigt. Umgekehrt belegt eine Studie, dass bereits fünftägiges Wasserfasten die Risikofaktoren für das metabolische Syndrom reduziert. Darüber hinaus fanden die Forschenden bei ihren Probanden vermehrt Biomarker für einen Anti-Aging-Effekt.

Aus solchen Untersuchungen können wir Schlüsse ziehen: Nehmen Sie zum Beispiel Menschen mit Diabetes Typ 2, bei denen die Lebenserwartung um durchschnittlich 17 Jahre verkürzt ist. Das bedeutet: Hätten diese Menschen durch Fasten ihr Leberfett beseitigt und anschließend einen gesünderen Lebensstil gepflegt, würden sie dementsprechend 17 Jahre länger leben. Ich behaupte daher, dass regelmäßiges Fasten das Leben um 15 bis 20 Jahre verlängern kann.

3

GUTES FETT – SCHLECHTES FETT

Wenn Sie mir bis hierher gefolgt sind, ist Ihnen mit Sicherheit aufgefallen, dass ich immer wieder vom Leberfett gesprochen und dabei mehrfach erwähnt habe, dass wir es durchs Fasten drastisch reduzieren oder sogar gänzlich loswerden können. Ja, dass man es sogar loswerden *muss*, um gesund zu bleiben oder – falls man bereits erkrankt ist – um wieder gesund zu werden.

Zunächst einmal: Fett ist nicht grundsätzlich schlecht für den Körper. Im Gegenteil! Der Körper braucht Fette, um reibungslos zu funktionieren. So ermöglicht Nahrungsfett – natürlich in Maßen genossen, nicht in Massen – dem Organismus erst, fettlösliche Vitamine überhaupt gut zu verwerten. Verstehen Sie mich bitte nicht falsch: Das ist kein Freifahrtschein, um ungezügelt fettiges Junkfood in sich hineinzustopfen. Denn viele Fette, darunter die sogenannten Transfette, die etwa in gehärteten Fetten sowie vielen stark verarbeiteten Produkten und Frittiertem stecken, wirken sich in vielfacher Weise ungünstig auf den Stoffwechsel und die Gesundheit aus. Wenn Sie unsicher sind, welche Fette gut für Ihren Körper sind: Im Anhang finden Sie eine Tabelle, die zeigt, welche Lebensmittel gute und welche schlechte Fette beinhalten (Seite 275).

Im Körper sind Fette wichtige Bestandteile von Zellmembranen, also den Hüllen, die die Körperzellen ummanteln und von ihrer Umgebung abgrenzen. Außerdem sorgen sie für eine reibungslose Kommunikation zwischen den Zellen, so auch bei der Signalübertragung im Gehirn. Überhaupt besteht das Gehirn zu mehr als fünfzig Prozent aus Fett. Dabei handelt es sich allerdings um andere Fette als die, die für ihre unschöne Angewohnheit bekannt sind, über den Hosenbund zu quellen.

Fett dient uns zudem als Isoliermaterial und zur Polsterung. Sie möchten sich nicht vorstellen müssen, wie es sich anfühlen würde, ohne das Fettkissen unter der Ferse zu gehen. Es ist einer der wichtigsten Stoßdämpfer des Körpers. Auch empfindliche Organe schützt das Fett und hüllt sie ein wie eine Art Luftpolsterfolie. Wenn Sie sich mal stoßen, tragen Sie meist einen blauen Fleck davon. Ohne das schützende Körperfett würde der Schlag bis zu den Organen durchgehen. Und das könnte schnell lebensgefährlich werden.

Nicht zuletzt ist Fett ein hervorragender Energiespeicher. Und genau dadurch kann es zur Gesundheitsfalle werden. Denn Vorräte zu bunkern, ist natürlich nur sinnvoll, wenn diese Hungerperioden wirklich ab und an eintreten, so wie es bei unseren Vorfahren über Jahrmillionen immer wieder der Fall war. Ich habe es in einem der vorherigen Kapitel bereits erwähnt. Werden die Fettreserven nicht benötigt, der Nachschub an Nahrung bleibt aber kontinuierlich hoch, wachsen die Vorratslager im Körper und werden zum Problem.

Fett ist keine tote Wabbelmasse

Um zu verstehen, warum ein Übermaß an Körperfett problematisch ist für die Gesundheit, müssen Sie wissen, dass Körperfett keine tote Wabbelmasse ist und auch kein passiver Energiespeicher. Das haben Forschende erst in den letzten zwanzig Jahren nach und nach herausgefunden. Vielmehr ist Fettgewebe ein Organ und funktioniert wie eine Drüse im Körper. Bauchfett zum Beispiel schüttet mehrere Hundert Botenstoffe ins Blut aus – und ob bislang wirklich alle entdeckt wurden, wage ich zu bezweifeln. Das Erschreckende ist: Die meisten davon sind für den Organismus problematisch.

Über die Botenstoffe kommuniziert das Fettgewebe mit dem gesamten Organismus, inklusive dem Gehirn. Das Fettgewebe beeinflusst so das Hungergefühl, die Insulinwirkung und ist an der Steuerung des Stoffwechsels beteiligt. Es wirkt sich auf den Blutdruck aus sowie auf die Bildung neuer Blutgefäße und die Blutgerinnung. Die Botenstoffe des Fettgewebes mischen bei der Zellteilung mit, und sie nehmen Einfluss auf das Immunsystem. Damit junge Frauen ihre Regelblutung bekommen und später Kinder gebären können, benötigen sie eine bestimmte Menge an Körperfett. Das mag einer der Gründe dafür sein, warum heranwachsende Frauen in Mauretanien traditionell gemästet werden: Mollige Mädchen werden früher geschlechtsreif. Den umgekehrten Effekt sehen wir, wenn bei Magersüchtigen die Menstruation ausbleibt.

Fett bewirkt im Körper also allerhand. Und es ist leicht nachvollziehbar, dass die Dinge aus dem Ruder laufen, wenn es immer mehr und mehr wird. Denn wo mehr Fett ist, werden auch mehr Botenstoffe ausgeschüttet. Die bislang fein abgestimmte Regulation kippt und wir werden krank.

Der Speicherort macht's

Das war die vereinfachte Variante für das grundlegende Verständnis. Wie gefährlich das Fett ist, hängt nicht nur von der Menge ab, sondern auch davon, wo im Körper es gespeichert ist. Wir Mediziner und Medizinerinnen sprechen von Fettkompartimenten. Das sind quasi verschiedene Räume im Körper. Stellen Sie sich vor, Sie bestellen immer wieder Dinge im Internet, die Sie eigentlich gar nicht brauchen, weil Sie längst komplett ausgestattet sind. Die Lieferungen verteilen Sie dann, so gut Sie eben können, in Ihrer Wohnung. Manche Sachen landen im Flur, andere im Wohnzimmer, und einen weiteren Teil stapeln Sie im Schlafzimmer. Wo beeinträchtigt Sie das Gerümpel am meisten? Und wo brauchen Sie am meisten Kraft, um wieder auszumisten?

Die Antwort mag in Bezug auf eine private Wohnung individuell verschieden ausfallen. Im Körper kennen wir Fachleute darauf klare Antworten. Grob gesagt, kennen wir dreierlei Kompartimente: das Unterhautfett, das Bauchfett und eben das Leberfett. Und alle drei wirken sich sehr unterschiedlich auf den Organismus aus.

Ungeliebt, aber weitestgehend harmlos: Unterhautfettgewebe

Ich beschreibe es gern so: Unterhautfettgewebe – wir Mediziner nennen es subkutanes Fett – ist das, was Sie irgendwo am Körper zwischen zwei Finger nehmen können, also die mehr oder weniger großen Speckröllchen, die viele am Bauch mit sich herumtragen, als Pausbäckchen im Gesicht, aber auch an den Armen, den Beinen und am Po. Je nach persönlichen Vorlieben, vorherrschenden Schönheitsidealen und Kulturkreis mag man das vielleicht nicht schön finden (oder, je nach kultureller Prägung, eben doch), aber es ist relativ harmlos. Es ist ein permanentes Speicherorgan. Es speichert die Energie, die aus unserer Nahrung im Überfluss in den Körper gelangt. In gewisser Weise dient es auch als Wärmeisolation – aber nicht in dem

Maße wie bei Tieren, die sich für den Winter eine Speckschicht anfressen. Wer etwas mehr subkutanes Fett mit sich herumschleppt, kühlt in kaltem Wasser langsamer aus. Das haben seit den 1960er-Jahren zahlreiche Studien nachgewiesen. Dass übergewichtige Menschen deswegen generell weniger frieren, ist aber ein Trugschluss.

Endokrinologisch betrachtet, also wenn es um Hormone und andere Botenstoffe geht, ist das Unterhautfettgewebe unproblematisch. Sie können eine Menge davon mit sich herumtragen, ohne dass es Ihren Stoffwechsel beeinträchtigt. Für den Körper stellt es ab einer gewissen Menge natürlich trotzdem ein Problem dar. Das zusätzliche Gewicht der Speckpolster belastet Knochen und Gelenke ebenso wie die Lunge, was zu Kurzatmigkeit und Atemnot führen kann. Auch das Herz muss bei hohem Übergewicht mehr Kraft aufwenden, um den Körper ausreichend mit Blut zu versorgen. Diese Mehrarbeit kann langfristig zu Herzproblemen führen. Dazu kommt, dass das Fett unter der Haut für Chirurgen zu einer großen Herausforderung werden kann. Sie müssen sich mit ihren Skalpellen durch die Fettschicht arbeiten. Das erschwert den Zugang zur Operationsstelle ebenso wie die Sicht darauf. Auch das Risiko für Wundheilungsstörungen und Infektionen ist nach dem Eingriff erhöht. Einen Freifahrtschein für Rettungsringe kann ich Ihnen daher leider nicht ausstellen.

Außerdem: Wer größere Mengen an subkutanem Fett aufweist, hat sehr wahrscheinlich auch mit Bauch- und Leberfett zu tun. Und dann ist es ganz und gar nicht mehr harmlos. Interessanterweise gibt es aber Menschen, die zwar mit einigem subkutanem Fett aufwarten, aber weder Bauchfett jenseits der normalen Menge noch Leberfett besitzen. Vielleicht haben Sie schon mal von den »gesunden Dicken« gehört, also Personen, die zwar mollig sind, aber dennoch einen gesunden Stoffwechsel haben – also keinen Diabetes, Blutfettwerte im normalen Bereich und einen unauffälligen Blutdruck.

Bauchfett macht krank

Die wahren Probleme beginnen eine Schicht tiefer: beim Bauchfett, fachlich auch als viszerales Fett bezeichnet. Das typische Erscheinungsbild bei einem Zuviel an Bauchfett ist eine prall gespannte Kugel über dem Hosenbund, der Bierbauch also. Vielleicht haben Sie schon einmal gelesen, dass der sogenannte Apfeltyp – das sind Menschen, die eine runde Körpermitte aufweisen – mit einigen Gesundheitsrisiken einhergeht.

Etwa jeder Dritte Erwachsene ist von Bauchfett betroffen – das gilt insbesondere für Menschen mit Adipositas. Aber auch Personen mit leichtem Übergewicht und, wenn auch seltener, augenscheinlich Schlanke können betroffen sein. Bis zu einem mittleren Alter sind es in der Mehrheit Männer, die Bauchfett vor sich hertragen. Das ist unter anderem dem Testosteron geschuldet. Frauen haben durch das weibliche Hormon Östrogen einen gewissen Schutz. Sinkt der Östrogenspiegel in den Wechseljahren, »vermännlichen« Frauen aus Stoffwechselperspektive. Das liegt nicht etwa daran, dass sie plötzlich mehr männliche Hormone hätten. Im Gegenteil: Auch der Testosteronspiegel ist in den Wechseljahren rückläufig, wenn auch nicht so deutlich. Mit abnehmendem Östrogen verschiebt sich jedoch das Verhältnis zwischen männlichen und weiblichen Hormonen. Der bisherige Schutz geht verloren und Frauen holen dann in Sachen Bauchfett rapide auf – und damit leider auch bei den damit einhergehenden Gesundheitsrisiken wie Herz-Kreislauf-Erkrankungen und Diabetes.

Rund 900 Gramm inneres Bauchfett gelten als normal – wobei es hier große individuelle Unterschiede gibt, weil der gesunde Wert auch von Alter, Größe und Geschlecht abhängt. Bei übergewichtigen Diabetikern können es durchaus bis zu zehn Kilogramm werden. Eine beachtliche Menge, die immense gesundheitliche Probleme mit sich bringt.

Bereits mit rund fünf Kilogramm Bauchfett – das entspricht etwa zwanzig Päckchen Butter, die sich im Bauchraum verteilen – ist das Risiko für das metabolische Syndrom, also die Kombination aus Übergewicht, Bluthochdruck und Störungen des Fett- und Kohlenhydratstoffwechsels, zweieinhalbfach erhöht. Die Gefahr, an einer Depression zu erkranken, steigt sogar um das Dreifache. Ungefähr diese Menge an Bauchfett erhöht zudem nicht nur das Risiko für eine Alzheimer-Demenz. Betroffene erkranken auch 17 Jahre früher als der Durchschnitt der Bevölkerung. Und, das wird vor allem die männlichen Leser schockieren: Knapp fünf Kilogramm Bauchfett bewirken, dass ein Mann nur noch fünf Prozent vitale Spermien hat. Das heißt, er ist zeugungsunfähig. Denken Sie mal daran, wie viele Menschen in Ihrem Umfeld Schwierigkeiten mit der Familienplanung haben!

»Wie kann das sein?«, mögen Sie sich fragen. »Was hat denn meine kleine Plauze mit all diesen schlimmen Erkrankungen zu tun?« Um das zu verstehen, müssen Sie wissen, dass das Bauchfett gleich mehrere Funktionen erfüllt.

Evolutionär betrachtet ist Bauchfett ein wichtiges Speicherorgan, das sehr schnell überschüssige Energie einlagert und sie auch rasch wieder abgibt. Die Jäger und Sammler unter unseren Vorfahren haben davon sehr profitiert. Kehrten die Jäger der Gruppe erfolgreich ins Lager zurück, wurde das erlegte Tier von der Gruppe schnell verspeist. Man konnte es ja nicht einfrieren oder im Kühlschrank lagern. Das Bauchfett bunkerte die überschüssige Energie aus dem Festmahl, sodass die Menschen über die nächsten Tage und vielleicht auch Wochen davon zehren konnten. Heute allerdings, mit unserem permanent verfügbaren Überangebot an energiereicher Nahrung, benötigen wir diese Funktion eigentlich nicht mehr. Das Speicherdepot wächst und wächst.

Gleichzeitig gibt das Bauchfett permanent freie Fettsäuren

in den Blutkreislauf ab – auch ohne Hungerperioden. Dabei handelt es sich um Energieträger, die Menschen früher während Phasen des Mangels ernährt haben. In einer Zeit, in der die meisten in unseren Breiten nie darben müssen, werden diese jedoch nicht aufgebraucht. Sie sammeln sich an und sorgen für eine deutlich erhöhte Konzentration an freien Fettsäuren im Blut. Denn zu dem, was das Bauchfett abgibt, kommen ja noch Massen an Fettsäuren aus der Nahrung dazu. Problematisch sind hier insbesondere gesättigte Fettsäuren aus tierischen Produkten sowie trans-Fettsäuren aus hoch verarbeiteter Nahrung. Das wiederum pusht das Risiko für Arteriosklerose, also Gefäßverkalkung, und Herz-Kreislauf-Erkrankungen massiv.

Doch das ist noch lange nicht alles. Die noch größere Gefahr steckt an einer anderen Stelle. Denn Bauchfett ist kein reiner Energiespeicher. Es wird, sobald es über das normale Maß hinausgeht, zur tickenden Zeitbombe. Ich hatte bereits erwähnt, dass Körperfett eigentlich ein Organ ist, eine Drüse, die Botenstoffe ausschüttet und darüber mit dem gesamten Organismus kommuniziert. Für das Bauchfett gilt das ganz besonders. Unter den Hunderten von Botenstoffen, die das viszerale Fett in die Blutbahn abgibt, sind nur wenige nützliche, deren Wirkung bei wachsendem Fettdepot aber teilweise ausgehebelt wird. Im Großen und Ganzen wirken sich die meisten Botenstoffe aus dem Bauchfett eher negativ auf den Organismus aus – sie machen uns krank. Was sich die Evolution dabei »gedacht« hat, stellt Fachleute vor ein Rätsel.

Was wir aber wissen: Je mehr Bauchfett eine Person ansammelt, umso mehr Botenstoffe entstehen und gelangen in die Blutbahn. Gleichzeitig wird das Bauchfett zu entzündetem Gewebe, in das viele Entzündungszellen einwandern. Dabei handelt es sich um Zellen des körpereigenen Abwehrsystems, die dann im Bauchfettgewebe ebenfalls Botenstoffe abgeben. Die Folge: Das fein abgestimmte Gleichgewicht im Bauchfett entgleist. Problematische Botenstoffe treten in den Vordergrund. An verschiedenen Stellen im Körper kommt es zu unterschwelligen Entzündungen, die Sie selbst nicht bemerken, die aber den Organismus schädigen. Es drohen Herzinfarkt und Schlaganfall, das metabolische Syndrom, Typ-2-Diabetes, Depressionen und Demenz, Hormonstörungen, aber auch Krebs. Ein Zuviel an Bauchfett verkürzt damit die Lebenserwartung.

Die gute Nachricht: Diese Entgleisung lässt sich weitestgehend rückgängig machen. Schwindet das Bauchfett, schüttet es auch weniger Botenstoffe aus. Das gilt zumindest für die meisten dieser Substanzen. Das Bauchfett muss also weg!

Das gelingt zum Glück viel besser als beim hartnäckigen Unterhautfettgewebe. Allerdings sollten Sie dabei viel mehr auf Bewegung als auf Ernährung setzen (auf diese natürlich auch!). Muskeln, die sich bewegen, können die freien Fettsäuren aus dem Blut verstoffwechseln. Das senkt nicht nur das Risiko für Arteriosklerose, sondern unterstützt auch die Reduktion des Bauchfetts. Etwa 45 Gramm pro Woche können Sie davon loswerden, wenn Sie jeden Tag 10 000 Schritte gehen. Bei 30 Minuten körperlicher Aktivität am Tag, und das mehrmals in der Woche, stellt sich eine Abnahme von Bauchfett von etwa 500 Gramm pro Monat ein. Ein paar Wochen Disziplin und Sport können also einiges bewirken, um das Risiko einer Erkrankung an Diabetes, Bluthochdruck oder Alzheimer zu senken und gesund zu bleiben oder zu werden.

Doch leider gibt es auch eine schlechte Nachricht. Das Ganze funktioniert nur, wenn Sie nicht bereits Leberfett angesammelt haben, das den Abbau des Bauchfetts behindert.

Leberfett ist ein Killer

Ich sage gern: Bauchfett macht uns krank, aber das Leberfett bringt uns um! Ich möchte behaupten, dass 100 Kilogramm Unterhautfettgewebe dem entsprechen, was ungefähr vier Kilogramm viszerales Fett oder 100 Gramm Leberfett im Körper anrichten. Für dieses »Ranking« kann ich keine wissenschaftlichen Belege zitieren, aber es entspricht dem, was ich seit Jahren in der Praxis beobachte.

Leberfett ist die aggressivste und gefährlichste Form des Körperfetts, die wir kennen. Sehr wahrscheinlich haben Sie schon einmal von einer Fettleber gehört. Vielleicht verbinden Sie diesen Begriff mit übermäßigem Alkoholkonsum und denken: »Das betrifft mich nicht.« Aber weit gefehlt: Eine Fettleber kann auch durch ungünstige Ernährung und Bewegungsmangel entstehen. Fachlich sprechen wir von der nicht-alkoholischen Fettleber oder einer metabolisch assoziierten Fettleber.

Das Erschreckende ist: In Deutschland hat jeder vierte Erwachsene eine Fettleber, und sogar jedes dritte übergewichtige Kind ist betroffen. Mit gravierenden Folgen: Neben dem Risiko für Diabetes, Bluthochdruck und andere Herz- und Gefäßkrankheiten steigt auch die Gefahr für einen fortschreitenden Funktionsverlust der Leber (Leberfibrose) und dafür, an einer Leberzirrhose zu erkranken. Dabei handelt es sich um eine bislang unheilbare Leberentzündung, die das Entgiftungsorgan nach und nach zerstört. Sie ist außerdem der Hauptrisikofaktor für Leberkrebs und begünstigt das Entstehen anderer Krebserkrankungen.

Das Problem: Eine Fettleber bleibt lange Zeit unbemerkt: Sie schmerzt nicht. Erst bei weit fortgeschrittener Verfettung kann es zu einem Druckgefühl im Oberbauch kommen. Auch im Ultraschall ist Leberfett lange nicht sichtbar. Erst ab etwa 300

Gramm kann Ihr Hausarzt oder Ihre Hausärztin die Fetteinlagerung sehen. Dann haben Sie bereits eine mittelgradige Fettleber entwickelt.

CHECKLISTE LEBERFETT – BIN ICH BETROFFEN?

Leberfett ist erst bei einer Einlagerung von etwa 300 Gramm im Ultraschall zu sehen. Kleinere Mengen zu erkennen und den Anteil des Fetts in der Leber zu berechnen, gelingt aktuell nur im Magnetresonanztomografen und mithilfe spezieller Software. Allein die hohen Kosten, aber auch die mangelnde Verfügbarkeit derart ausgestatteter Geräte schließen die Möglichkeit, das eigene Leberfett mal eben bestimmen zu lassen, quasi aus. Doch es gibt Hinweise, anhand derer Sie Ihr individuelles Risiko abschätzen können:

- Die Statistik spricht ab einem gewissen Alter gegen Sie: Wenn Sie in Deutschland leben und älter als 35 Jahre sind, ist Ihre Wahrscheinlichkeit, Leberfett zu haben, höher als die Wahrscheinlichkeit, keines zu haben.
- Übergewicht und Adipositas, vor allem aber Bauchfett lassen darauf schließen, dass auch die Leber bereits zum Fettdepot geworden ist.
- Wenn Sie – neben Übergewicht – noch andere Anzeichen des metabolischen Syndroms haben, also beispielsweise Bluthochdruck oder erhöhte Fettwerte im Blut, müssen Sie damit rechnen, dass Ihre Leber verfettet ist.
- Leiden Sie bereits unter Diabetes oder Prädiabetes, haben Sie sehr wahrscheinlich Fett in der Leber eingelagert.

- Auch Ihr Lebensstil lässt Schlussfolgerungen zu, insbesondere Ihre Ernährung. Stehen zweimal pro Woche oder sogar öfter frittierte Kohlenhydrate auf dem Speiseplan, hinterlässt das Fettspuren in Ihrer Leber.
- Regelmäßiger Alkoholkonsum lässt die Leber verfetten. Das Organ toleriert nur geringe Mengen: Bei Männern maximal 20 Gramm pro Tag, das entspricht einem großen Bier; bei Frauen maximal 10 Gramm pro Tag, also etwa einem Achtel Wein. Mehr führt zu alkoholbedingten Fetteinlagerungen in der Leber.
- Wenn Sie bemerken, dass Sie trotz Kaloriendefizit und einem Plus an Bewegung nicht abnehmen, kann das verschiedene Ursachen haben. Sie sollten aber auf jeden Fall in Betracht ziehen, dass Leberfett Ihren Stoffwechsel blockiert.
- Wenn Sie ständig müde sind und sich abgeschlagen fühlen, sollten Sie ebenfalls an Ihre Leber denken. Denn Müdigkeit ist der Schmerz der Leber.

Gefährlich wird es aber bereits lange vorher. Schon bei einer Fettmenge von etwa fünf Prozent des Gesamtgewichts der Leber – das sind je nach Größe des Organs gerade mal 75 bis 90 Gramm – drohen ernsthafte Gesundheitsprobleme.

Sie müssen sich vorstellen: Leberfett wirkt wie ein Katalysator, der die negativen Effekte des Bauchfetts verstärkt. Angenommen, Sie hätten ein paar Kilogramm Bauchfett, aber kein Leberfett, wären Sie zwar etwas rundlich, unter Umständen aber noch weitestgehend gesund – oder hätten zumindest noch keine Krankheitssymptome bemerkt. Kommt nun aber noch Leberfett dazu, dann ist der Diabetes quasi vorprogrammiert –

ebenso wie die vielen anderen Erkrankungen, die ich bereits im Zusammenhang mit dem Bauchfett benannt habe.

Der Grund ist, dass die Fettdepots in Bauch und Leber permanent miteinander im Austausch stehen. Sie müssen wissen, dass sich das Leberfett einerseits in den Hepatozyten, also den Leberzellen selbst, anhäufen kann, andererseits aber auch in den Zellzwischenräumen. Um das zu verstehen, hilft uns das oben bereits verwendete Bild der Wohnung. Nehmen wir an, Sie räumen in Ihre vier Wände so lange Krempel hinein, bis jedes Zimmer gut gefüllt ist. Weil Sie aber immer mehr Zeug anschleppen, beginnen Sie irgendwann, auch das Treppenhaus vollzustellen und vielleicht sogar einiges bei Ihren Nachbarn unterzubringen.

Vermutlich ist es so, dass die Fettansammlungen zwischen den Leberzellen erst später hinzukommen, also dann, wenn der Stauraum in den Hepatozyten gefüllt ist. Noch ist die Bedeutung dieser zusätzlichen Leberfettdepots nicht endgültig geklärt. Möglicherweise begünstigen sie Entzündungen und in der Folge auch den fortschreitenden Funktionsverlust des Organs.

Was wir aber wissen: Verfettete Leberzellen beginnen, sogenannte Hepatokine auszuschütten. Dabei handelt es sich um Botenstoffe, die zum Teil so aggressiv sind, dass sie Krebserkrankungen begünstigen. Andere erhöhen – ähnlich wie das viszerale Fett im Bauch – das Risiko für chronische Krankheiten wie Diabetes und Herz-Kreislauf-Erkrankungen. Das liegt vermutlich daran, dass diese Botenstoffe andere Stoffwechselprozesse blockieren oder auch beschleunigen. So gibt es unter den Hepatokinen auch solche, die die Insulinwirkung reduzieren. Es kommt zu Insulinresistenz und schließlich zu Diabetes.

Ein Grund: Ist die Insulinwirkung eingeschränkt, bedeutet das nicht nur, dass der Zuckerspiegel im Blut nach der Mahlzeit hoch bleibt. Die Glukose, die der Energiegewinnung dienen soll, gelangt auch nicht in die Körperzellen hinein. In der Folge produziert die Leber mehr Glukose, wodurch der Blutzuckerspiegel weiter steigt.

Durch die verfettete Leber zirkulieren außerdem vermehrt freie Fettsäuren im Blut, die sich unter anderem im Pankreas, also in der Bauchspeicheldrüse, einlagern. Ist die Leber erst mal verfettet, lagert also auch die Bauchspeicheldrüse Fett ein. Das verursacht Stress und Entzündungen in diesem Organ und zieht schwerwiegende Schäden nach sich.

In der Bauchspeicheldrüse befinden sich die sogenannten Langerhans-Inseln, eine Gruppe von endokrinen Zellen, die Hormone bilden und so den Zuckerstoffwechsel kontrollieren. Wichtige Player in diesen Geweben sind – neben den Alpha-Zellen und Delta-Zellen – die Beta-Zellen, die das Insulin herstellen und ausschütten. Das funktioniert aber nur in einer gesunden Bauchspeicheldrüse reibungslos. Forschende haben in verschiedenen Studien belegt, dass ein zunehmender Fettanteil im Pankreas unter anderem die Funktion der lebenswichtigen Beta-Zellen beeinträchtigt – mit der Folge, dass sie weniger Insulin ausschütten. Zur Insulinresistenz kommt dann also auch noch ein echter Insulinmangel, und die Blutzuckerregulation wird weiter verschlechtert. Es entsteht ein doppelter Teufelskreis, in dem sich die Schäden in Leber und Pankreas gegenseitig befeuern. Das treibt das Diabetesrisiko immer weiter in die Höhe.

Der Weg aus der Stoffwechsel-Sackgasse

Wenn nun also – zusätzlich zum Bauchfett – auch noch Leberfett und Hepatokine im Spiel sind, landen Sie im Hinblick auf Ihren Stoffwechsel in einer Sackgasse. Denn bereits mit rund 100 Gramm Fett im Entgiftungsorgan werden Sie, wie erwähnt, zum Non-Responder. Das heißt, Ihr Organismus spricht auf

Ernährungsumstellung und Bewegung, also Methoden, mit denen Sie früher vielleicht ganz gut abnehmen konnten, kaum noch an. Studien zufolge ist die Wirkung von Bewegung um bis zu 80 Prozent reduziert. Zu Beginn des Buches hatte ich schon mal geschrieben: 10 000 Schritte wirken auf Ihren Körper dann so, als ob es nur 2000 gewesen wären. So haben Sie kaum eine Chance, das Bauchfett abzubauen und Ihren Stoffwechsel wieder ins Gleichgewicht zu bringen. Frustrierend, oder?

»Und wie komme ich aus diesem Schlamassel nun wieder raus?«, werden Sie sich fragen. Wenn ich es mir einfach machen wollte, könnte ich schlicht antworten: »Mit Wasserfasten natürlich.« Aber ich denke, ich bin Ihnen eine ausführlichere Antwort schuldig.

Leberfett ist das hartnäckigste Depot im Körper. Es besteht zum Teil aus Fettverbindungen, die für den Stoffwechsel nur sehr schwer zugänglich sind. Quasi die eiserne Reserve, auf die der Organismus zugreift, wenn er gar nichts mehr bekommt.

Der Medikamentenmarkt gibt nicht viel her, wenn es um die Beseitigung des Leberfetts geht. Zwar ist seit Kurzem ein Wirkstoff namens Resmetirom gegen schwere Lebererkrankungen verfügbar. Der setzt aber erst dann an, wenn die Leber bereits entzündet ist. Er wird Sie also kaum dabei unterstützen, Ihr Leberfett loszuwerden. Dann gibt es noch die sogenannten GLP-1-Analoga. Das sind Wirkstoffe, die in Medikamenten zur Behandlung von Typ-2-Diabetes stecken, aber auch in den viel diskutierten Abnehmspritzen. Diese GLP-1-Analoga vermögen das Leberfett sogar um 30 bis 40 Prozent zu reduzieren. Aber eben nicht vollständig. Das ist auch der Grund, warum Sie mit diesen Mittelchen sehr wahrscheinlich eben keinen nachhaltigen Abnehmerfolg erzielen werden. Studien belegen sogar, dass Menschen, die mit GLP-1-Analoga schnell Gewicht reduzieren konnten, nach dem Absetzen stärker wieder zugenommen haben. Die Wirkstoffe funktionieren letztlich also nur als Dauertherapie. Das metabolische Rad zurückdrehen und Übergewicht und Diabetes wirklich besiegen können Sie damit nicht.

Eine andere Möglichkeit, die Sie haben: Sie drehen dem Leberfett den Saft ab. Denn letztlich ist es so, also ob Sie mit Ihrem PKW in einer engen Sackgasse im Wohngebiet gelandet sind. Sie wissen schon, diese unschönen ohne Wendehammer. Der effektivste Weg heraus ist, den Rückwärtsgang einzulegen und die gesamte Strecke, die Sie versehentlich zum »Dead End« genommen haben, wieder zurückzusetzen. Das funktioniert auch bei der Leber. Bekommt der Organismus keinen Nachschub in Form von Nahrung mehr, muss er an die Reserven ran. Und dann knackt er auch das Leberfett.

IHRE LEBER: WESHALB SIE SIE SCHÜTZEN UND PFLEGEN SOLLTEN

Die Leber ist ein Organ der Superlative. Beim gesunden Erwachsenen bringt sie bis zu 1,5 Kilogramm auf die Waage und enthält zwischen 200 und 300 Milliarden Zellen. Sie ist damit die größte Drüse des Körpers. Bauchfett, in Unmengen angesammelt, zählen wir jetzt mal nicht mit, zumal das keine Stoffwechselsituation wäre, die der eines gesunden Körpers entspricht. Trotz ihrer imposanten Dimension bekommen Sie im Alltag kaum etwas von ihr mit. Denn selbst dann, wenn die Leber krank ist und leidet, macht sie sich in der Regel nicht bemerkbar. Sie besitzt selbst keine Schmerzrezeptoren. Das heißt, sie kann nicht wehtun – oder erst, wenn sie derart vergrößert ist, dass die Leberkapsel, also ihre schützende Bindegewebshülle, stark gedehnt wird. Das kann bei einer weit fortgeschrittenen Fettleber der Fall sein. Oder wenn sie sich aufgrund einer Leberentzündung oder von Leberkrebs ausdehnt, aber auch, wenn Metastasen, also Absiedelungen von anderen Krebserkrankungen Raum fordern. Dann verspüren Betroffene manchmal einen Druckschmerz im Oberbauch.

Im Normalfall macht sich eine kranke Leber lediglich durch einen Vitalitätsverlust bemerkbar. Anhaltende Abgeschlagenheit und bleierne Erschöpfung sind typische Warnsignale dafür, dass mit der Leber etwas nicht in Ordnung ist. »Müdigkeit ist der Schmerz der Leber«, heißt es daher in Fachkreisen.

Doch auch wenn sie sich vornehm zurückhält – oder gerade deswegen –, sollten Sie Ihrer Leber mehr Aufmerksamkeit schenken. Schließlich arbeitet sie rund um die Uhr im Dienste Ihrer Gesundheit, und ohne sie läuft im Körper nichts, wie es soll. Ihre Leber ist quasi der Drahtzieher im Hintergrund, der Pate – nur eben nicht so kriminell.

So ist die Leber das zentrale Organ des Stoffwechsels und dient dabei gleichermaßen der Entgiftung wie der Verwertung und Speicherung von Nahrungsbestandteilen, aber auch der Herstellung lebenswichtiger Substanzen. Sie filtert rund 1,5 Liter Blut pro Minute. Schädliche Stoffe, die sie dabei aus dem Blut entfernt, baut sie um und ab, um sie unschädlich zu machen und sie der endgültigen Entsorgung zuzuführen. Was sie nicht abbauen kann – Schwermetalle etwa –, speichert sie und schützt den restlichen Organismus so vor diesen Toxinen. Speichern kann sie aber nicht nur Giftiges: Auch Wertvolles wie Vitamine und Eisen nimmt sie auf, um den Körper zu bevorraten. Funktioniert das in einer kranken Leber nicht, kann das Mängel nach sich ziehen. Und zum Leidwesen des modernen Menschen bunkert sie auch Zucker in Form von Glykogen ebenso wie Fette. Gleichzeitig reguliert sie Fett- und Zuckerstoffwechsel.

Hinzu kommt: Die Leber ist Sitz einer körpereigenen Chemiefabrik. Sie stellt Gallenflüssigkeit für die Verdauung her. Mit der Gallenflüssigkeit spült sie zudem Stoffwechselprodukte, die nicht wasserlöslich sind, zur Ausscheidung in den Darm. Wasserlösliche Substanzen leitet sie zur Entsorgung über die Blutbahn an die Nieren weiter. Zum Produktportfolio der Leber zählen außerdem eine Reihe von Hormonen sowie lebensnotwendige Eiweißstoffe, darunter Proteine, die entscheidend sind für die Blutgerinnung.

Eine weitere Besonderheit der Leber: Sie kann sich als einziges Organ des Menschen selbst im Erwachsenenalter noch fast vollständig regenerieren. Werden Teile des Organs entfernt, wachsen sie innerhalb weniger Wochen wieder nach. Darum sind Lebertransplantationen von lebenden Organspendern möglich.

Die Leber ist also nicht nur vielseitig begabt. Sie ist auch äußerst robust. Was sie allerdings gar nicht mag, sind Fetteinlagerungen, die ihre vielfältigen Funktionen behindern und durcheinanderbringen. Nimmt das Fett überhand, drohen Leberentzündungen, Funktionsverlust und Krebs. In diesem Stadium kann sich selbst die Leber nicht mehr helfen – Medikamente und andere Therapien zu ihrer Rettung gibt es bislang nicht. Bei Leberversagen hilft nur noch: ein Spenderorgan und Transplantation.

Sie tun also gut daran, sich um Ihre Leber zu kümmern und alles daranzusetzen, das Fett aus diesem wichtigen Organ zu eliminieren. Denn zumindest solange noch keine Entzündung vorliegt, ist eine Verfettung der Leber umkehrbar, und das Regenerationswunder in Ihrem Körper kann auch wieder vollständig gesund werden. Noch besser ist natürlich: Sie lassen erst gar nicht so viel Fett in die Leber hinein!

4

WIE KOMMT DAS FETT IN DIE LEBER?

»Wenn Sie unbedingt Leberfett anhäufen wollen, nehmen Sie die Antibabypille, essen ein Tiramisu und trinken dazu ein Glas Weißwein«, sage ich in meinen Vorträgen gern flapsig. Auch für sich betrachtet sind die Östrogene aus hormonellen Verhütungsmitteln, Fett und Zucker aus der italienischen Nachspeise und Alkohol kein Erholungsprogramm für die Leber. Bekommt es der Organismus jedoch mit diesen Komponenten gleichzeitig zu tun, entsteht tatsächlich eine Stoffwechselsituation, die den Einbau von Fettsäuren aus dem Blut in die Leber begünstigt. Wie gut, dass dieses Trio Infernale sehr wahrscheinlich nicht zum Standardprogramm zählt, das Sie sich im Alltag einverleiben.

Was aber für uns alle gilt, und zwar immer, ist ein simpler Zusammenhang: Ein Zuviel an Energie aus der Nahrung bunkert der Körper in Form von Fett – unter der Haut, im Bauchraum und in der Leber. Dass Fette aus der Nahrung dabei zu den Hauptverdächtigen zählen, liegt scheinbar auf der Hand – und stimmt trotzdem nur zum Teil. Denn wieder gilt: Fett ist nicht gleich Fett. So haben Forschende der Universität Zürich festgestellt, dass der Konsum von Nüssen, die beachtliche Mengen an Fetten und Ölen enthalten, sich im Hinblick auf Fettdepots in der Leber sogar schützend auswirken kann. Auch die sogenannte mediterrane Diät – mit Fisch, Nüssen und Kernen, Avocados, Oliven und deren Öl nicht gerade fettarm – kommt der Lebergesundheit zugute.

Es ist demnach nicht allein die Quantität, sondern die Qualität des Fettes, die darüber entscheidet, ob die Leber Schaden nimmt oder nicht. In den oben genannten Beispielen handelt es sich um sogenannte mehrfach ungesättigte Fettsäuren, die generell als gesund gelten. Der Körper kann sie nicht selbst herstellen, benötigt sie aber, etwa für gesunde Zellwände und für ein leistungsfähiges Gehirn. Zudem stellt er aus langkettigen Fetten wie Omega-3- und Omega-6-Fettsäuren hormonähnliche Substanzen her, die schützend auf das Herz-Kreislauf-System wirken.

Selbst die gesättigten Fettsäuren, die etwa in rotem Fleisch, Butter und Käse, aber auch in einigen pflanzlichen Fetten wie Palm- und Kokosöl stecken, sind besser als ihr Ruf. Nur: Zu viel davon sollte es trotzdem nicht sein. Der Körper stellt gesättigte Fettsäuren in ausreichendem Maße selbst her. Was wir darüber hinaus mit der Nahrung aufnehmen, dient vor allem der Energiereserve – bei großen Mengen auch in der Leber.

Der Super-GAU aus der Fritteuse

Solange wir Fette in ihrer natürlichen Form und in Maßen konsumieren, schaden sie nicht übermäßig oder können – im Fall von ungesättigten Fettsäuren – die (Leber-)Gesundheit sogar unterstützen. Anders sieht es mit Transfetten aus, wie sie etwa in Industriebackwaren und Fertigprodukten stecken, im Frittierfett oder in billigen Margarinen. In den Zutatenlisten verbergen sie sich hinter den Begriffen »gehärtetes«, »teilgehärtetes« oder »hydrogenisiertes« Pflanzenfett. Aber auch wenn an sich gesunde Fette wie Olivenöl zu stark erhitzt werden, entstehen Transfette. Und genau davon sollten Sie besser die Finger lassen. Sie können zu einer Fettstoffwechselstörung führen und dadurch letztlich zu einer Verfettung der Leber.

Wenn Sie das Ganze jetzt noch zusammen mit Kohlenhydraten wie Kartoffeln in die Fritteuse werfen – ja, genau, damit sind unter anderem knusprige Pommes frites gemeint –, kommt es zum hepatologischen Super-GAU. Das beobachten wir seit einigen Jahren in Indien. Ausgerechnet in dem Land, in dem wir traditionell wenig mit dem Diabetes Typ 2 zu tun hatten, häufen sich plötzlich die Fälle, gerade bei jüngeren Menschen. Besonders betroffen sind junge Frauen mit einem Body-Mass-Index im gesunden Bereich, denen man ihre Stoffwechselstörung also nicht ansehen würde. War diese Form der Zuckerkrankheit auf dem indischen Subkontinent bislang eher den Reichen vorbehalten, die sich ein Übermaß an Nahrung leisten konnten, trifft es mittlerweile insbesondere die Mittel- und Unterschicht. Diese Entwicklung hat uns Diabetologen zunächst etwas ratlos gemacht – galt die traditionelle indische Küche, mit viel Gemüse und Hülsenfrüchten, doch eher als günstig für die Gesundheit.

Auf des Rätsels Lösung hat mich unter anderem die Münchner Diabetologin und Ernährungsmedizinerin Prof. Helene von Bibra gebracht. Denn wie wir auch beobachtet haben, herrschen in Indiens Küchen zwar nach wie vor pflanzliche Zutaten vor – doch die Zubereitungsform hat sich vielfach geändert: Statt vegetarischer Currys und anderer geschmorter Gemüsegerichte kommt heute immer mehr Frittiertes auf den Tisch. Denken Sie an »indisches Streetfood«: Samosas, also frittierte Teigtaschen, oder Pakoras, bei denen Gemüse oder Fleisch in einen Teig gehüllt und im Frittierfett ausgebacken wird, oder gar frittierte Sandwiches. Diese Leckereien sind günstig, lassen sich gut vorbereiten, sind quasi auf Zuruf fertig und machen erst mal satt und zufrieden. Sie haben außerdem den Vorteil, dass die Hitze beim Frittieren Keime abtötet, was einen gewissen Schutz vor Infekten des Magen-Darm-Trakts bietet.

Doch da ist ein Problem, das durch genau diese Hitze entsteht, wie mir Professorin von Bibra erklärt hat. Bereits bei knapp unter 130 Grad – und so heiß wird es beim Frittieren eigentlich immer – entstehen Verbindungen zwischen Zucker- und Fettmolekülen, die so eng geknüpft sind, dass der Organismus unglaublich viel Energie aufwenden muss, um sie aufzuspalten. Es bleibt ihm also fast nichts anderes übrig, als diese speziellen Zucker-Fett-Komplexe aus dem Weg zu schaffen, indem er sie im übertragenen Sinne in die Abstellkammer stopft, sprich: in die Leber. Und dort verbleiben sie als hartnäckiges Leberfett – von dem die jungen, an sich schlanken Inderinnen mit Diabetes Typ 2 häufig eine beachtliche Menge mit sich herumschleppen.

Wenn Sie also in Zukunft auf Pommes frites oder eben indische Streetfood-Snacks nicht verzichten wollen, nutzen Sie am besten eine Heißluftfritteuse. Lassen Sie sich aber bitte nicht in Versuchung führen, Öl hinzuzufügen, auch wenn die Speisen damit natürlich knuspriger werden. Auch in der Heißluftfritteuse entstehen hohe Temperaturen und damit die gefährlichen Verbindungen aus Zucker und Fett.

Zucker als Wurzel des Übels

Der zweite »Bad Guy« der gängigen Ernährungsgepflogenheiten ist Zucker. Und ich möchte es gleich zu Anfang betonen: Es ist eigentlich egal, ob der Zucker nun weiß ist oder braun, ob er aus Rüben, Zuckerrohr, Dattelsirup oder Honig stammt. Zucker ist Zucker – und Ihre Leber hat keine Freude dran.

Doch warum ist das so? Nehmen wir zum Beispiel den Haushaltszucker, fachlich Saccharose. Dabei handelt es sich um einen sogenannten Zweifachzucker, ein Disaccharid. Das heißt, dass zwei Zuckermoleküle aneinandergekoppelt sind. Beim Haushaltszucker sind es Glukose (»Traubenzucker«) und Fruktose (»Fruchtzucker«). Mit der Nahrung aufgenommen, zerlegt der Organismus im Verdauungstrakt den Zweifachzucker in seine Bestandteile, die nun als Einfachzucker – also Glukose und Fruktose – ins Blut gelangen. Insulin schafft die Glukosemoleküle aus der Blutbahn in die Zellen sämtlicher Körpergewebe, die Glukose als begehrte Energiequelle nutzen. Was zu viel ist, wird in Fett umgewandelt – auch daran ist das Insulin beteiligt – und gespeichert. Die Fruktose dagegen gelangt in die Leber. Ihre Zellen sind die einzigen im Körper, die diese Zuckerart verstoffwechseln können. Und wie Studien mehrfach bewiesen haben, lagert die Leber ein Zuviel an Fruktose direkt in Form von Leberfett ein. Wer also glaubt, mit Agavendicksaft und Co., also Fruchtsüße, die viel Fruktose enthält, eine gesündere Alternative gefunden zu haben, irrt.

Wir können es drehen und wenden, wie wir wollen: Zu viel Zucker schafft Probleme und lässt die Leber verfetten. Im Rahmen einer Studie des Universitäts-Spitals Zürich tranken junge Männer über einen Zeitraum von sieben Wochen täglich ein süßes Getränk, während die Kontrollgruppe verzichtete. 80 Gramm Zucker – je nach Untergruppe handelte es sich dabei um Fruktose, Glukose oder Saccharose (ein Zweifachzucker, der aus Fruktose und Glukose besteht) – nahmen die Freiwilligen aus den »süßen« Gruppen auf diese Weise täglich zu sich. Die Gesamtkalorienmenge der beiden Gruppen war dabei nicht verändert. Das Ergebnis: Sowohl Fruktose als auch Saccharose führten dazu, dass die Fettproduktion in der Leber fast doppelt so hoch war wie in der Kontrollgruppe – und zwar noch zwölf Stunden nach »Genuss« des Süßgetränks. Lediglich in der Glukose-Gruppe, also beim eigentlichen Energielieferanten unserer Zellen, ließ sich eine derart gravierende Auswirkung nicht beobachten. Demnach ist vorrangig Fruktose problematisch in Sachen Leberfett.

Das Bemerkenswerte: 80 Gramm Zucker sind gemessen am Alltagsverhalten der Deutschen gar nicht mal so viel. Etwas mehr als 90 Gramm – das entspricht 30 Stück Würfelzucker – konsumiert der durchschnittliche Bundesbürger am Tag. Die WHO empfiehlt, den Konsum auf 50 Gramm oder noch besser auf 25 Gramm pro Tag zu beschränken, das wären umgerechnet acht bis neun Stück Würfelzucker.

Wichtig zu wissen: Glukose ist zwar ein wichtiger Energielieferant für unsere Zellen. In Form von Süßem zuführen müssen wir Zucker aber nicht. Denn Glukose gewinnt der Körper selbst aus stärkehaltigen Lebensmitteln wie Kartoffeln oder Getreide. Die WHO-Empfehlung ist daher eigentlich schon fast als ein Zugeständnis an Ihren süßen Zahn zu lesen – als Obergrenze dessen was gesundheitlich gerade noch vertretbar ist, und nicht als Menge, die Sie brauchen. Zu wenig Zucker gibt es nicht!

Ein Zuviel wird dagegen zum Problem für Ihre Leber. Und dieses Problem zu vermeiden, wird hierzulande für viele zur echten Herausforderung. Dabei ist damit gar nicht mal die Kugel Eis beim Stadtbummel gemeint oder ein gelegentliches Stück Apfelkuchen zum Kaffee, bei dem ich selbst kaum widerstehen kann. Auch gegen Obst im normalen Maß ist nichts einzuwenden. Denn als Gesamtpaket und gut gekaut enthält es neben Zucker auch Vitamine, Ballaststoffe und sekundäre Pflanzenstoffe, die allesamt der Gesundheit zugutekommen. Als Saft genossen, gelangt der Fruchtzucker jedoch schneller ins Blut und in die Leber und kurbelt die Verfettung an. Und vergessen Sie nicht: In einem Glas Orangensaft stecken gleich mehrere Früchte und damit ein Vielfaches an (Frucht-)Zucker, als Sie beim Genuss einer einzigen der leckeren Zitrusfrüchte zu sich nehmen. Meine Kolleginnen und Kollegen aus der Hepatologie empfehlen daher gern, Obst zu essen, aber nicht zu trinken. Und genau das wäre auch mein Rat als Diabetologe. Schließlich zeigen zahlreiche Studien: Mit regelmäßigem Fruchtsaftgenuss steigt das Diabetesrisiko. Der Verzehr von frischen Früchten ist dagegen gesund.

Unser wahres Zuckerproblem versteckt sich jedoch oft dort, wo wir es gar nicht unbedingt erwarten: in Frühstückscerealien und Müslimischungen, in Wurstprodukten, Soßen, Schnellgerichten, Milchprodukten oder verzehrfertigen Salaten aus dem Kühlregal, um nur einige der Zuckerfallen zu nennen. Wer genau hinschaut, entdeckt auf den Zutatenlisten Begriffe wie Dextrose, Süßmolkenpulver, Malzextrakt oder Maltodextrin – nichts anderes als die chemische Bezeichnung verschiedener Zuckerarten. Sie dienen der Konservierung, als Füllstoff und Bindemittel, als Geschmacksträger und zur Verbesserung von Textur, Konsistenz und Farbe. Kurz: für all die Eigenschaften, die uns glauben lassen, ein wertvolles Produkt zu erhalten – und die den Organismus letztlich überfordern. Denn die Massen an Zucker kann der Stoffwechsel gar nicht verarbeiten. Er speichert sie also in Form von Fett im Bauchraum und in der Leber.

Es kommt noch schlimmer: Zuckerersatzstoffe

Wenn Sie jetzt denken, Sie könnten der Zuckerfalle mithilfe von Zuckerersatzstoffen entgehen, habe ich leider ganz schlechte Nachrichten für Sie. Denn diese künstlichen Süßungsmittel machen die Sache nur noch schlimmer. Eine aktuelle australische Studie ergab: Wenn Sie täglich eine Dose normal gesüßter Softdrinks konsumieren, erhöht sich Ihr Diabetesrisiko um 23 Prozent, greifen Sie dagegen zur künstlich gesüßten Light-Variante, steigt Ihr Risiko um 38 Prozent.

Der Grund dafür liegt in Ihrem Darm verborgen. Genauer gesagt in den Billionen von Mikroorganismen, die ihn besiedeln. Früher kannte man diese Mikroben-WG unter dem Begriff Darmflora. Heute sprechen Fachleute vom Darm-Mikrobiom. Es ist in seiner Zusammensetzung individuell verschieden und wird unter anderem durch Lebensstilfaktoren wie die Ernährung beeinflusst. Und es ist untrennbar mit unserer Gesundheit verknüpft – als Schutzschild vor Krankheitserregern, Unterstützung für die Verdauung, aber auch indem es Botenstoffe aussendet, über die es mit dem gesamten Organismus kommuniziert und so etwa auf den Stoffwechsel, das Immunsystem und sogar die psychische Gesundheit wirkt.

Ahnen Sie schon, was jetzt kommt? Richtig: Genau wie alles andere, was wir mit der Nahrung aufnehmen, wirken sich auch Zuckerersatzstoffe auf das Darm-Mikrobiom aus – und das leider zu unserem Nachteil. Und zwar gilt das für fast alle: 38 dieser Substanzen sind in der EU zum Verzehr zugelassen. Ganze 36 davon verändern das Mikrobiom – und zwar derart, dass eine Reihe neuer Bakterienstämme im Darm auf- beziehungsweise in den Vordergrund treten. Diese mischen sich in die Verdauung ein – und produzieren dabei Fettsäuren, die unser Körper kaum abbauen und verwerten kann. Diese Fettsäuren gelangen über das Blut in die Leber, werden dort eingelagert und verfetten das Organ, was wiederum dem Diabetes Vorschub leistet.

Der Vollständigkeit halber sei erwähnt, dass es bezüglich der Wirkung von Zuckerersatzstoffen auf das Mikrobiom widersprüchliche Studien gibt. Hier darf man allerdings ruhig auch die Frage stellen, wer welche Interessen verfolgt. Ich zumindest wage es, dies zu tun. Vor allem aber vertraue ich auf unsere eigenen Forschungsergebnisse, die den Zusammenhang zwischen künstlichen Süßungsmitteln, Mikrobiom und Diabetes sehr eindrücklich belegen. Wir haben dazu in Dresden mit

Ratten gearbeitet, die ab Geburt steril gehalten worden waren und die daher kein Mikrobiom im Darm hatten. Diesen Tieren haben wir Stuhlproben von Probanden übertragen, die zuvor Cola light getrunken hatten. Binnen dreier Wochen erkrankten die Ratten an Diabetes! Viel deutlicher, so finde ich, kann es kaum sein.

Auf einem Vortrag in Saudi-Arabien habe ich diesen Zusammenhang vorgestellt. Daraufhin meldete sich ein Kollege zu Wort, er habe die Lösung für das Problem: »Ich trinke einfach Pepsi light!« Das allgemeine Gelächter im Auditorium können Sie sich bestimmt ausmalen.

Tatsächlich würde ich Ihnen sogar eher dazu raten, ab und an – also wirklich ganz selten! – eine richtige Cola mit ehrlichem Zucker zu trinken, wenn Sie denn wirklich gar nicht von süßen Softdrinks lassen können. Damit tun Sie Ihrem Stoffwechsel zwar auch nichts Gutes. Aber Sie wiegen sich wenigstens nicht in der trügerischen Sicherheit, ein kalorienfreies Getränk zu konsumieren, ohne zu bedenken, dass es am Ende Ihren Stoffwechsel erst recht durcheinanderwirbelt.

Für mich lautet die Devise ganz klar: Hände weg von Zuckerersatzstoffen. Und zwar möglichst ganz. Lediglich Stevia, ein Stoffgemisch, das aus der gleichnamigen südamerikanischen Pflanze gewonnen wird, sowie den Zuckeralkohol Erythrit kann ich nach dem aktuellen Stand der Forschung mit halbwegs gutem Gewissen empfehlen. Halten Sie aber auch damit lieber Maß – beide können stark abführend wirken.

Leider ist es im Alltag gar nicht so einfach, die künstliche Süße komplett vom Speiseplan zu streichen, wie eine Studie in Deutschland eindrücklich dargelegt hat. Demnach enthalten hierzulande 37 Prozent der Produkte in einem durchschnittlichen Supermarkt Zuckerersatzstoffe, die sich nur beim genauen Studieren von Zutatenlisten und E-Nummern zu erkennen geben. Diese kommen also noch »on top« zum mehr oder weniger gut versteckten Zucker und den ungünstigen Fetten in den Produkten.

So betrachtet wird ein x-beliebiger Supermarkt – zumindest in weiten Teilen seiner langen und verführerischen Regalreihen – zu einem höchst gefährlichen Pflaster für Leber und Stoffwechsel. Sie tun also gut daran, die bequeme Lösung links liegen zu lassen und sich lieber beim frischen Obst und Gemüse einzudecken. Kochen Sie selbst. Das ist zwar erst mal anstrengender und zeitaufwendiger, aber es lohnt sich! Wahrscheinlich stellen Sie mit der Zeit fest, dass frisch gekocht viel besser schmeckt. Vor allem aber: Sie wissen, was drin ist, und haben es selbst in der Hand, Ihrer Leber, Ihrem Stoffwechsel und Ihrem gesamten Organismus das zu geben, was er braucht – und schädliche Zutaten im Supermarkt zurückzulassen.

EVOLUTIONÄRE BEDINGUNGEN UNSERES STOFFWECHSELS

Wenn wir von der Evolution unseres Stoffwechsels sprechen, meinen wir zunächst einmal das große Ganze, also den generellen Trend: Welche Eigenschaften waren für das Überleben wichtig? Welche haben sich daher bis heute durchgesetzt und stecken als Bauplan in unserem Erbgut? Darüber hinaus ist es so, dass Menschengruppen schon immer unter klimatisch unterschiedlichen Bedingungen gelebt haben. Und natürlich haben sich diese Gruppen an die gegebenen Anforderungen angepasst – auch genetisch gesehen. Sehr augenscheinlich ist diese Anpassung bei der Haut-, Haar- und Augenfarbe. Während Menschen in Nordeuropa häufig sehr hellhäutig sind sowie helle Haare und Augen haben, wird die

Ausprägung dieser Eigenschaften in der Regel immer dunkler, je weiter man nach Süden reist. Grund dafür ist unter anderem das Sonnenlicht: Während die helle Haut Menschen im Norden hilft, ausreichend Vitamin D zu bilden, überwiegt im Süden, bei intensiverer Sonnenstrahlung, der Bedarf nach einem besseren Schutz durch eine stärkere Pigmentierung der Haut. Vitamin D produziert der Körper bei ausreichender Menge an Sonnenlicht trotzdem.

Ähnliches gilt auch für den Stoffwechsel. Egal ob in Mitteleuropa, in der Wüste, im Gebirge, in kalten Regionen: Die Bedingungen und das Nahrungsangebot variieren. Der Stoffwechsel hat sich im Laufe der Evolution darauf eingestellt, sodass wir hier ebenfalls regionale Unterschiede sehen – oder eben Unterschiede zwischen einzelnen Menschengruppen. Als zwei Extremformen kennen wir die indigenen Amerikaner sowie die Inuit, verschiedene Völker, die sich an ein Leben in den eisigen Regionen ganz im Norden der Erdkugel angepasst haben.

Stellen wir uns den Stoffwechseltyp der Inuit vor: Diese Menschen lebten traditionell in kleinen Menschengruppen in einer sehr kalten Umgebung. Die Jagd stand im Zentrum der Nahrungsbeschaffung. Obst und Gemüse konnten sie weder anbauen noch in der Natur sammeln. Der Speiseplan wurde daher bestimmt von Meeressäugern wie Robben, Walrössern und Walen, von Fisch, Vogeleiern, aber auch von Rentieren und Eisbären. Die Nahrung bestand also vorwiegend aus Fleisch und war sehr fettreich. Dabei hatten die Inuit den Vorteil, dass die gesamte Gruppe von großer Jagdbeute – etwa einem Wal – oft über Wochen und sogar Monate zehren konnte. Durch die eisigen Temperaturen bestand nicht die Gefahr, dass das Fleisch schlecht wurde. Der Stoffwechsel der Inuit musste sich also nicht dahingehend anpassen, dass er Fett für schlechte Zeiten speicherte, denn gespeichert wurde außerhalb des Körpers. Extreme Hungerphasen kannte dieser Stoffwechseltyp nicht.

Ein ganzes Stück weiter im Süden, in den Wäldern und Prärien Nordamerikas, war das Leben nicht von dieser extremen Kälte geprägt (auch wenn es dort natürlich manchmal kalt wurde). Die Ureinwohner dieser Gegend haben ebenfalls gejagt, gleichzeitig aber ihren Speiseplan durch pflanzliche Nahrung ergänzt. Das war nötig, weil der Jagderfolg nicht immer gegeben war und sich das erjagte Wild auch nicht ohne Weiteres über längere Zeit lagern ließ (außer in Form von Trockenfleisch). Das Fleisch wäre verdorben. Das Erlegte musste sofort gegessen werden. Der Stoffwechseltyp des indigenen Amerikaners war also daran angepasst, vorhandene Nahrung, vor allem wenn es sich um frisches Fleisch handelte, sofort zu essen – und das, was er im Überfluss verspeist hatte, in Form von Fett im Körper zu speichern. Damit ließen sich, wie Sie bereits wissen, Hungerphasen überbrücken.

Die Information darüber, wie der Stoffwechsel dieser beiden Extreme funktioniert, ist im Erbgut festgelegt – und zwar an einem ganz besonderen Ort. Sicher wissen Sie, dass das Erbmaterial in jedem einzelnen Zellkern in Form von DNA gespeichert ist, zumindest zum größten Teil. Ein kleiner Teil der Erbinformation ist aber auch in den Mitochondrien abgelegt. Dabei handelt es sich um kleine Körperchen, sogenannte Organellen, die sich in jeder Zelle befinden und dort für die Energiegewinnung zuständig sind. Sie werden daher gern als Kraftwerke der Zelle bezeichnet. Und in dieser »mitochondrialen DNA« steckt ein wichtiger Teil der Informationen für den Stoffwechseltyp.

Jetzt kommt hinzu, dass Inuit in einer extrem kalten Umgebung überleben mussten. Dabei hat ihnen geholfen, dass sie die Energie aus ihrer Nahrung besonders gut in Wärme umwandeln konnten. Und auch hier steckt die Erklärung in den Mitochondrien: Inuit besitzen überdurchschnittlich viele Mitochondrien, die einen Kurzschluss verursachen. Dieser hat zur Folge, dass der Körper Energie nicht speichert, sondern stattdessen in Wärme umwandelt.

Was passiert also, wenn wir jetzt die beiden Extreme, den indigenen Amerikaner und den Inuit, aus ihrer gewohnten Umgebung und Ernährung holen, zu einer Reise nach New York einladen und sie dort in einem Fast-Food-Restaurant über einige Wochen jeweils zehn Hamburger-Menüs essen lassen? Der Inuit würde wahrscheinlich darum bitten, die Aircondition höher zu stellen, weil er schwitzt – der indigene Amerikaner dagegen wird dick und bekommt eine Fettleber.

Die Verteilung der Mitochondrien mit und ohne Kurzschluss ist natürlich nicht von heute auf morgen passiert. Vielmehr hat sich über die Jahrtausende eine Anpassung vollzogen, damit die Menschen in ihrer angestammten Umgebung bestmöglich überleben konnten.

Doch was haben diese beiden Stoffwechsel-Extreme mit uns zu tun? Sie müssen wissen, dass die mitochondriale DNA ausschließlich über die Mutter vererbt wird. Das hat mit dem Bau der Spermien zu tun, die ihre Mitochondrien bei der Befruchtung nicht mit in die Eizelle nehmen können. Dadurch mischt sich die mitochondriale DNA nicht bei jeder Generation neu nach dem 50:50-Prinzip. Vielmehr kann sie Mutationen sukzessive anhäufen, sich schleichend verändern, was zu einer großen Bandbreite führt. Bei unseren beiden Extremen »100 Prozent indigener Amerikaner« und »100 Prozent Inuit«

dürften diese Informationen maximal unterschiedlich ausfallen. Aber dazwischen existieren zahllose Mischformen. Das heißt, jeder von uns trägt ein bisschen von beiden Typen in seiner mitochondrialen DNA. Und die Anteile entscheiden über die Ausprägung des Stoffwechsels.

Das erklärt, warum manche von uns als gute Futterverwerter gelten. Das sind diejenigen, die kaum zunehmen, aber dafür Wärme produzieren. Mitunter müssen Menschen, die viel »Inuit« in sich tragen, an einem lauen Sommerabend eine Jacke überziehen – zumindest solange sie nicht essen. Der Hang zum Frösteln liegt also nicht an der fehlenden Isolationsschicht, sondern daran, dass ein Gutteil der Energie aus der Nahrung dank Mitochondrien-Kurzschluss direkt wieder abgegeben wird.

Dann gibt es noch diejenigen, die von sich behaupten, dass sie ein Gericht nur anschauen müssen, um zuzunehmen. Das sind diejenigen, die überdurchschnittlich viel Erbinformation vom Typ »indigener Amerikaner« in ihren Mitochondrien abgelegt haben. Sie sind darauf ausgelegt, alles, was sie an Energie bekommen können, zu speichern, um sich für schlechte Tage zu bevorraten.

Der Typ »indigener Amerikaner« ist also in unseren Breiten im Nachteil. Er jagt ja nicht in der Prärie, sondern bei Aldi, Lidl und Edeka. Der permanente Nahrungsüberfluss hilft ihm heute nicht mehr beim Überleben, sondern wird zur Gesundheitsgefahr in Form von Leberfett und metabolischem Syndrom. Das sehen wir heute bei den Nachkommen amerikanischer Ureinwohner, die unter den Bedingungen der westlichen Industrienationen leben. Sie haben mit die höchste Prävalenz des Typ-2-Diabetes. So sind bei den Stämmen der Pima in Mexiko und den USA mehr als 50 Prozent betroffen.

Aber auch der Inuit-Stoffwechsel leidet unter der »modernen« Ernährung und speichert Leberfett, sobald man anfängt, ungesunde Fette, Fertigprodukte, frittierte Kohlenhydrate und künstliche Süßungsmittel zu konsumieren. Am Ende profitieren also alle gleichermaßen vom Fasten, egal wie viel der beiden unterschiedlichen Stoffwechsel-Typen im Einzelnen steckt.

5

RESET FÜR DEN STOFFWECHSEL

Ich denke, es ist deutlich geworden, wo die Fallen lauern, in die wir im Alltag tappen, um dann Leberfett anzuhäufen. Und ich hoffe, dass Sie zumindest mit dem Gedanken spielen, ab sofort etwas »stoffwechselgesünder« einzukaufen und zu kochen. Vielleicht tun Sie das ja auch schon längst. Trotzdem wird sich der eine oder die andere fragen: »Ja, aber was mache ich denn, wenn ich längst Fett in meiner Leber gebunkert habe? Bringt es dann überhaupt noch etwas, den ganzen Aufwand zu betreiben und anders einzukaufen und zu kochen?«

Zunächst einmal: Gesündere Gewohnheiten sind immer zu Ihrem Vorteil – egal, wie spät Sie damit anfangen! Aber natürlich haben Sie in gewisser Weise recht. Wenn Sie eine echte Verbesserung Ihrer Gesundheit anpeilen und vielleicht sogar bei einem bestehenden Diabetes oder Prädiabetes das Rad zurückdrehen wollen, dann muss das angesammelte Fett raus aus der Leber. Zumal das Leberfett den Effekt von mehr Bewegung und gesünderer Ernährung aushebeln kann. Sie brauchen also einen Reset für Ihren Stoffwechsel. Und das – ich wiederhole mich hier nur allzu gerne – gelingt am besten, wenn Sie fasten und 14 Tage lang auf jegliche Nahrung verzichten.

Warum das Fasten beim Entfetten der Leber so effektiv ist,

habe ich selbst nicht gleich verstanden. Ich habe es beobachtet – bei mir selbst und bei Menschen, die ich beim Fasten begleitet habe. Aber der Mechanismus, also die biochemische Erklärung dahinter, wollte sich mir nicht direkt erschließen. Tatsächlich war der Weg zur Erkenntnis ein bisschen wie bei Kolumbus, der einen neuen Seeweg nach Indien finden wollte und schließlich in Amerika, besser gesagt einer dem amerikanischen Kontinent vorgelagerten Insel, den Bahamas, anlandete. Wie wir heute wissen, war Kolumbus zwar nicht der erste Europäer auf amerikanischem Boden – doch eröffnete sich mit diesem Landgang für seine Zeitgenossen eine völlig neue Welt. Kolumbus selbst soll seinen Irrtum übrigens nie eingesehen haben.

Gerade die Fähigkeit, sich auch mal einzugestehen, dass man mit seinen Annahmen falschlag, ist in der Wissenschaft aber entscheidend, um neue Erkenntnisse zu gewinnen. Das ging mir ja bereits zu Beginn meiner persönlichen Geschichte mit dem Fasten so, als ich eingesehen habe, dass Nahrungsverzicht die Leber vom Fett befreien kann. Und nun musste ich meinen persönlichen Blickwinkel auf die Welt des Stoffwechsels erneut verändern, um schließlich zu verstehen, warum Fasten das Fett aus der Leber entfernt und was dabei im Körper vonstattengeht.

Es war im Jahr 2022, und ich sollte mal wieder zu einer Reise aufbrechen, ebenfalls nach Westen, wenn auch nur nach Madeira und natürlich nicht mit dem Ziel, neue Seewege zu entdecken. Und wie gesagt: Genau wie einst Kolumbus saß ich zunächst einem gewaltigen Irrtum auf.

Die portugiesische Diabetesgesellschaft hatte mich eingeladen, einen Vortrag zu halten – über das Stoffwechselhormon Glukagon, dessen Entdeckung sich zum hundertsten Mal jährte. Auf Madeira über Glukagon zu sprechen, ist im Grunde genommen ganz passend. Schließlich liegt in Funchal, der Hauptstadt der portugiesischen Inselgruppe, Paul Langerhans begraben, nach dem die Langerhans'schen Inselzellen im Pankreas benannt sind, die sowohl Insulin als auch Glukagon produzieren und ausschütten.

Aber ich will ehrlich sein: Ich fand das Thema sterbenslangweilig und bat den Veranstalter sogar, lieber über Insulin sprechen zu dürfen. Insulin war 1921, also nur ein Jahr vor dem Glukagon, entdeckt und erstmals isoliert worden. Dieses Ereignis mit einem Vortrag zu würdigen, hätte also auch gepasst. Vor allem aber interessierte ich mich als Diabetologe für Insulin, mit dessen Hilfe wir so vielen schwer kranken Menschen helfen können. Man muss sich bewusst machen: Menschen mit Typ-1-Diabetes (also der Variante, die nicht von der Ernährung kommt, sondern daher rührt, dass die körpereigene Abwehr das Gewebe in der Bauchspeicheldrüse zerstört, in dem Insulin entsteht) waren vor knapp mehr als 100 Jahren noch dem Tod geweiht. Mit einer sehr strengen kohlenhydrat-reduzierten Diät vermochten sie nach der Diagnose vielleicht noch ein oder zwei Jahre zu überleben. Dann aber fielen sie abgemagert in ein diabetisches Koma und starben. Insulin und vor allem die Möglichkeit, dieses herzustellen und als Medikament zu verabreichen, ist für uns Diabetologen also so etwas wie der Heilige Gral. Der Stoff, der ein Leben mit dieser Krankheit überhaupt erst möglich macht.

Glukagon dagegen hielt ich in meiner unendlichen Arroganz lediglich für den langweiligen Stiefbruder: Insulin transportiert Zucker aus der Blutbahn in die Zellen und stellt dann allerhand an, um die Energie für den Körper nutzbar zu machen oder auch zu speichern. Glukagon – so mein damaliges Weltbild – transportiert den Zucker wieder ins Blut. Diabetikern kann man es im Fall einer schweren Unterzuckerung verabreichen. So einfach, so langweilig, dachte ich. Doch ich hätte mit meiner vorschnellen Einschätzung kaum weiter neben der Wahrheit liegen können. Vielleicht hätte ich in Betracht ziehen sollen, dass nicht grundlos gleich drei Nobelpreise für Forschung rund um

Glukagon vergeben wurden. Und natürlich kann der Gegenspieler eines so wichtigen Stoffwechselhormons wie Insulin gar nicht langweilig sein. Wie sollten die beiden sonst in einem guten Gleichgewicht agieren?

Glukagon knackt das Leberfett

Zu meinem Glück (dass es Glück war, habe ich zumindest im Nachhinein eingesehen) beharrte der Veranstalter auf dem Vortragsthema. Und weil ich Dinge, die ich mache, grundsätzlich mit aller Sorgfalt angehe – selbst dann, wenn ich sie eigentlich sterbenslangweilig finde –, arbeitete ich mich tief in das Thema ein. Dabei stieß ich auf einen wahren Schatz. Denn, klar, das Glukagon muss den Zucker, den es als Gegenspieler des Insulins in die Blutbahn pumpt, auch irgendwoher gewinnen. Ahnen Sie es? Genau! Glukagon ist in der Leber aktiv und mobilisiert dort gespeicherten Zucker. Vor allem aber – und das ist für mich als Diabetologe und Fastenfan noch viel interessanter – mobilisiert es gespeichertes Fett!

Auf diese Vorräte greift es aber nur dann zurück, wenn es wirklich notwendig ist. Unser Stoffwechsel hat es schließlich gern bequem und bedient sich daher bevorzugt bei dem, was leicht verfügbar ist.

Nehmen wir an, Sie würden alle Ihre Lebensmittel über einen Lieferdienst direkt ins Haus kommen lassen. Jeden Tag klingelt ein Bote und bringt Ihnen frei Haus, was Sie begehren und was auf den Tisch kommen soll. Das wäre eine komfortable Situation: Sie könnten ständig aus dem Vollen schöpfen, ohne sich groß dafür anzustrengen. Was Sie nicht sofort brauchen, stopfen Sie eben in Kühlschrank, Küchenschubladen und Vorratskammer. Dort schauen Sie aber gar nicht so oft rein, denn es kommt ja immer wieder Nachschub.

Doch eines Tages kommt der Bote nicht mehr. Vielleicht gibt es ein Problem mit den Zufahrtsstraßen und der Lieferkette. So ganz haben Sie das nicht durchschaut. Und vielleicht fällt es zunächst auch gar nicht so sehr auf, oder es erscheint Ihnen nicht so wichtig. Denn da liegen noch Lebensmittel auf der Küchentheke herum, die Sie an den Tagen zuvor nicht aufgeräumt haben. Und der Kühlschrank ist ja auch noch gut gefüllt. Irgendwann sind auch diese offensichtlichen Vorräte aufgebraucht. Ihr Magen knurrt, Sie haben Hunger. Um den zu stillen, müssen Sie Ihre Strategie ändern. Sie beginnen nun das ganze Haus abzusuchen. Sie durchforsten Schubladen, Schränke und Vorratskammer und ziehen das hervor, was Sie irgendwann einmal gebunkert und vielleicht sogar längst vergessen haben. Nun also ernähren Sie sich von den Vorräten, was Ihnen in Zeiten des Überflusses gar nicht in den Sinn gekommen wäre.

So ähnlich läuft es auch beim Fasten: Der Lieferservice in Form von ständigen Mahlzeiten und Snacks fällt aus. Der bislang unerschöpfliche Nachschub versiegt. Die ersten Tage kann Ihr Organismus noch auf leicht verfügbare Reserven zurückgreifen: auf gespeicherte Glukose. Davon bunkert unser Körper ziemlich viel – vor allem in Zellen und an Stellen, wo wir den Zuckervorrat gar nicht brauchen. So finden sich selbst im Gehirn beachtliche Mengen an Glykogen, also der Speicherform des Zuckers. Zwar liebt das Gehirn Zucker als Energiequelle. Doch Glykogen-Vorräte im Denkorgan können großen Schaden anrichten und beispielsweise die Alzheimer-Demenz befeuern, wie Forschende erst jüngst belegt haben.

Nach drei bis vier Tagen sind diese Vorräte aufgebraucht. Jetzt benötigt der Körper also eine andere Strategie: Er stellt um auf Ketose. Dabei handelt es sich, wie bereits erwähnt, um einen alternativen Stoffwechselweg, bei dem der Organismus statt Zuckermolekülen sogenannte Ketonkörper zur Energiegewinnung nutzt. Und an dieser Stelle kommt nun das ganz und gar nicht langweilige Glukagon ins Spiel. Das nämlich wandelt Fettreserven in Ketonkörper um. Und das passiert nicht einfach irgendwo im Körper, sondern zuallererst in der Hauptwirkungsstätte des Glukagons: in der Leber und in der Bauchspeicheldrüse.

Darum also ist Wasserfasten so effektiv, wenn es darum geht, die Leber zu entfetten. Es ist einzig und allein der Eigenschaft des Glukagons geschuldet, das in Notlagen die Fettreserven in diesem wichtigen Organ zur Energiegewinnung mobilisieren kann. Und jetzt verstehen Sie vermutlich auch, warum es mit ein, zwei oder drei Fastentagen nicht getan ist, wenn Sie an die Fettdepots Ihrer Leber wollen. Denn die Ketose kann erst eintreten, wenn sämtliche leicht verfügbare Energie (also Glukose) verbraucht ist.

Warum eine ketogene Diät nicht reicht

Nun ist mir sehr wichtig, dass Sie die Ketose nicht mit einer ketogenen Diät verwechseln, von der Sie bestimmt schon gehört haben. Dabei handelt es sich um eine fettreiche, aber sehr kohlenhydratarme Ernährungsweise. Und tatsächlich gewinnt der Organismus auch hier Energie aus Ketonkörpern statt aus Glukose. Rein biochemisch gesehen, passiert bei der ketogenen Ernährung also etwas ganz Ähnliches wie beim Fasten. Allerdings greift der Körper dabei auf das Fett zurück, das er mit der Nahrung bekommt. Das ist für Ihren Stoffwechsel mit viel weniger Aufwand verbunden, als das gespeicherte Leberfett zu knacken. Im Prinzip könnte man sagen: Statt einer »internen« Ketose, die an die eigenen (Leber-)Fettreserven geht, kommt es zu einer »externen« Ketose, bei der der Stoffwechsel mit der Nahrung zugeführtes Fett verwertet.

Studien zufolge ist die ketogene Ernährung förderlich für die Gesundheit. Sie vermag Gewicht zu reduzieren und das metabolische Syndrom sowie Typ-2-Diabetes (also die ernährungsbedingte Form) zu lindern. Viele Diabetiker können als Folge einer solchen stark kohlenhydratarmen Diät ihre Medikamente reduzieren. Wenn Sie gleichzeitig – wie in einer ketogenen Diät – ausgewogene Mengen an Fett zu sich nehmen, werden Sie auch noch satt. Heißhungerattacken, die unter anderem durch die Reaktion des Stoffwechsels auf Kohlenhydrate entstehen, werden seltener oder bleiben sogar ganz aus. Doch nicht nur Menschen mit Typ-2-Diabetes profitieren: Auch bei Epilepsien und einigen genetisch bedingten Stoffwechselerkrankungen kann die ketogene Ernährung Linderung bringen, wie Studien belegen. Einige Forschende gehen sogar so weit zu sagen: Für eine gesunde Ernährung gibt es keinen eindeutigen Bedarf an Kohlenhydraten. Sie auf unserem Speisezettel radikal zu reduzieren, ist also vor allem eine Frage der Gewohnheit.

Ich halte es daher für eine ausgesprochen gute Idee, wenn Sie sich einer ketogenen oder sonstigen Low-Carb-Ernährungsweise zuwenden – aber bitte erst *nach* dem Fasten und nicht stattdessen. Denn was die ketogene Diät nicht vermag, ist das Fett aus der Leber zu holen. Sie greift ja, wie oben geschildert, auf das Fett aus der Nahrung zurück, um Ketonkörper zu gewinnen. Einen echten Reset für den Stoffwechsel erlangen Sie dagegen durch das Wasserfasten, mit dem Sie die Leber und Bauchspeicheldrüse vom Fett befreien. Weil der Organismus in dieser Situation die Ketonkörper aus dem abgebauten Fett aus diesen Organen herstellt. Wenn Sie im Anschluss die Kohlenhydrate stark reduzieren, können Sie den Effekt des Fastens in Ihren Alltag mitnehmen.

DIE SACHE MIT DER ABNEHMSPRITZE

Es klingt geradezu verführerisch einfach: Ein Pieks dann und wann – schon schmilzt das Fett, die Pfunde purzeln, Adipositas und die Symptome des metabolischen Syndroms machen sich quasi von selbst vom Acker. Abnehmspritzen, insbesondere die sogenannten GLP-1-Analoga, sind ein Hype – zumindest in gewissen Kreisen. Eigentlich als Diabetes-Medikamente entwickelt – und als solche kommen sie natürlich nach wie vor zum Einsatz –, hat sich schnell gezeigt, dass die Wirkstoffe bei vielen Anwendern und Anwenderinnen zu einer schnellen Gewichtsreduktion führen. Und das nicht nur bei krankhaft Übergewichtigen. Prominente wie Elon Musk, Robbie Williams oder Oprah Winfrey haben reihenweise damit abgenommen. Und ich will ehrlich mit Ihnen sein: Auch ich habe vor einigen Jahren mit dem Gedanken gespielt, einen Versuch zu wagen. Es klang einfach zu gut. Zu einfach. Warum sollte man sich plagen, mit Ernährungsumstellung, Bewegung oder sogar mit Fasten, wenn man den Erfolg doch mit einem Medikament viel einfacher haben kann? Ich war bereits auf dem Weg in die Apotheke. Das Rezept kann ich mir als Arzt schließlich selbst ausstellen. Doch ich habe den Plan schnell wieder verworfen, weil mir klar geworden ist: Das kann so nicht funktionieren. Jedenfalls nicht auf Dauer. Und genau das belegen Studien nun auch.

Zunächst einmal: GLP-1-Analoga sind in gewisser Weise brillant. Zumindest in der Diabetes-Therapie. Und es ist auch kein Wunder, dass gestandene Ernährungsmediziner ihre Zulassung gefeiert haben, als hielten sie den Heiligen Gral in den Händen. Denn diese Wirkstoffe waren die ersten überhaupt, die krankhaft Adipösen gezielt und effektiv helfen konnten, Übergewicht abzubauen.

Die GLP-1-Analoga ahmen die Wirkung des Hormons GLP-1 nach, das im Organismus natürlicherweise nach dem Essen freigesetzt wird. Sie wirken direkt auf den Zuckerstoffwechsel, genauer gesagt auf die Wirkung des Glukagons. Dabei stimulieren sie die Ausschüttung von Insulin und hemmen seinen Gegenspieler, das Glukagon. Das erklärt, warum sie als Diabetes-Medikament wirken und den Blutzucker effektiv senken können. Das Ganze funktioniert jedoch nur, wenn sich Glukose im Dünndarm befindet. Ist wenig Glukose vorhanden, senkt das Medikament den Blutzucker nicht noch weiter ab. Es kommt daher kaum zur gefährlichen Unterzuckerung, weshalb der Wirkstoff für die Diabetes-Behandlung einige Vorteile bringt.

Gleichzeitig verlangsamen GLP-1 Analoga die Darmentleerung und sorgen auch dafür, dass die Nahrung länger im Magen verbleibt. Zudem nehmen sie Einfluss auf Gehirnareale, die am Hunger- und Sättigungsgefühl beteiligt sind. Sie drosseln daher Appetit und Hungergefühl und helfen Menschen auf diese Weise beim Abnehmen.

Das Ganze kommt allerdings nicht ohne Nebenwirkungen daher. Häufig klagen Anwender über Übelkeit, Erbrechen, Verstopfung und Durchfall, aber auch über Kopfschmerzen, Müdigkeit und Hautreaktionen an der Injektionsstelle. Seltener können ernstere Nebenwirkungen wie Entzündungen der Bauchspeicheldrüse, Gallensteine, Schwindel oder allergische Reaktionen auftreten. Möglicherweise gesellen sich auch noch geschwächte Muskeln und Knochen zur Liste der unerwünschten Nebeneffekte.

Wichtig zu wissen: Die meisten Studien, die eine Gewichtsreduktion mithilfe von Abnehmspritzen untersucht haben, kombinieren die Medikamentenwirkung mit Ernährungsumstellung und Bewegung. Ganz kommen Sie um eine Veränderung des Lebensstils also nicht herum.

Das Problem ist: Zwar nehmen Menschen mithilfe dieser Wirkstoffe sehr schnell und effektiv ab – nach dem Absetzen aber innerhalb von kürzester Zeit auch wieder zu. Häufig wiegen sie hinterher sogar mehr. Das ist dramatisch, zumal sich gezeigt hat, dass bei der Abnahme per Spritze in erheblichem Umfang auch Muskelmasse verloren geht. Bei einer erneuten Zunahme nach dem Absetzen des Medikaments kehrt jedoch nur noch Fettmasse zurück – keine Muskeln. Das heißt, das Verhältnis zwischen Fett- und Muskelmasse ist nach der Therapie also schlechter als zuvor. Und wie Sie mittlerweile wissen, ist das äußerst ungünstig für den Stoffwechsel.

Für chronisch kranke Menschen bleiben letztlich zwei Möglichkeiten: Entweder Sie nehmen das Medikament lebenslang inklusive aller Nebenwirkungen. Oder Sie schlagen einen anderen, wenn auch scheinbar mühevolleren Weg ein.

Nach heutiger Evidenz können wir sagen, dass drei Jahre Therapie mit einem GLP-1-Analogon etwa dem entspricht, was Sie mit zwei Wochen Wasserfasten und anschließendem Intervallfasten erreichen können. Wobei die Medikamente nicht in der Lage sind, das Leberfett gänzlich aus der Leber zu entfernen, sondern nur um rund 30 bis 40 Prozent.

Ich will nicht behaupten, dass das Wasserfasten gänzlich frei von Nebenwirkungen sei. Schließlich ist die Nahrungskarenz durchaus anstrengend für den Körper. Doch letztlich fasten Sie nur zwei Wochen, und es ist davon auszugehen, dass die Nebenwirkungen im Normalfall auch nur für diesen Zeitraum anhalten. Vergleichen Sie das nun mit einer medikamentösen Therapie, bei der sich die Nebenwirkungen über mehrere Jahre akkumulieren. Was würden Sie wählen?

Und schließlich hat das Ganze auch eine psychologische Komponente: Stellen Sie sich vor, Sie sind schwer adipös und bekommen ein GLP-1-Analogon verschrieben. Vielleicht besorgen Sie es sich sogar selbst und müssen für die Kosten aufkommen. Da kommen im Laufe der Jahre Unsummen zusammen. Und dann setzen Sie es ab, und der ganze Erfolg geht innerhalb kürzester Zeit dahin. Was macht das mit Ihrem Selbstwert und Ihrem Gefühl von Selbstwirksamkeit? Am Ende suchen Sie die Schuld für das Versagen bei sich selbst. Wieder nicht geschafft.

Beim Fasten haben Sie dagegen alles selbst in der Hand. Sie entscheiden sich dafür, es zu tun, Sie ziehen es durch und Sie feiern Ihren ganz eigenen Erfolg – selbst dann, wenn es Ihnen hinterher nicht gelingt, dauerhaft bei einem gesünderen Lebensstil zu bleiben. Den Erfolg, 14 Tage lang gefastet zu haben, nimmt Ihnen niemand mehr. Für mich ist das Fasten daher den Abnehmspritzen in allen drei Punkten überlegen: Effektivität, Sicherheit und Selbstwirksamkeit.

Durchhalten – es lohnt sich!

Nun habe ich weiter oben schon erwähnt, dass es wichtig ist, über einen längeren Zeitraum durchzuhalten, weil der Körper erst nach drei oder vier Tagen Wasserfasten auf Ketose umschaltet und an die Fettreserven in Leber und Bauchspeicheldrüse geht, um Energie zu gewinnen. Aber nicht nur das: Sobald Sie während des Fastens etwas essen, und sei es nur eine Kleinigkeit wie ein Stück Obst oder Gemüse, wird Ihr Stoffwechsel sofort zurückschalten auf den »bequemeren« Weg zur Energiegewinnung. Er verbraucht, was Sie ihm zugeführt haben.

Das ist auch der Grund dafür, dass andere weniger radikale Formen des Fastens beim Ziel, Leberfett loszuwerden, niemals so effektiv sein können wie das Wasserfasten.

Studien zufolge reichen bereits fünf Gramm Glukose – das entspricht gerade mal einem Teelöffel Zucker oder Honig –, um die Ketose für sechs bis acht Stunden zu unterbrechen. Das ist vielleicht kein Weltuntergang, denn irgendwann schaltet der Organismus ja wieder auf Ketose zurück. Aber es ist mir wichtig zu erwähnen, weil ich so oft von Fastenwilligen gefragt werde, ob sie nicht doch etwas Honig in ihren Tee rühren oder ab und zu etwas Saft trinken oder Gemüse essen dürfen. Dazu sage ich ganz klar: »Nein!« Denn damit würden Sie es sich mit Ihrem Vorhaben, Ihr Leberfett zu knacken, nur unnötig schwer machen. Wenn die Ketose mit jedem Löffel Honig und jedem Stückchen Obst für mehrere Stunden unterbrochen wird, bedeutet das im Prinzip, dass Sie diese Zeit hinten dranhängen müssen, um denselben Effekt zu erzielen, wie wenn Sie 14 Tage durchhalten. Sie müssten also 15, 16, vielleicht auch 20 Tage fasten – je nachdem, wie oft Sie »genascht« haben. Wollen Sie das wirklich?

Aber müssen es wirklich ganze 14 Tage sein? Vielleicht haben Sie das Gefühl, dass eine Woche noch machbar wäre, aber gleich zwei? Für mich ist das eine ebenso simple wie rationale Rechnung. Denn egal, wie lange Sie fasten: Ihr Stoffwechsel benötigt immer drei bis vier Tage, bis er auf Ketose umstellt. Ab Tag fünf ist sie in vollem Gange und steigert sich im weiteren Verlauf sogar noch. Wenn Sie nun also nur sieben Tage fasten wollen, können Sie das gern tun, und Sie werden bestimmt auch Leberfett verlieren. Allerdings: Sie betreiben sieben Tage Aufwand für nur drei Tage Effekt. Wenn Sie dagegen volle zwei Wochen durchziehen, können Sie den Effekt ganze zehn Tage lang ausschöpfen. Studien belegen zudem, dass siebentägiges Wasserfasten das Fett in der Leber durchaus etwas reduziert. 14 Tage dagegen reichen bei einer großen Anzahl von Fastenden, um die Leber ganz vom Fett zu befreien.

Es ist realistisch, innerhalb von 14 Tagen 120 bis 150 Gramm Leberfett abzubauen. Das heißt, alle, die bereits mit einer beginnenden Fettleber zu tun haben, sind gut beraten, diesen Zeitraum auch durchzuhalten. Wer deutlich weniger Leberfett hat, bei dem reicht wahrscheinlich eine kürzere Fastenperiode. Hat jemand bereits sehr viel Fett in der Leber angesammelt, kann es sein, dass das Depot während der 14 Tage zwar schrumpft, was bereits einen enormen Gewinn für die Gesundheit bedeutet. Aber es ist davon auszugehen, dass es für einen kompletten Reset Ihres Stoffwechsels einer weiteren Fastenrunde bedarf.

Aktuell suche ich mit meinem Forschungsteam an der Uniklinik Dresden nach Biomarkern, also nach messbaren Werten, die wir beispielsweise im Blut nachweisen können und die eine Aussage darüber erlauben, wie lange eine Person fasten muss, um den besten Effekt zu erzielen. Unser Ziel ist es, für jeden und jede eine individuelle Fastenempfehlung geben zu können. So müsste niemand zu lange darben und könnte trotzdem sicher sein, die Leber vom Fett befreit und den optimalen Gesundheitsgewinn eingefahren zu haben. Noch haben wir diese Möglichkeit aber leider nicht. Gemeinsam mit meinem Kollegen Professor Andreas Michalsen bin ich gerade dabei, ein Fasteninstitut aufzubauen. Damit wollen wir unter anderem die Fastenforschung vorantreiben, um solchen wichtigen Fragestellungen und anderen Fragen mit mehr Nachdruck und Manpower nachgehen zu können. Bis dahin lautet meine Empfehlung: Halten Sie 14 Tage durch – damit holen Sie mit größter Wahrscheinlichkeit das Beste für sich und Ihre Gesundheit heraus.

6

GÖNNEN SIE IHREM DARM EINE PAUSE

Vielleicht ist es Ihnen unangenehm, über Ihren Darm zu reden – assoziieren die meisten von uns mit diesem Teil des Körpers doch eher unschöne Dinge wie Blähungen oder Verstopfungen. Aber hier muss der Nahrungsbrei nun mal hindurch. Die Überreste unseres Essens befördert der Darm dann wieder nach draußen. Das möchte er aber bitte diskret tun, möglichst ohne Geräusche und Geruch. Und bitte nur zu einem günstigen Zeitpunkt, wenn wir uns zurückziehen und »unser Geschäft« ganz privat verrichten können.

So sehen zumindest weite Teile unserer Gesellschaft das, was mit Verdauung und Ausscheidung zu tun hat. Vermutlich ist das die Folge unserer Erziehung, die Stuhlgang immer mit »schmutzig« in Verbindung gebracht hat und Darmgeräusche mit »peinlich«. Das prägt bis weit ins Erwachsenenalter hinein. Da erlebt man schon mal, dass Patientinnen und Patienten auch noch im fortgeschrittenen Alter vor lauter Verlegenheit Kleinkindausdrücke verwenden oder, um diese zu überspielen, gleich in eine deftige Fäkalsprache wechseln. Wir Mediziner und Medizinerinnen denken da etwas pragmatischer: Stuhlgang ist Stuhlgang, und der gehört eben auch zu unserem Körper. Der Organismus ist ein System, in dem ein Rädchen in das andere greift. Zu ignorieren, was dank der über Generationen weitergereichten Prägung unappetitlich erscheint, ist daher eine schlechte Idee.

Ich möchte Sie vielmehr dazu ermutigen, genauer hinzusehen, was in Ihrem Bauch so los ist. Allein, dass der Darm die Nahrungsbestandteile in kleinere Einheiten zerlegt und Nährstoffe dann durch die Darmschleimhaut ans Blut abgibt, ist eine Meisterleistung. Kohlenhydrate, Fette, Proteine ebenso wie Vitamine und Mineralstoffe, also alles, was wir fürs Überleben brauchen, gelangt auf diesem Weg in den Organismus. Und das, was raussoll, findet seinen Weg hier auch wieder nach draußen: Schließlich ist der Darm der Ausgang, über den viele Abbauprodukte und Giftstoffe aus der Leber den Körper verlassen.

Doch der Darm ist viel mehr als ein Muskelschlauch, durch den unsere Nahrung durchmuss. So spielt er eine wichtige Rolle bei der Abwehr von Krankheitserregern (rund 70 Prozent der Immunzellen befinden sich im Darm). Im Darm entstehen Hormone und Vitamine. Er verfügt über ein ausgeprägtes Nervennetz und steht über den Vagusnerv in direkter Verbindung zum Gehirn, mit dem er permanent im Austausch steht. Der Darm ist sogar mitverantwortlich für unsere psychische Verfassung. Läuft es im Verdauungssystem nicht rund, leidet die Stimmung, so könnte man grob sagen. Und umgekehrt.

Das alles bewältigt er aber nicht allein: Vielleicht haben Sie schon mal vom Darm-Mikrobiom gehört, der Mikroben-WG, die unseren Darm besiedelt. Denn tief in unserem Inneren beherbergen wir Billionen von Bakterien, Viren und Pilzen, die sich in unserem Verdauungstrakt als Untermieter eingenistet haben.

Es gab Zeiten, da hielten Ärzte die Mikroorganismen im Darm für eine Krankheit. 1876 hatte der deutsche Mediziner und Mikrobiologie Robert Koch den endgültigen Beweis dafür geliefert, dass Bakterien Infektionskrankheiten verursachen können. Es verwundert also nicht, dass man Mikroben im Darm als gefährlich einstufte. Von intestinaler Toxämie, also einer

»Vergiftung der Eingeweide«, sprach man damals. Kochs Zeitgenosse Sir William Arbuthnot Lane, einst Chirurg des britischen Königshauses, empfahl sogar, sich wegen des vermeintlich gefährlichen Bakterienbefalls vorsorglich den Dickdarm entfernen zu lassen. Unvorstellbar aus heutiger Sicht!

Längst wissen wir: Ohne diese Mikroorganismen im Darm (aber auch auf Haut und Schleimhäuten sowie in Lunge, Urogenitaltrakt und so weiter) funktioniert nichts. Manche Fachleute gehen sogar so weit, von Metaorganismen zu sprechen. Mensch und Mikrobiom sind demnach eine Einheit. Nur gemeinsam läuft es rund.

Fasten als Wellness-Kur für den Darm

Der Darm will Pausen. Darauf lassen verschiedene Untersuchungen schließen. Zwar rackert er rund um die Uhr, wenn er muss. Und es gelingt ihm auch sehr gut, sich während der Arbeit zu regenerieren. Zellen der Darmschleimhaut erneuern sich permanent, auch während er im Dauereinsatz ist. Wir wissen aber auch: Fasten kurbelt diese Regeneration nochmals an. Es werden noch mehr Zellen abgestoßen als üblich. Das ist auch der Grund dafür, dass der Darm während des Fastens nicht ganz leer ist, obwohl Sie gar nichts essen. Der Darm ist beim Erwachsenen etwa sechs bis acht Meter lang. Da kommt im Verlauf von zwei Wochen einiges zusammen: Etwa zwei Hände voll Darmzellen scheiden Sie während des Fastens aus. Stuhldrang werden Sie deswegen wahrscheinlich nicht verspüren, weshalb es günstig sein kann, zusätzlich abzuführen. Darauf komme ich aber später, im zweiten Teil des Buches, nochmals zurück, wenn es an die praktische Umsetzung des Wasserfastens geht.

Bleibt der Darm eine Zeit lang leer (von den abgestorbenen Stellen der Schleimhaut abgesehen), kann er auch in aller Ruhe kleine Entzündungsherde in der Schleimhaut reparieren. So belegen Studien, dass bereits Intervallfasten Entzündungen im Darm eindämmen und einen positiven Effekt auf chronisch entzündliche Darmerkrankungen wie Morbus Chron oder Colitis ulcerosa haben kann. Und sehr wahrscheinlich hilft Fasten auch beim sogenannten Leaky-Gut-Syndrom, einer Störung der Darmbarriere, die zur Folge hat, dass Bakterien, Toxine und unverdaute Nahrungsbestandteile in die Blutbahn gelangen. Das kann Nahrungsmittelunverträglichkeiten und Entzündungsreaktionen im Körper nach sich ziehen. Diese können nachlassen, sobald sich der Darm beruhigt hat.

Für den Darm ist Fasten also eine Wellness-Kur de luxe. Noch mehr als das Verdauungsorgan selbst profitiert seine Untermieter-Gesellschaft: das Mikrobiom. Denn das kann sich, vereinfacht gesagt, durch die Auszeit erholen und findet zu einer günstigeren Zusammensetzung zurück.

Die Mikrobiomforschung ist noch eine vergleichsweise junge Wissenschaftsdisziplin, und die Bakteriengemeinschaft im Darm wirft noch eine Menge Fragen auf. Noch kennen Fachleute längst nicht alle Mitbewohner der Mikroben-WG. Und letztlich können sie nicht einmal im Detail sagen, wie ein »gutes« Mikrobiom überhaupt aussieht. Das liegt einerseits daran, dass das Mikrobiom so individuell ist wie unser Fingerabdruck. Andererseits hat sich gezeigt: Nicht nur einzelne Arten, auch das Zusammenspiel der Mikroorganismen im Darm entscheidet über gesund oder krank.

Was Fachleute aber mit Sicherheit sagen können: Je vielfältiger sich das Mikrobiom zusammensetzt, umso zuträglicher ist es für die Gesundheit. Und vielleicht ahnen Sie schon, was jetzt kommt. Menschen in westlichen Industrienationen haben durch ihren Lebensstil die Biodiversität in ihrem Darm verloren. Manche Forschende befürchten sogar ein fortschreitendes Artensterben in unserem Verdauungstrakt.

Das belegen beispielsweise Analysen von prähistorischen Kotspuren. Vergleicht man diese mit Stuhlproben von Menschen in westlichen Industrieländern, so zeigt sich: Die Artenvielfalt im modernen Darm-Mikrobiom ist gegenüber der unserer frühen Vorfahren um rund 40 Prozent reduziert. Zu ähnlichen Ergebnissen kommen auch Vergleiche mit Menschen, die heute noch fernab der westlichen Zivilisation leben, etwa in den Tiefen des Amazonas. Dort herrscht eine Artenvielfalt im Gedärm, die ihresgleichen sucht. Erschreckenderweise verändert sich das gravierend, wenn diese Menschen aus den Urwäldern in Dörfer und Städte ziehen. Unter den Lebensbedingungen der modernen Zivilisation kommt es zum Artensterben in ihrem Bauch. Gleichzeitig leiden sie häufiger an Diabetes, Allergien oder chronisch-entzündlichen Darmerkrankungen – Zivilisationskrankheiten, die in ihrer angestammten Heimat nahezu unbekannt sind.

Mikrobielles Artensterben durch Migration

Ähnlich ergeht es Migrantinnen und Migranten, die aus Westafrika nach Mitteleuropa kommen: Sie leiden vermehrt unter Herz-Kreislauf-Erkrankungen. Und auch ihr Mikrobiom büßt im Zuge der Migration seinen Artenreichtum ein. Das haben Forschende sogar schrittweise beobachtet, etwa wenn Menschen vom ländlichen Ghana in die Städte des westafrikanischen Landes umziehen und dann weiter in die Niederlande. Das Krankheitsrisiko steigt in dem Maße, wie sich das Mikrobiom verändert. Mehr noch: Im Zusammenhang der Umzüge vom Land in die Stadt und schließlich nach Europa verschwanden solche Mikroorganismen, die als günstig gelten für Stoffwechsel und Herz-Kreislauf-System. Dafür traten andere Mikroben in den Vordergrund, die im Zusammenhang stehen mit Übergewicht, Bluthochdruck und Diabetes.

KRANK DURCH UMZUG: DAS MIKROBIOM MIGRIERT NICHT GERN

Tatsächlich zeigt sich immer deutlicher: Wenn Menschen kreuz und quer über den Planeten umsiedeln, verschlechtert sich zunächst ihre metabolische Gesundheit – selbst dann, wenn die Bedingungen am neuen Lebensmittelpunkt scheinbar günstiger sind. Das machen beispielsweise Untersuchungen mit Russlanddeutschen, die nach Deutschland ausgewandert sind, deutlich. Es hat sich gezeigt, dass diese Menschen etwa sechs Monate nach ihrem Umzug ein deutlich höheres Risiko für Stoffwechselerkrankungen wie Adipositas, Bluthochdruck, erhöhte Blutfettwerte und Diabetes hatten. Diese Beobachtung erschien paradox – hatte sich die Ernährungssituation doch für viele von ihnen verbessert. Zumindest von außen betrachtet. Tief in ihrem Verdauungstrakt nämlich spielten sich massive Veränderungen ab.

Dazu müssen Sie wissen: Wenn Menschen über eine lange Zeit, also über Generationen hinweg, an einem bestimmten Standort leben, passt sich das Mikrobiom an die Ernährung an. Siedelt die Person nun um, wirken neue Einflüsse auf die Bakterien-WG. Das passiert auch dann, wenn sie ihren Speisezettel scheinbar kaum umstellt und bei den angestammten Gerichten und Rezepten bleibt. Der Grund dafür: Die Produkte, die im Kochtopf landen, stammen aus einer anderen Umgebung. Gemüse wurde auf anderen Böden kultiviert und ist unter anderen Umweltbedingungen gewachsen. Tiere, von denen Milch, Eier und Fleisch stammen, haben andere Aufzuchtbedingungen. Aber auch Transportwege, Lagerbedingungen, Kühlketten und die Verkaufsstätten selbst, also etwa Superstatt Wochenmarkt, weisen andere Mikroorganismen in der

Umgebung auf: All das sind Umweltfaktoren, die das Mikrobiom beeinflussen. Es wandern neue Mikroben ein, die im Konflikt stehen mit den angestammten Darmbewohnern. Zusammen mit einem veränderten Nährstoffangebot kann dies dazu führen, dass im Verdauungstrakt Stoffwechselprodukte entstehen, die krank machen. Es dauert oft Jahrzehnte, bis sich das Mikrobiom so weit an die neue Umgebung angepasst hat, dass sich das Risiko für Stoffwechselerkrankungen wieder normalisiert und sich die Gesundheit verbessert.

Nun müssen Sie keine Sorge haben, wenn Sie gern essen gehen und sich dabei durch die internationale Küche probieren. Egal ob Sie thailändisch, indisch, libanesisch, japanisch, mexikanisch, kenianisch oder was auch immer bevorzugen: Die Rezepturen unterscheiden sich zwar sowohl bei den Zutaten als auch in der Zubereitung teils deutlich von dem, was hierzulande traditionell auf den Tisch kommt. Doch stammen die Produkte, wenn die Speisen hierzulande zubereitet werden, aus ähnlichen Quellen wie die Zutaten für typische Hausmannskost Ihrer Region – von einigen exotischen Ingredienzien mal abgesehen. Außerdem ist der fremde Einfluss auf das Mikrobiom beim Restaurantbesuch eher kurzfristig und wird sich daher mittelfristig kaum auswirken. Daher müssen Sie sich auch bei Urlaubsreisen wenig Gedanken machen, ob Sie jetzt Ihr Mikrobiom durcheinanderbringen – es sei denn natürlich, Sie fangen sich einen schlimmen Magen-Darm-Infekt ein.

Erstaunlicherweise kann der Effekt der Migration aber auch zuschlagen, ohne die angestammte Heimat zu verlassen. Das beobachten wir in vielen Golfstaaten. Vor den Ölfunden, die diesen Ländern zu teils immensem Reichtum verholfen haben, lebte die Bevölkerung eher ärmlich – vom Dattelanbau, als Perlentaucher, als Beduinen in der Wüste ... Noch vor rund 50 Jahren haben die Menschen dort lokal gekocht und gegessen. Das änderte sich mit zunehmendem Wohlstand: Hausangestellte, vorwiegend aus Pakistan und Bangladesch, übernahmen die Nahrungszubereitung und beeinflussten die Küche. Sie vermischten ihre kulinarische Tradition mit der klassischen lokalen Kost. Heute gibt es in den Golfländern vorwiegend Speisen aus der Heimat der Hausangestellten. Und sogar die Zutaten stammen von dort – produzieren die Golfstaaten selbst doch kaum Nahrungsmittel.

Die Bewohner der Golfstaaten haben sich daran längst gewöhnt – kennen es gerade die Jüngeren doch gar nicht anders. Für das Mikrobiom ist es allerdings, als wären die Menschen selbst nach Südasien migriert. Es hat sich drastisch verändert. Mit gravierenden Folgen: In den Golfstaaten wie Kuwait, Bahrain, Katar und auch Saudi-Arabien sehen wir heute extrem hohe Raten an Diabetes und metabolischem Syndrom, die weit über dem globalen Durchschnitt liegen. In Saudi-Arabien beispielsweise liegt die offizielle Diabetes-Prävalenz bei 31 Prozent, die inoffizielle sogar bei über 40 Prozent – Prognosen gehen darüber hinaus von einem Anstieg auf bis zu 56 Prozent im Jahr 2030 aus. Das hat – neben anderen Faktoren wie Bewegungsmangel – in vielen Fällen mit der Veränderung des Mikrobioms zu tun.

Das Mikrobiom verändert sich also mit den Umweltfaktoren. Klima, Umweltgifte, Medikamente wie Antibiotika, Hygienestandards, Bewegung, Ernährung – all das sind Faktoren, die sich auf das Mikrobiom auswirken. Das ist immer so. Im Positiven wie im Negativen. Das heißt, Sie haben es durchaus in der

Hand, die Dinge für die Bakteriengesellschaft in Ihrem Bauch zum Besseren zu wenden – auch wenn Sie in einem westlichen Industrieland leben. Denn Sie können ja eigene Entscheidungen für einen gesünderen Lebensstil treffen.

So wirken sich ein hoher Zuckerkonsum und eine Ernährung mit vielen verarbeiteten Produkten ungünstig aus auf die Vielfalt in der Mikroben-WG. Eine überwiegend pflanzliche Kost mit vielen Ballaststoffen, aber auch fermentierte Lebensmittel beeinflussen das Mikrobiom dagegen positiv. Vielleicht erinnern Sie sich, dass ich bereits im Zusammenhang mit dem Leberfett erwähnt habe, dass der regelmäßige Genuss von künstlichen Süßungsmitteln das Mikrobiom verändert und das Risiko für Leberfett und Diabetes erhöht.

Am besten aber helfen Sie Ihrem Darm, wenn Sie ab und an fasten. Denn was das Mikrobiom überhaupt nicht schätzt, ist permanente Überfütterung. Das lässt sich schon bei so einfachen Organismen wie Korallen und Süßwasserpolypen beobachten. Sie mögen auf den ersten Blick wenig mit uns Menschen gemeinsam haben – doch lehren sie uns ein einfaches Prinzip: Ist das Mikrobiom überfüttert, leidet das Zusammenspiel mit dem Wirt.

Auch die Nesseltiere verfügen über ein Mikrobiom, mit dem sie sich in einem ständigen Austausch befinden. Herrscht nun aber im Wasser ein überreiches Nähstoffangebot, beginnen sich die Bakterien in der Umgebung zu bedienen, statt die Stoffwechselprodukte der Nesseltiere zu nutzen. Manche Bakterien wandern ab, andere vermehren sich übermäßig, das Artenprofil verschiebt sich. Das fein abgestimmte Zusammenspiel zwischen Nesseltier und Mikrobiom ist gestört. Die Süßwasserpolypen werden krank, verkümmern und sterben ab.

Ähnliches passiert im menschlichen Darm, wenn wir ständig essen. Die Dauerverfügbarkeit von Lebensmitteln – noch dazu hochkalorischen – hat die Evolution nicht vorgesehen. Vielmehr ist unser Stoffwechsel, der ja aus einer Zeit stammt, als Menschen noch nicht jederzeit an den Kühlschrank gehen oder den Pizzaboten anrufen konnten, an regelmäßige Fastenperioden angepasst. Überfütterung bringt das Darm-Mikrobiom aus dem Gleichgewicht. Und das erhöht wiederum das Risiko für Zivilisationskrankheiten wie Übergewicht, Störungen des Fettstoffwechsels, Bluthochdruck und Diabetes, um nur einige zu nennen.

Die gute Nachricht lautet: Dieser Effekt lässt sich umkehren. So hat eine Gruppe von Berliner Wissenschaftlerinnen und Wissenschaftlern festgestellt, dass bereits fünftägiges Fasten das Mikrobiom nachhaltig zum Besseren verändert. Dafür baten sie Freiwillige mit metabolischem Syndrom und Bluthochdruck, für einen Zeitraum von drei Monaten ihre Ernährung auf eine mediterrane Diät umzustellen, bei der viel Obst und Gemüse, Vollkornprodukte, Nüsse und Hülsenfrüchte, Fisch und mageres weißes Fleisch auf den Tisch kommt. Die Hälfte der Teilnehmenden unterzog sich zudem vor der Ernährungsumstellung einer fünftägigen Fastenkur. Das Ergebnis war deutlich: Die Freiwilligen, die zunächst gefastet hatten, profitierten mehr von der Maßnahme als die Gruppe, bei der nur die Mittelmeerdiät auf dem Programm stand. Sie nahmen nachhaltig ab, der Blutdruck und der Bedarf an blutdrucksenkenden Medikamenten war dauerhaft niedriger. Zudem hatte sich das Mikrobiom in der Fastengruppe verändert. Zwar ließ sich bei der Analyse nicht eindeutig feststellen, ob sich die Artenvielfalt insgesamt vergrößert hatte. Aber die Forschenden verzeichneten eine Zunahme an gesundheitsfördernden Bakterienarten, die mit einer blutdrucksenkenden Wirkung in Verbindung gebracht werden. Mehr noch: Auch das Immunsystem, mit dem das Mikrobiom in engem Kontakt steht, reagierte auf die Fastenkur; entzündungsfördernde Abwehrzellen waren rückläufig. Die Mittelmeerdiät alleine bewirkte derartige Effekte nicht.

Die Kolleginnen und Kollegen in Berlin schlussfolgerten aus ihrer Untersuchung, dass das Fasten wie eine Art Kickstart für die anschließende Ernährungsumstellung wirkte. Sie gehen sogar davon aus, dass Menschen, die trotz gesünderer Lebensweise keine rechte Verbesserung erzielen können, zunächst fasten sollten, um ihr Mikrobiom ins Lot zu bringen. Erst dann greift auch die verbesserte Ernährung.

Diesen Denkansatz halte ich für äußerst plausibel. Und wir haben ja auch schon an anderer Stelle gesehen, dass Fasten den Weg dafür ebnet, dass gesundheitsverbessernde Maßnahmen überhaupt ziehen. Sie erinnern sich an die Menschen, die aufgrund von angesammeltem Leberfett zu Non-Respondern werden, bei denen also Bewegung und Ernährungsumstellung kaum einen Effekt zeigen. Auch hier ist Fasten (und das dadurch erlangte Entfetten der Leber) die Grundvoraussetzung, um wieder die gewünschte Wirkung wie Gewichtsreduktion zu erzielen.

Entscheidend für den nachhaltigen Erfolg der Fastengruppe war aber mit Sicherheit auch die anschließende mediterrane Diät. Denn Sie müssen sich vorstellen: Beim Fasten fahren Sie Ihr Mikrobiom erst mal auf ein Minimum herunter, besonders dann, wenn Sie Ihre Nulldiät mit einer Darmreinigung beginnen. Diese spült wie eine Rohrreinigung zunächst einmal (fast) alles aus dem Verdauungstrakt. Zurück bleibt eine Minimalbesetzung an Mikroorganismen, aus der dann, wenn Sie wieder essen, das Mikrobiom erneut heranreift. Wenn Sie nun also nach dem Fasten direkt wieder zu Pizza, Burger, Pommes und Co. greifen, geht die Sache mit allergrößter Wahrscheinlichkeit nach hinten los und die Bakteriengesellschaft entfaltet sich nicht zu Ihrem gesundheitlichen Vorteil. Wenn Sie jedoch das Fasten als Startpunkt für einen gesünderen Lebensstil nehmen, haben Sie gute Chancen, Ihr Mikrobiom nachhaltig zu verbessern.

7

AUTOPHAGIE – DETOX NEU GEDACHT

Es gibt Begriffe, die plötzlich in aller Munde sind. Sie tummeln sich – bevorzugt zum Jahreswechsel, in der vorösterlichen Fastenzeit und zum Start in die Bikinisaison – in Frauen- und Fitnesszeitschriften. Sie tauchen geradezu inflationär in Social-Media-Kanälen auf, gern gepaart mit ebenso fantasievollen wie unhaltbaren Erklärungen. »Detox« gehört dazu. Oder »Entschlacken«. Und genau diese Begriffe haben das Zeug, uns Mediziner und Medizinerinnen auf die Palme zu bringen.

Es ist ja auch zum Haare raufen: Selbst ernannte Experten erklären, was alles Gift für den Körper ist, und verkaufen dann teure Mittelchen und Kuren, die helfen sollen, das ganze toxische Zeug und die »Schlacken« wieder loszuwerden. Aus Sicht der Ernährungsmedizin ist das Quatsch. Und sogar der Bundesgerichtshof hat bereits 2017 die Bezeichnung »Detox« in Bezug auf Lebensmittel wie Tees für unzulässig erklärt. Denn letztlich handelt es sich um ein gesundheitsbezogenes Versprechen – und das ist nur dann statthaft, wenn sich die Wirksamkeit wissenschaftlich belegen lässt.

Trinken Sie also gern Ihren Kräutertee, wenn er Ihnen schmeckt. Und weil Sie Ihrem Körper damit Flüssigkeit zuführen, wird Ihnen das Getränk mit Sicherheit auch guttun. Aber glauben Sie bitte nicht, dass Sie allein damit Ihren »hilflosen« Körper von giftigem Zeug befreien werden. Oder, wie mein Kollege Professor Andreas Michalsen schreibt: »Die meisten Detox-Kuren sind wahrscheinlich gut für die Gesundheit, aber nicht, weil sie speziell entgiften, sondern weil sie grundsätzlich mit Methoden wie Ernährungstherapie, Sauna und Kneipp-Anwendungen, Bewegung, Massagen und Stressreduktion arbeiten.«

Tatsächlich ist Ihr Organismus ganz und gar nicht hilflos. Es sei denn natürlich, Sie führen ihm hochgiftige Substanzen zu. Ich denke jetzt etwa an ein Gericht aus Knollenblätterpilz oder ein Dessert aus Tollkirsche. Aber da würde Ihnen ein »Detox«-Tee auch nicht helfen. Von derart dramatischen Vergiftungen abgesehen, verfügt Ihr Körper über ganz hervorragende Mechanismen, um sich selbst zu reinigen und Zellabfälle, Abbauprodukte des Stoffwechsels oder auch schädliche Stoffe aus der Umwelt wieder loszuwerden – wenn Sie ihm die Chance dazu geben.

Körpereigenes Recyclingsystem

Autophagie ist so ein körpereigener Mechanismus. Wörtlich übersetzt, bedeutet der Begriff »Selbstverzehr«. Das impliziert, dass der Körper sich quasi selbst verspeist. Dabei ist Autophagie so viel mehr: Denn letztlich handelt es sich um einen Reinigungsvorgang, der überflüssige, ausgediente oder defekte Bestandteile einer Zelle – also den »Zellmüll« – abbaut, verwandelt und wiederverwertet. Die Zelle kurbelt diesen Vorgang an, wenn beispielsweise zu viel von einem bestimmten Stoffwechselprodukt vorhanden ist, wenn sich Nebenprodukte ansammeln, wenn Proteine falsch gefaltet sind, also nicht ihre korrekte und funktionale Form annehmen, oder sonstige Schäden in der Zelle und ihren Bestandteilen auftreten. Autophagie ist also einerseits eine zelleigene Qualitätskontrolle, die sicherstellt, dass Zellbestandteile, die ihre Aufgabe nicht oder nicht mehr korrekt erfüllen, ebenso beseitigt werden wie Abfallprodukte des Stoffwechsels. Andererseits handelt es sich um ein Recyclingsystem, das den Schrott nicht nur entsorgt, sondern daraus auch Grundbausteine für neue, funktionale Zellbestandteile gewinnt und zur Verfügung stellt. Der japanische Zellbiologe Yoshinori Ōsumi, der mit seiner Forschungsarbeit maßgeblich zum Verständnis der Autophagie beigetragen hat, wurde dafür 2016 mit dem Nobelpreis für Medizin ausgezeichnet.

Im Idealfall hält der Mechanismus der Autophagie den Auf- und Abbau von Zellbestandteilen in einem immerwährenden Gleichgewicht. Er läuft kontinuierlich ab, kann aber in Extremsituationen auch zur Hochform auflaufen und beispielsweise dafür sorgen, dass Zellen aus geschädigtem Gewebe zerstört und abgebaut werden. Autophagie sichert also gleichermaßen das Überleben einzelner Zellen als auch das des gesamten Organismus.

Läuft die Sache rund, hält dieses fein abgestimmte Miteinander aus Qualitätskontrolle, Abfallbeseitigung und Recycling den Körper fit und sehr wahrscheinlich auch jung. Fehler in diesem System können dagegen schwerwiegende Folgen nach sich ziehen. Denn häufen sich defekte Zellen und falsch gefaltete und verklumpte Proteine an, so drohen beispielsweise neurodegenerative Krankheiten wie die Alzheimer-Demenz und Parkinson, aber auch Krebs.

Stellen Sie sich vor, Sie lassen in Ihrer Wohnung oder Ihrem Haus den Müll über ein Jahr lang liegen, weil die Müllabfuhr nicht regelmäßig kommt. Sie haben ihn in Tüten verpackt, damit sich wenigstens der Geruch in Grenzen hält. Aber nun liegen überall diese Beutel herum. Das sieht nicht nur unschön aus, es beeinträchtigt auch das Leben in Ihrem Zuhause: Sie bekommen ja irgendwann die Türen gar nicht mehr richtig auf.

Die Wege von einem Zimmer zum anderen sind verstopft, und vielleicht kommen Sie auch an wichtige Gegenstände und Papiere gar nicht mehr heran. Eine furchtbare Vorstellung, finden Sie nicht? Die Lebensqualität leidet, und auf Dauer macht Sie diese unschöne Situation auch mit Sicherheit krank.

So ähnlich geht es unseren Zellen, wenn das körpereigene System für Qualitätskontrolle, Entsorgung und Recycling nicht mehr läuft, wie es soll. Aber wie in Ihrer Wohnung haben Sie es selbst in der Hand. Denn es ist – zumindest in Teilen – unser Lebensstil, der die Autophagie aus dem Gleichgewicht bringt: Ungünstige Ernährung (zu viel und zu zuckerlastig) und Bewegungsmangel spielen sehr wahrscheinlich eine Rolle. Gerade das viele Sitzen, das in unserer Gesellschaft so weit verbreitet ist – im Büro, auf dem Sofa, im Auto –, wirkt sich extrem schädlich auf unseren Organismus aus und kann letztlich für Bedingungen sorgen, die die Autophagie verschlechtern. Zumindest der umgekehrte Effekt ist klar erwiesen: Sport fördert die Autophagie.

Sie können, ja Sie müssen sogar etwas unternehmen, um das zelluläre Entsorgungs- und Recyclingsystem wieder anzukurbeln, wenn Sie länger und gesünder leben wollen. Denn es ist ja nicht nur so, dass der Zellschrott selbst krank macht. Wird Ausgedientes nicht wiederverwertet, fehlt es Ihrem Körper sehr wahrscheinlich auch an wichtigen Grundbausteinen für den reibungslosen Ablauf seiner Funktionen – und Ihnen an Energie. »Detox« ist im Grunde genommen also gar nicht so falsch gedacht, nur irgendwie unglücklich und schwammig formuliert und viel zu oft auch unseriös vermarktet.

Kurz zusammengefasst, haben Sie zwei Möglichkeiten, um in Ihren Zellen wieder für Ordnung zu sorgen. Weniger Essen und mehr Bewegung. Denn es ist wissenschaftlich bewiesen: Sowohl Bewegung als auch eine um 20 bis 40 Prozent reduzierte Kalorienzufuhr kurbeln die Autophagie an. Ein dritter Faktor, der das körpereigene Recycling begünstigt, ist gesunder Schlaf. Und letztlich ist es doch so, dass diese drei, also Ernährung, Bewegung und Schlaf, sich gegenseitig beeinflussen – im Positiven wie im Negativen.

Im Prinzip lässt sich das so erklären: Fasten und Sport bedeuten für den Körper in gewissem Maße Stress – positiven Stress, wenn Sie es mit beidem nicht übertreiben. Dieser aktiviert in Zellen Vorgänge, die dazu dienen, Energie und Ressourcen einzusparen beziehungsweise durch Recycling zu gewinnen. Hat der Körper dafür Ruhe (Schlaf) und ist nicht permanent mit Verdauung und dem Verarbeiten neu zugeführter Nährstoffe beschäftigt (reduzierte Kalorienzufuhr), klappt das besonders gut. Maschinen werden in der Regel auch nicht im vollen Betrieb gewartet, sondern wenn sie stehen.

Leider kann ich Ihnen aktuell keine wissenschaftlich fundierte Empfehlung geben, wie viel Sie nun sporteln und wie lange Sie sich beim Essen zügeln müssen, damit Ihre Recyclingeinheit wieder rundläuft. So weit ist die Forschung in diesem Gebiet noch nicht fortgeschritten – zumal hier viele verschiedene Aspekte zusammentreffen.

Zum Glück haben Sie noch eine weitere Möglichkeit: Sie können fasten. Denn Fasten, das ist wissenschaftlich erwiesen, steigert die Autophagie, und zwar bereits nach wenigen Stunden. Das haben beispielsweise Studien zum Intervallfasten belegt.

Interessanterweise sitzt die zentrale Schaltstelle dafür im Gehirn. Das haben Forschende des Max-Planck-Instituts für Stoffwechselforschung in Köln in einer Untersuchung mit Mäusen herausgefunden. Lange Zeit war man davon ausgegangen, dass Zellen quasi von selbst merken, wenn weniger Energie zur Verfügung steht und es an der Zeit ist, die Autophagie anzukurbeln – insbesondere zum Recycling, also um lebenswichtige Prozesse im Körper aufrechtzuerhalten. Nun hat sich gezeigt: Das Gehirn sendet bereits wenige Stunden nach der letzten Nahrungsaufnahme ein Hormon namens Corticosteron an die Leber, um dort die Autophagie schnell in Gang zu setzen. Die Forschenden vermuten, dass Körperzellen, so auch das Gewebe in der Leber, von sich aus mit der Autophagie starten würden – nur eben zu einem späteren Zeitpunkt.

Wenn das also bereits beim Intervallfasten funktioniert, das heißt bei nur wenigen Stunden Nahrungsverzicht, dann profitieren Sie beim Wasserfasten erst recht – volle 14 Tage lang! Sie befreien also nicht nur Ihre Leber vom Fett. Sie reinigen ganz nebenbei Ihre Zellen von Schrott und anderem überflüssigen Zeug.

Detox ist folglich – ähnlich wie das Fasten selbst – ganz und gar nicht im Bereich der Mythen anzusiedeln. Vielmehr zeigt sich mal wieder, dass wir Mediziner und Medizinerinnen gut beraten sind, dem, was uns »schwammig« und »nicht haltbar« erscheint, auf den Grund zu gehen, statt es pauschal abzulehnen. Das können wir immer noch tun, wenn sich auch nach intensiver Bemühung um wissenschaftliche Belege alles als Quatsch entpuppt. Im Idealfall finden wir aber Erklärungen und eigene, faktenbasierte Worte sowie neue Erkenntnisse, die wir nutzen können, um die Menschen, die unseren Rat und unsere Hilfe suchen, bestmöglich auf dem Weg in ein langes und gesundes Leben zu unterstützen.

8

FASTEN BITTE NUR MIT BEWEGUNG

Die Sache mit der Autophagie hat allerdings einen Haken. Denn diese richtet sich nicht ausschließlich gegen defektes und überflüssiges Zellmaterial. Vielmehr kann der Organismus die Autophagie in Notsituationen – und für eine solche hält er das Wasserfasten, da er ja nicht wissen kann, dass Sie freiwillig und nur für zwei Wochen auf Nahrung verzichten – auch dazu nutzen, körpereigene Proteine anzuknabbern, um daraus Energie in Form von Zucker zu gewinnen. Dabei hält er sich an das, was gerade am wenigsten gebraucht wird.

Was passiert also, wenn Sie sich zum Fasten ins Bett legen oder auf die Couch, um die Zeit möglichst ohne Anstrengung mit Netflix und Co. totzuschlagen? Genau: Der Körper beginnt, die Muskulatur anzuknabbern. Denn diese scheint ja nicht mehr gebraucht zu werden. Und sie enthält viele wertvolle Eiweißmoleküle, aus denen sich Energie gewinnen lässt. Muskulatur abzubauen, ist ein recht bequemer Weg für den Organismus, um im Notfall an Energie zu kommen – doch er ist fatal für Ihre Gesundheit.

Muskeln als Motor und Apotheke

Wenn Sie Ihre Muskulatur opfern, schaden Sie sich nämlich gleich in mehrfacher Hinsicht. Denn auch das Muskelgewebe trägt auf seine ganz eigene Art und Weise zum Erhalt und zur Verbesserung der Gesundheit bei. Während Experten Muskeln lange Zeit allein für eine Art Motor des Körpers hielten, verantwortlich dafür, dass wir uns überhaupt bewegen und aufrecht halten können, wissen wir heute: Auch das Muskelgewebe steht (ähnlich wie das Fett, nur im positiven Sinne) mit dem gesamten Körper im Austausch.

Aktive Muskelzellen senden Botenstoffe, sogenannte Myokine, an entfernt liegende Organe und Gewebe im gesamten Körper aus, die die Gesundheit auf ganzer Linie unterstützen. Forschende haben in Studien nachgewiesen, dass diese Botenstoffe das Immunsystem und das Herz stärken. Sie helfen dabei, Blutgefäße elastisch zu halten und den Blutdruck zu senken, oder lassen neue Äderchen wachsen und verbessern so die Durchblutung. Sie schützen das Gehirn, wirken entzündungshemmend und sie beeinflussen den Stoffwechsel, indem sie etwa die Fettverbrennung ankurbeln und die Empfindlichkeit gegenüber Insulin verbessern und so das Risiko für Diabetes senken. Kurzum: Eine gut ausgebildete und aktive Muskulatur wirkt wie eine körpereigene Apotheke, die den Organismus mit allerlei Gutem für die Gesundheit versorgt. Und diese werden Sie ja wohl nicht hergeben wollen!

Mehr noch: Wenn Sie beim Fasten nicht vom Sofa kommen, verlieren Sie nicht nur wertvolle Muskulatur. Sie hebeln auch noch die Ketose aus, also genau den Mechanismus, der Ihre Leber vom Fett befreien soll – der Grund dafür, weshalb Sie das alles auf sich nehmen. Werden Muskelproteine zu Zucker umgesetzt, greift der Stoffwechsel auf diese Quelle zurück. Für die wesentlich aufwendigere Ketose zur Energiegewinnung besteht dann keinerlei Notwendigkeit. Sie verlieren in diesem Szenario also nicht nur wertvolle Muskulatur. Sie bauen auch kein Leberfett ab oder nur sehr wenig. Das heißt, Sie nehmen die Anstrengung des Verzichts auf sich, ohne dafür den Lohn – nämlich eine entfettete Leber und einen gesünderen Stoffwechsel – einzufahren. Was für eine Pleite!

Tatsächlich ist die Gefahr, Muskulatur abzubauen, einer der schärfsten Kritikpunkte, die Fachleute aus Medizin und Ernährungswissenschaft gegen das Fasten ins Feld führen.

Doch wie Studien in den letzten Jahren belegen konnten, lässt sich dieses Risiko ganz einfach bannen – indem Sie in Bewegung bleiben. Demnach kommt es bei Personen, die beim Fasten ein moderates Bewegungsprogramm absolvieren, zwar während der ersten Tage eines zehn- bis zwölftägigen Fastenprogramms zu einem geringfügigen Protein- und Muskelverlust. Doch sobald der Stoffwechsel auf Ketose umschaltet, geht es ans Fett statt an die Muskulatur. Insgesamt war der Muskelverlust der freiwilligen Studienteilnehmer gering, die Funktion der Muskulatur war nicht beeinträchtigt.

Den Schalter in die richtige Richtung legen

Sie müssen wissen: Auch an Autophagie und Proteinabbau ist das Glukagon beteiligt, also das Hormon, das aktiv wird, wenn die Glukose- und Insulinspiegel im Organismus sinken. Das passiert, wenn Sie aufhören zu essen, beispielsweise weil Sie sich entschieden haben zu fasten. Zunächst mobilisiert das Glukagon die gespeicherten Zuckervorräte, also Glykogen in der Leber, um so die Versorgung mit Kohlenhydraten noch eine Weile aufrechtzuerhalten. Ist dieser Vorrat aufgebraucht – das ist bei Normalgewichtigen im Durchschnitt nach drei oder vier Tagen der Fall, bei stark Übergewichtigen etwas früher –, muss der Körper nach alternativen Energiequellen suchen. Und nun entscheidet es sich: Greift er auf Fett oder auf wertvolles Eiweiß aus der Muskulatur zurück?

Interessanterweise ist für beide Prozesse auch das Glukagon zentral. In meinen Augen ein faszinierendes Hormon. Dieser Botenstoff kurbelt beim Fasten die Autophagie an und verwertet Zellabfall sowie Proteinreste, die überhaupt erst liegen geblieben sind, weil dank der hierzulande üblichen Ernährung ein permanenter Überschuss an Zuckermolekülen herrscht. Zucker ist für den Körper eine »billige« Energiequelle, sodass er sich im Normallfall gar nicht erst die Mühe macht, Proteine anzuknabbern. Sind diese leicht verfügbaren Eiweißquellen aus Zelltrümmern und überschüssigen Proteinen aufgebraucht, macht sich das Glukagon über andere Proteine her, die scheinbar nicht benötigt werden. Und das kann auch die Muskulatur betreffen, wenn diese nicht bewegt wird. Wer sich also zum Fasten ins Bett legt, nimmt dadurch in Kauf, dass das Glukagon den Abbau von Muskelzellen startet, um daraus Glukose zu gewinnen.

Bewegen Sie sich aber während des Fastens regelmäßig, schützen Sie auf diese Weise Ihre Muskulatur vor dem Zugriff durch das Glukagon. Denken Sie daran: Ein bewegter Muskel wird nicht abgebaut. Er muss sich vielmehr eine andere Energiequelle erschließen: das Fett aus der Leber und der Bauchspeicheldrüse. Also genau das, was wir mit dem Fasten erreichen wollen. Sie haben es also in der Hand – besser gesagt in den Beinen –, den Hebel in die richtige Richtung umzulegen.

Kein Überleben ohne Ketone

Dass Sie sich während des Fastens auch noch sportlich betätigen müssen, das haben Ihnen übrigens Ihre frühen Vorfahren eingebrockt. Oder, um es positiv zu formulieren: Sie haben es Ihrem evolutionären Erbe zu verdanken, dass Sie es überhaupt können! Denn überlegen Sie mal, wie es vor Zigtausenden von Jahren war, wenn einer Menschengruppe kein Mammut vor den Speer lief und sie auch sonst keine Nahrung fand. Vielleicht herrschte eine Dürre oder tiefster Winter, sodass sie nicht mal auf Beeren und Wurzeln zurückgreifen konnten. Nun konnten sich unsere Vorfahren kaum in ihrer Höhle aufs Fell legen, den Lieferservice anrufen und Pizza bestellen. Wer in einer solchen Zeit schlapp machte oder sich hinlegte, um auf bessere Zeiten zu warten, lief Gefahr zu verhungern – und er riskierte das Überleben seiner Gruppe gleich mit. Denn die Jagd und das Sammeln von Essbarem in der Natur ließen sich nur gemeinsam effizient bewältigen. Unsere Vorfahren kamen also nicht umhin, nach gescheiterten Jagdversuchen erneut loszuziehen und ihr Glück zu versuchen – immer wieder, so lange, bis schließlich ein Tier erlegt war.

Nun konnte der Organismus auch nicht einfach Muskelprotein anknabbern, um Energie zu gewinnen, bis es wieder etwas zu beißen gab. Derart muskulär geschwächte Menschen hätten aller Wahrscheinlichkeit nach bei der Jagd noch weniger Erfolg gehabt – oder gar nicht lange genug durchgehalten, um überhaupt die Fährte eines Beutetiers aufzunehmen. Zudem mussten sie auch geistig hellwach sein. Denn wer bei der Jagd unaufmerksam war, lief Gefahr, selbst zum Opfer zu werden.

Der Körper musste also mehrere Fliegen mit einer Klappe schlagen und nicht nur die Fettvorräte in der Leber knacken, sondern auch noch Energieträger herstellen, um damit andere Gewebe und Organe des Körpers zu versorgen. Das gelang damals und gelingt auch heute noch mithilfe der Ketose, bei der als ein Stoffwechselprodukt sogenannte Ketonkörper als Energielieferanten entstehen. Zwar können prinzipiell alle Körpergewebe auf Ketone als Energiequelle zurückgreifen. Ganz außerordentlich hungrig darauf sind aber die Muskulatur und das Gehirn – also die beiden, die für unsere frühen Vorfahren unverzichtbar wichtig waren, um in Notzeiten das Überleben zu sichern.

Das Gehirn ist übrigens bei Nahrungsmangel sogar in ganz besonderer Weise auf Ketone angewiesen. Es ist nämlich ein ziemlicher Energiefresser. Zwar macht es gerade mal zwei Prozent des Körpergewichts aus, doch verbraucht es gleich 20 Prozent der gesamten Energie. Lange Zeit dachte man, dass das Denkorgan ausschließlich Glukose nutzen kann, um seinen enormen Energiehunger zu stillen. Denn Fettreserven in Energie umzuwandeln, vermag es im Gegensatz zu anderen Körpergeweben nicht. Heute weiß man: In Notzeiten greift das Denkorgan auf Ketonkörper zurück, die problemlos die Blut-Hirn-Schranke passieren können.

Nun sind Sie kein Frühmensch und müssen auch nicht auf Mammutjagd gehen. Sehr wahrscheinlich haben Sie auch noch keine Hungersnot durchlebt. Doch Sie können, wie Sie bereits gelernt haben, Ihr evolutionäres Erbe nutzen, um mithilfe der Ketose Ihre Leber vom Fett zu befreien. Dabei ist es ratsam, die Ketose während des Fastens möglichst dauerhaft am Laufen zu halten. Das ist, wie bereits erwähnt, der Grund, warum Sie während des Fastens auf jegliche Nahrung verzichten sollten. Und es ist ein ganz entscheidender Grund dafür, dass Sie in Bewegung bleiben müssen: Sie schützen ja nicht nur Ihre Muskulatur, wenn Sie diese regelmäßig benutzen. Muskeln, die im Einsatz sind, brauchen mehr Energie – übrigens auch noch dann, wenn Sie nach Ihrer Bewegungseinheit nun endlich die wohlverdiente Pause auf dem Sofa einlegen. Das heißt: Wenn

Sie während des Fastens aktiv bleiben, braucht Ihre Muskulatur mehr Treibstoff – in Form von Ketonkörpern. Jede Bewegungseinheit, die Sie einlegen, heizt der Ketose und dem Fettabbau in der Leber weiter ein. Also, wenn das keine Motivation ist, körperlich aktiv zu bleiben – oder es zu werden, falls Sie sich in Ihrem Alltag bislang nicht dazu aufraffen konnten.

Moderate Bewegung reicht

Aber keine Angst: Sie müssen keine intensiven Sporteinheiten absolvieren, um erfolgreich zu fasten – auch wenn Sie das natürlich gern dürfen. Ich gehe sogar so weit zu spekulieren, dass es, um die Muskulatur zu erhalten, wahrscheinlich sogar schon hilft, den ganzen Tag lang einen Arm rhythmisch auf und ab zu bewegen. Das ist jetzt sehr überspitzt formuliert. Wahrscheinlich würden sich die Kolleginnen und Kollegen aus der Sportmedizin die Haare raufen. Denn nur mit dem Arm zu wackeln, ist kein Sport, verbraucht nicht besonders viel Energie (denken Sie an die Ketose!) und wäre auch eine sehr einseitige Belastung. Natürlich ist es immer günstiger, mehrere und vor allem große Muskelgruppen zu trainieren. Und wir beobachten ja auch, dass beispielsweise ein Bein, das verletzungsbedingt über eine Zeit nicht belastbar ist, dünner wird und sichtbar an Muskelmasse verliert – obwohl der Rest des Körpers aktiv bleibt. Mir geht es an dieser Stelle eher darum, einen wichtigen Zusammenhang zu verdeutlichen: Sobald eine einzelne Muskelgruppe aktiv ist, sendet sie Botenstoffe an alle anderen Muskelzellen im Körper aus, mit der Nachricht: Wir werden noch gebraucht! Leichte Bewegung schützt also die gesamte Muskulatur – ohne hartes Training.

Im Prinzip genügt Alltagsbewegung wie Gartenarbeit (von der Terrasse aus den Mähroboter zu beobachten, gilt nicht!) oder ausgedehnte, gern flotte Spaziergänge. Dafür empfehle ich, während des Fastens täglich 10 000 Schritte zu sammeln. Wenn Sie mögen, machen Sie dazu noch leichte Yogaübungen oder stärken Ihre Skelettmuskulatur mit Unterarm- oder Liegestützen. Dann sollte einem Fastenerfolg mit Muskelerhalt und gleichzeitigem Fettabbau in der Leber nichts im Wege stehen.

9

DURCH FASTEN KRANKHEITEN LINDERN, HEILEN UND VORBEUGEN

Als ich das erste Mal gefastet habe, hätte ich schwören können, dass sich meine Sehkraft verbessert hat. Ich erinnere mich gut, wie ich an meinem Schreibtisch saß. Von meinem Arbeitszimmer aus habe ich einen schönen Blick in den Garten und auf einige Bäume, deren Blätter im Laufe des Jahres in meiner Wahrnehmung immer unschärfer wurden – trotz Brille. An diesem Tag aber sah ich das Grün vor meinem Bürofenster plötzlich gestochen scharf. Und selbst als ich die Brille abgesetzt habe, konnte ich die Konturen deutlich besser sehen. »Das gibt es doch nicht! Wie cool ist das denn?«, dachte ich mir. Denn mir wurde schlagartig klar: Wenn Fasten so etwas bei mir bewirkt – dann lässt sich damit noch viel mehr erreichen, als ich mir zu diesem Zeitpunkt träumen lassen habe.

Tatsächlich mehren sich die Hinweise darauf, dass Fasten die psychische und die körperliche Gesundheit in vielerlei Weise positiv beeinflusst. Der zweiwöchige Nahrungsverzicht hilft nicht nur bei Diabetes und Fettstoffwechselstörungen. Auch das Herz und das gesamte Kreislaufsystem profitieren. Fasten kann im Körper Entzündungen reduzieren und damit Krankheiten wie Rheuma lindern, es vermag bei manchen Patienten mit Depressionen die Symptome zu verbessern, beugt möglicherweise neurodegenerativen Erkrankungen wie der Alzheimer-Demenz und Morbus Parkinson vor und kann sogar die Krebstherapie unterstützen.

Nun muss ich zugeben: Mir ist keine seriöse Studie bekannt, nach der Fasten der Sehkraft auf die Sprünge hilft, und ich brauche auch nach wie vor meine Brille. Meine Klarsicht, die ich an jenem Tag beim Blick aus dem Bürofenster erfahren habe, betrachte ich heute eher aus einer fast schon philosophischen Perspektive. Denn tatsächlich bewirkt das Fasten ja auch, dass man anders auf sich selbst und die eigene Gesundheit schaut. Man sieht und erlebt die eigene Selbstwirksamkeit. Und auch das trägt viel zum Wohlbefinden sowie zur selbst erlebten Gesundheit bei. Ganz unabhängig von Studien.

Ich erinnere mich in diesem Zusammenhang zum Beispiel einen Mann, den ich beim Fasten begleitet habe. Ein Deutscher, der nach Schweden ausgewandert war. Er wollte fasten, fand aber vor Ort keine direkte Unterstützung und hatte über Bekannte von mir gehört. Er war vom Typ her sehr rational, um nicht zu sagen verkopft. Und er hat eigentlich alles sehr kritisch hinterfragt. Dieser Mann rief mich nach einiger Zeit an, völlig aufgelöst, im positiven Sinne. Er war voller Dankbarkeit, weil er, wie er es selbst ausgedrückt hat, sein Leben wiedergefunden habe. Vor dem Fasten habe er sich alt gefühlt und unbeweglich. Er sei mit schmerzenden Knochen durch sein Haus und seinen Garten gegangen, müde und belastet. »Seitdem ich gefastet habe, ist das alles komplett weg«, so sein Resümee. »Und nun bin ich zum ersten Mal seit Langem sogar wieder mit meinem Boot auf den See rausgerudert.«

Bei solchen individuellen Erfahrungen lässt sich nur schwer nachvollziehen, ob es tatsächlich die medizinische Wirkung der Nulldiät war, die diese Kehrtwende gebracht hat. Zumal auch die mentale Veränderung beim Fasten eine große Rolle spielt.

So haben mir Menschen berichtet, dass sie sich nach dem Nahrungsentzug wacher gefühlt haben oder dass sie endlich wieder mit dem Joggen angefangen haben. Oder sie haben ihre Wohnung ausgemistet, weil sie den Kram im Äußeren nicht mehr ertragen konnten, nachdem sie innerlich aufgeräumt hatten. Das sind alles Dinge des individuellen Erlebens, die wir in medizinischen Studien kaum erfassen können. Aber es ist für mich plausibel, dass das Fasten solche Nebeneffekte und Nachwirkungen mit sich bringt. Denn wer die 14 Tage durchgezogen hat, hat Großes vollbracht und darf zu Recht stolz auf sich sein. Viele fühlen sich davon regelrecht beflügelt und nehmen den Schwung mit in den Alltag nach dem Fasten. Zudem konzentrieren Sie sich beim Fasten auf sich selbst, richten den Blick auf das Wesentliche. Das öffnet oft eine neue Perspektive auf viele Dinge des Lebens.

Darüber hinaus gibt es aber eine ganze Reihe gesundheitlicher Vorteile, die sich klar belegen lassen. Wer es schafft, nach dem Fasten die Ernährung umzustellen – zumindest auf »etwas gesünder« –, hält sein neues Gewicht und verliert sogar weitere Pfunde. Das entlastet den Kreislauf und die Gelenke. Es fällt leichter, sich im Alltag zu bewegen oder vielleicht sogar zum Sport zu gehen, was der allgemeinen Gesundheit ebenfalls zugutekommt. Studien der letzten Jahre belegen schließlich: Nichts ist der Gesundheit so abträglich wie das Sitzen. Wenn Sie das Fasten als Startschuss für ein neues Leben mit gesünderer Kost und mehr Bewegung nehmen, kommen Sie gar nicht umhin, Ihr allgemeines Wohlbefinden und Ihre Gesundheit zu verbessern. Fasten wird so gleichermaßen zur Kur wie zur Präventionsmaßnahme. Denn in dem Moment, in dem Sie beginnen, an den Stellschrauben Ihrer Gesundheit zu drehen, machen Sie sich auf den Weg dahin, künftige, möglicherweise schwerwiegende Erkrankungen zu vermeiden.

Den Stoffwechsel heilen

Für mich als Diabetesexperte steht beim Wasserfasten natürlich der Effekt auf den Stoffwechsel im Vordergrund. Und der ist immens: Nach unserer Beobachtung führt das zweiwöchige Wasserfasten bei etwa der Hälfte der Personen mit Typ-2-Diabetes zu einer vollständigen Remission ihrer Stoffwechselstörung. Und wir haben immerhin rund 500 Diabetes-Patienten beim Fasten betreut. Das bedeutet, dass 250 dieser Menschen keinerlei Diabetes-Medikamente mehr benötigen – selbst wenn sie zuvor schon bis zu zehn Jahre lang wegen ihrer Zuckererkrankung in Behandlung waren. Bei anderen Patienten bessert sich die Situation zumindest so weit, dass sie weniger Medikamente benötigen. Und auch Menschen mit Vorstufen von Typ 2 profitieren und können das Rad der drohende Krankheitsentstehung zurückdrehen.

Tatsächlich beeinflusst das Wasserfasten den Zuckerstoffwechsel gleich auf mehreren Ebenen. So sinkt während der zweiwöchigen Nahrungskarenz der Blutzuckerspiegel. Der Organismus bekommt während dieser Zeit schließlich keine Kohlenhydrate mehr von außen zugeführt. Allein das kann dazu führen, dass sich die Empfindlichkeit der Körperzellen gegenüber dem Insulin verbessert, und so einer beginnenden oder bereits bestehenden Insulinresistenz entgegenwirken.

Insulin erhält seine Wirksamkeit zurück

Insulinresistenz bedeutet, dass der Körper zwar Insulin ausschüttet, die Körperzellen aber nicht mehr so gut darauf ansprechen. Sie sind resistent gegenüber dem Insulin. Entsprechend nehmen die Zellen auch die Glukose aus dem Blut nicht mehr so gut auf.

Der Blutzucker bleibt längere Zeit zu hoch. Dies versucht die Bauchspeicheldrüse zunächst auszugleichen – indem sie mehr Insulin produziert. Das funktioniert aber nur vorübergehend. Denn mit der Zeit verstärkt sich die Insulinresistenz, und die Bauchspeicheldrüse muss immer mehr des lebenswichtigen Botenstoffs ausschütten, bis sie schließlich an ihre Leistungsgrenze kommt und regelrecht ausbrennt. Auf diese Weise kann eine Insulinresistenz zu Prädiabetes – einem Stoffwechselzustand, bei dem der Blutzuckerspiegel dauerhaft leicht erhöht ist und der als Vorstufe von Typ-2-Diabetes gilt – und schließlich zu Typ-2-Diabetes führen. Oft besteht bei Betroffenen bereits zehn oder sogar 15 Jahre lang eine Insulinresistenz, bevor es schließlich zum Vollbild der Diabetes-Erkrankung kommt – und häufig bemerken sie die tickende Zeitbombe in ihrem Körper nicht einmal. Befeuert wird die schleichende Entwicklung von der Insulinresistenz über den Prädiabetes zum Typ-2-Diabetes durch Bewegungsmangel, Übergewicht und – natürlich – Leberfett.

Und nun wissen Sie: Sie haben es selbst in der Hand, der beginnenden Stoffwechselerkrankung bereits jetzt den Riegel vorzuschieben: mit zwei Wochen Wasserfasten. Denn alle drei Risikofaktoren gehen Sie mit meiner Fastenmethode an. Ist das nicht eine großartige Aussicht?

Diabetes Typ 2 umkehren

Doch das ist noch nicht alles. Forschende aus England haben bereits vor einigen Jahren erkannt, dass infolge von Leberfett auch das Pankreas verfettet, also das Gewebe der Bauchspeicheldrüse, das unter anderem Insulin produziert. Ist das Pankreas jedoch verfettet, verliert das empfindliche Gewebe seine Funktionsfähigkeit und die Insulinsekretion versiegt. Glücklicherweise hat sich gezeigt, dass das auch umgekehrt funktioniert: Wer seine Leber vom Fett befreit, entfettet auch die Bauchspeicheldrüse, die ihre Arbeit dann wieder aufnehmen kann. Die britischen Kollegen haben diesen Zusammenhang vor allem bei Versuchstieren genauer untersucht, aber nur mit wenigen Menschen überprüft.

Außerdem kommt – anders als bei meinen britischen Kollegen – bei meiner Methode des 14-tägigen Wasserfastens noch die Bewegung dazu: Das verhindert, wie Sie bereits wissen, den Muskelabbau, der Ihren Fastenerfolg torpedieren würde. Denn das Glukagon, das der Organismus ausschüttet, wenn der Zuckervorrat zur Neige geht, würde auch Ihre Muskelzellen zur Energiegewinnung anknabbern. Es sei denn, Sie nutzen Ihre Muskeln, auch das erwähnte ich schon, regelmäßig.

An meinem Institut in Dresden habe ich mittlerweile rund 500 Menschen mit Typ-2-Diabetes und etwa 800 Nichtdiabetiker beim Wasserfasten betreut und deren Fastenerfolg dokumentiert. Ich kann daher mit Gewissheit sagen: Es funktioniert! Die Stoffwechselerkrankung bessert sich durch die zweiwöchige Nahrungskarenz derart, dass die Betroffenen im Anschluss entweder deutlich weniger Medikamente benötigen oder gar keine mehr. So gut sind die Blutzuckerwerte! Tatsächlich ist es sogar so, dass sich das Pankreas nicht nur erholt. Studien belegen, dass Fastenperioden sogar die Bildung neuer Pankreaszellen stimulieren und die Insulinsekretion fördern. Das ist, mit Verlaub, ein echter Knaller! Denn bislang kennt die moderne Medizin keine Methode, mit der das so effektiv und noch dazu mit so geringem Aufwand und in derart kurzer Zeit gelingt!

Noch dazu besiegen die Betroffenen ihre Stoffwechselerkrankung aus eigener Kraft. Diese Selbstwirksamkeit zu erleben, beflügelt und motiviert dazu, sich nach dem Fasten einem gesünderen Lebensstil – mit ausgewogener Ernährung, viel Bewegung und ausreichend Schlaf – zuzuwenden. Denn es ist ja klar: Wenn Sie es geschafft haben, Ihre Stoffwechselerkrankung aus eigener

Kraft umzukehren, dann schaffen Sie es auch, an ein paar Stellschrauben in Ihrem Alltag zu drehen. Wie das in der Praxis aussehen kann, darauf komme ich später noch zu sprechen.

Diabetes Typ 1 lindern

Ich selbst habe es bislang nicht gewagt, Menschen mit Typ-1-Diabetes fasten zu lassen. Dazu fehlen mir, ehrlich gesagt, bislang der Mut und die Erfahrung. Die Option, es irgendwann zu tun, halte ich mir aber offen. Denn interessanterweise macht mein Kollege Andreas Michalsen, Professor an der Berliner Charité, genau das mit großem Erfolg.

Bei Typ-1-Diabetes sieht die Gesamtsituation etwas anders aus. Während die Zuckerkrankheit bei Menschen mit Typ-2-Diabetes von einem gestörten Stoffwechsel und einer verminderten Wirksamkeit des Insulins herrührt, handelt es sich bei Diabetes vom Typ 1 um eine Autoimmunerkrankung. Bei einer Autoimmunerkrankung richtet sich das Immunsystem mit seinen Abwehrtruppen gegen körpereigenes Gewebe. In diesem Fall attackiert es die insulinproduzierenden Zellen der Bauchspeicheldrüse und zerstört diese – mit der Folge, dass sie kein Insulin mehr ausschütten oder nur noch sehr wenig. Die Krankheit macht sich in der Regel bereits im Kindesalter bemerkbar.

Bis es vor gut hundert Jahren erstmals gelang, Insulin zu isolieren und Betroffenen zu injizieren, waren Menschen mit Typ-1-Diabetes dem Tod geweiht. Heute haben Betroffene eine vergleichbare Lebenserwartung wie Gesunde – vorausgesetzt, ihre Insulintherapie ist gut eingestellt und wird konsequent durchgeführt. Stimmt die Insulindosis nicht, kann es, je nachdem, in welche Richtung das Gleichgewicht kippt, zu einer schweren Unterzuckerung kommen oder zu einer Ketoazidose.

Bei der Ketoazidose handelt es sich um eine lebensbedrohliche Entgleisung des Stoffwechsels, bei der ein anhaltender Insulinmangel dazu führt, dass der Körper die Glukose nicht verwerten kann. Der Organismus antwortet auf diese Situation mit einer Panikreaktion: Er baut Fett ab und produziert dabei so viele Ketonkörper, dass das Blut übersäuert. Es ist so, als ob das, was wir mit dem Fasten bewusst auslösen (nämlich die Ketose, die Fett aus der Leber schafft), völlig eskaliert und ins Schädliche kippt. Unbehandelt kann die Ketoazidose zum diabetischen Koma und zu bleibenden Schäden führen.

Vor diesem Hintergrund gibt es Kritiker, die Fastenkuren für Typ-1-Diabetiker für gefährlich halten. Sie sorgen sich, dass das die gefürchtete Ketoazidose befeuern könnte. Professor Andreas Michalsen hat es dennoch gewagt. Unter seiner Leitung vollzog eine kleine Gruppe Freiwilliger mit Diabetes Typ 1 über einen Zeitraum von sieben Tagen eine Heilfastenkur nach Buchinger. Das überzeugende Ergebnis: Alle Studienteilnehmer konnten die täglich benötigte Insulindosis nach der Kur beträchtlich reduzieren – ein Effekt, von dem wir heute wissen, dass er über vier bis sechs Monate anhält. Die gefürchtete Ketoazidose ist bei keinem der Freiwilligen eingetreten. Und auch sonst erwies sich das Fasten in dieser Gruppe als sicher.

Mittlerweile deuten alle Untersuchungen darauf hin: Heilfasten kann bei Menschen mit Typ-1-Diabetes zu stabileren Blutzuckerwerten und einem Gewichtsverlust führen. Dennoch bedarf es weiterer Studien mit größeren Patientengruppen, bevor das Fasten als Therapie-Option für Menschen mit Typ-1-Diabetes in der Klinik zur Verfügung steht. Betonen will ich an dieser Stelle daher ausdrücklich, dass Betroffene mit dieser Diabetesform Typ 1 auf keinen Fall zu Hause und auf eigene Faust fasten sollten. Zu groß ist das Risiko für eine lebensbedrohliche Entgleisung des Stoffwechsels.

Fettstoffwechsel

Wasserfasten, das haben Sie bestimmt längst verinnerlicht, wirkt sich insbesondere auf die Fettdepots in der Leber und der Bauchspeicheldrüse aus. Das hat natürlich nicht nur positive Effekte für den Zuckerstoffwechsel. Auch der Fettstoffwechsel profitiert. Ich selbst habe bei meiner ersten Wasserfastenkur diese Erfahrung gemacht. Zu meiner Schande als Arzt und Stoffwechselexperte muss ich zugeben, dass meine Lipidwerte im Blut vor den 14 Tagen Nahrungskarenz bedenklich erhöht waren. Nach dem Wasserfasten waren sie plötzlich in Ordnung. Für mich war das damals ein deutliches Zeichen dafür, dass das Fasten tatsächlich funktionierte.

Mit diesen Lipidwerten oder auch Blutfettwerten, die sicherlich auch Ihr Hausarzt oder Ihre Hausärztin schön öfter bei Ihnen gemessen hat, meinen wir Mediziner die Konzentration von Fetten und fettartigen Substanzen, die sich im Blut messen lassen und die ein gutes Bild vom Fettstoffwechsel des Körpers zeichnen. Dazu zählen etwa Cholesterin und Triglyzeride. Bei Menschen mit Insulinresistenz und Diabetes sind die Blutfettwerte häufig erhöht. Störungen im Fett- und im Zuckerstoffwechsel bedingen und befeuern sich sogar gegenseitig.

Merken Sie was? Das hängt alles zusammen! Kein Wunder also, dass Medizinerinnen und Mediziner vom metabolischen Syndrom sprechen. Damit meinen sie ein ganzes Bündel an Stoffwechselstörungen und Folgeerscheinungen: starkes Übergewicht (insbesondere vermehrtes Bauchfett), hohe Blutzucker- und Blutfettwerte, erhöhter Blutdruck. Jeder dieser Faktoren steigert schon für sich genommen das Risiko für Folgeerkrankungen wie Arteriosklerose, Herzinfarkt oder Schlaganfall. Kommen sie zusammen, erhöhen sie diese Gefahr noch zusätzlich.

Die gute Nachricht lautet: Wenn Sie bereits an einer einzelnen Stellschraube im System drehen, also beispielsweise Ihr

Gewicht senken oder die Insulinwirkung durch mehr Bewegung verbessern, profitiert der Stoffwechsel insgesamt, und Sie haben eine gute Chance, dass sich das metabolische Syndrom insgesamt bessert.

Doch Sie können auch an der zentralen Schaltstelle ansetzen: beim Leberfett! Wenn Sie beim Wasserfasten Ihre Leber und Ihre Bauchspeicheldrüse vom Fett befreien, haben Sie die allerbesten Chancen, Ihren Stoffwechsel wieder gänzlich ins Gleichgewicht zu bringen. Blutdruck, Blutzucker, Lipidwerte und mittelfristig auch Ihr Gewicht normalisieren sich so weit, dass Sie Ihr metabolisches Syndrom besiegen – oder es gar nicht erst entsteht. Ist das nicht Wahnsinn?

Wie Herz und Kreislauf profitieren

Wie Sie jetzt wissen, wirkt sich Fasten positiv auf den Blutdruck aus. Das gelingt einerseits dadurch, dass Sie Ihren Stoffwechsel wieder ins Gleichgewicht bringen. Es ist bekannt, dass ein dauerhaft erhöhter Blutzucker den Blutdruck ebenso nach oben treibt wie Übergewicht und ein entgleister Fettstoffwechsel. Schaffen Sie es, diese Risikofaktoren zu reduzieren, sinkt auch der Blutdruck. Fasten hat aber andererseits auch für sich genommen eine blutdrucksenkende Wirkung. Während des Nahrungsverzichts sinkt der Blutdruck schon allein deswegen, weil Sie kein Kochsalz mehr zu sich nehmen oder nur noch sehr wenig. Salz aber ist ein entscheidender Trigger für Bluthochdruck.

Gleichzeitig beeinflusst auch die Umstellung des Stoffwechsels auf Ketose den Blutdruck positiv – und zwar dank der dabei entstehenden Ketonkörper. Diese können den Blutdruck senken. Außerdem wirken sie antientzündlich und verbessern die Funktion des Endothels, also der Zellen, die die Blutgefäße von innen auskleiden. Das Endothel ist unter anderem dafür zuständig, den Durchmesser der Blutgefäße zu regulieren und damit indirekt auch den Blutdruck. Ist die Endothelfunktion gestört, gelingt es dem Organismus nicht mehr so gut, die Gefäße bei Bedarf zu erweitern, was wiederum zu erhöhtem Blutdruck führen kann.

Das Herz stärken

Allein dadurch, dass Sie durch das Fasten den Blutdruck in einen gesunden oder zumindest gesünderen Bereich bringen, entlasten Sie Ihr gesamtes Herz-Kreislauf-System. Bluthochdruck schädigt die Blutgefäße und begünstigt Arteriosklerose, also gefährliche Ablagerungen an den Gefäßwänden, die dazu führen, dass sich die Gefäße verengen. Das kann einerseits den Blutdruck weiter erhöhen, sodass ein Teufelskreis entsteht, in dem sich Bluthochdruck und Arteriosklerose gegenseitig befeuern. Andererseits ist Arteriosklerose ein entscheidender Risikofaktor für Herzinfarkte und Schlaganfälle.

Gleichzeitig kann Bluthochdruck auf Dauer das Herz schwächen, weil der Herzmuskel permanent gegen den erhöhten Widerstand anpumpen muss. Dadurch verdickt sich der Muskel auf Dauer. In der Folge wird das Herz steifer und verliert an Leistungsfähigkeit.

Wenn es Ihnen gelingt, durch das Wasserfasten den Blutdruck dauerhaft zu senken, entlasten Sie dadurch Ihr Herz, und Sie verringern Ihr Risiko für Arteriosklerose, Herzinfarkt und Herzinsuffizienz. Aber selbst dann, wenn Sie bereits unter einer Herzerkrankung leiden, kann Ihre Pumpe vom Fasten profitieren.

So gibt es Hinweise darauf, dass Fasten nach einem Herzinfarkt zu einer besseren Regeneration des Herzmuskelgewebes beitragen kann. Das könnte möglicherweise damit zusammenhängen, dass beim Fasten die Autophagie angekurbelt wird, also das körpereigene Entsorgungs- und Recyclingsystem. Herzmuskelgewebe, das sich rund um den durch den Infarkt geschädigten Bereich befindet, aber nicht direkt in Mitleidenschaft gezogen wurde, verjüngt sich und verbessert seine Funktion. Das wiederum könnte dazu beitragen, dass sich der Herzmuskel insgesamt erholt. Blutgefäße wachsen in diesem Bereich wieder, was möglicherweise verhindert, dass sich der abgestorbene und vernarbte, also funktionslose Teil des Herzmuskelgewebes ausweitet. Das ist eine wichtige Voraussetzung, um nach einem Infarkt die Herzfunktion so gut wie möglich zu erhalten und wieder zu verbessern – und eine drohende Herzinsuffizienz zu umgehen.

Ketonkörper für schwache Herzen

Das Herzmuskelgewebe kann seinen Energiebedarf sehr flexibel decken. Am liebsten mag es Fettsäuren, aber auch auf Glukose und Ketonkörper greift es gern zurück. Wie sich gezeigt hat, sind aber nicht alle Energieträger gleichermaßen gesund fürs Herz. Bereits vor einigen Jahren haben Forschende festgestellt: Wenn das Herzmuskelgewebe seinen Energiestoffwechsel weg von Fettsäuren und hin zu Kohlenhydraten als Energielieferant umstellt, droht Herzinsuffizienz. Umgekehrt weiß man, dass schwache Herzen eher Zucker als Fettsäuren zur Energiegewinnung nutzen, was die Sache noch befeuert.

Um diesen Teufelskreis zu durchbrechen, kommt eine weitere alternative Energiequelle ins Spiel: Ketonkörper. Vermutlich lassen sich die positiven Effekte von sogenannten SGLT2-Inhibitoren auf Herzinsuffizienz zumindest teilweise auf Ketonkörper zurückführen. SGLT2-Inhibitoren sind Wirkstoffe, die ursprünglich als Diabetes-Medikamente entwickelt wurden.

Überraschenderweise zeigten sie aber auch positive Effekte für die Herz- und Nierenfunktion, weshalb sie heute auch bei chronischer Insuffizienz dieser Organe zum Einsatz kommen. SLGT2-Inhibitoren wirken unabhängig vom Insulinstoffwechsel. Vielmehr verstärken sie die Ausscheidung von Glukose über den Harn. Dem Organismus stehen dadurch nur sehr eingeschränkt Kohlenhydrate zur Verfügung, was die Ketose begünstigt – und damit die Bildung von Ketonen. Diese sind, wie man heute weiß, effiziente Energielieferanten für das geschwächte Herz und vermögen es sehr wahrscheinlich auch zu schützen.

Studien belegen zudem, dass es sinnvoll sein kann, Betroffenen mit Herzinsuffizienz sogenannte exogene Ketone zu verabreichen, also Ketone, die der Körper nicht selbst herstellt, sondern die ihm zugeführt werden. So hat sich gezeigt, dass Infusionen mit Beta-Hydroxybuttersäure – einem der drei wichtigsten Ketonkörper, die bei der Ketose entstehen – bei Patienten mit Herzinsuffizienz zu einer dosisabhängigen Steigerung der Herzleistung führen.

Vor diesem Hintergrund liegt es nahe, dass auch Ketonkörper, die der Organismus beim Wasserfasten produziert, eine schützende Wirkung auf das Herz haben. Ob und in welcher Form das Fasten allerdings bei einer bestehenden Herzinsuffizienz sinnvoll sein kann, ist noch nicht ausreichend untersucht. Wenn Sie gesund sind und fasten, tun Sie Ihrer Pumpe aber mit Sicherheit etwas Gutes – schon allein, weil die Umkehr des metabolischen Effekts ebenso wie die entstehenden Ketonkörper Ihrem Herz-Kreislauf-System in vielfacher Weise zugutekommen und den Herzmuskel dadurch schützen und entlasten.

Entzündungsprozesse vermeiden

Ein wichtiger Schlüssel zu mehr Gesundheit ist, Entzündungsprozesse im Körper zu vermeiden. Ich habe in den vorangegangenen Kapiteln bereits beschrieben, dass das Körperfett, das Sie in Bauch und Leber gespeichert haben, Botenstoffe aussendet, die im ganzen Körper sogenannte subklinische Entzündungsprozesse auslösen. Dabei handelt es sich um chronische Entzündungen, die Sie selbst gar nicht wahrnehmen. Daher auch die Bezeichnung »subklinisch«: Sie machen zunächst einmal keine messbaren Symptome. Trotzdem richten sie großen Schaden an: Bleiben diese latenten Entzündungswerte über einen längeren Zeitraum erhöht, steigt nicht nur das Risiko für Diabetes. Auch die Gefahr für Herz-Kreislauf-Erkrankungen wie Bluthochdruck und Arteriosklerose erhöht sich – und damit für Herzinfarkte und Schlaganfälle. Die chronischen »Mini«-Entzündungen treiben zudem Gelenkverschleiß voran, begünstigen Autoimmunerkrankungen sowie eine Reihe von neurologischen Leiden, und sie leisten sogar dem Entstehen von Krebserkrankungen Vorschub. Diese gravierenden Risiken für Ihre Gesundheit und letztlich für Ihr Leben können Sie durch Fasten senken, weil Sie Leberfett reduzieren und so das Entzündungsgeschehen im Körper eindämmen. Fasten ist aber natürlich keine Garantie dafür, dass diese Erkrankungen Sie nicht trotzdem irgendwann im Laufe des Lebens heimsuchen. Denn meist tragen zu ihrer Entstehung eine ganze Reihe verschiedener Faktoren bei. Etwas anderes zu behaupten, wäre unseriös. Aber Sie leisten mit dem Fasten einen wertvollen Beitrag, das Risiko dafür zu verringern.

Rheuma lindern durch Fasten und Ernährungsumstellung

Wenn Fasten nun also bewirken kann, dass sich unterschwellige Entzündungsereignisse im Körper beruhigen, so liegt es auf der Hand, dass es auch Einfluss nimmt auf Krankheiten, bei denen Entzündungsherde im Vordergrund stehen. So etwa bei vielen rheumatischen Erkrankungen. Unter diesen Begriff fallen mehr als 400 verschiedene Krankheitsbilder, sodass ich es nicht wagen würde, hier für alle gleichermaßen zu sprechen. Wir wissen aber, dass die rheumatoide Arthritis, also das, was wir landläufig als Gelenkrheumatismus kennen, ebenso wie einige Formen von Weichteilrheuma – das sind Erkrankungen, bei denen etwa Muskeln, Bänder und Sehnen betroffen sind –, von einer Autoimmunreaktion herrühren. Das heißt, das Abwehrsystem greift statt feindlicher Eindringlinge wie Krankheitserregern körpereigene Strukturen an. In der Folge kommt es zu schmerzhaften Entzündungen, die bei schweren Verläufen von rheumatoider Arthritis zu Gelenkschäden führen können. Interessanterweise haben Menschen mit Gelenkrheuma aufgrund ihrer Entzündungsherde häufig auch ein erhöhtes Risiko für Herz-Kreislauf-Erkrankungen und Diabetes. Hier schließt sich der Kreis also.

Ich hatte in diesem Zusammenhang ein frappierendes Erlebnis mit einem noch recht jungen Mann. Er war erst Mitte dreißig und litt an schwerem Gelenkrheumatismus mit wirklich schlimmen Schmerzen. Er war dadurch körperlich extrem eingeschränkt und konnte an vielen Dingen des Lebens nicht so teilhaben, wie er es gern wollte und wie es für sein Alter normal gewesen wäre – sei es im Beruf, in der Freizeit mit Freunden oder mit seiner Frau und der Familie. Ich erinnere mich, wie verzweifelt er wirkte. Mein Eindruck war, dass er durch seine Rheuma-Erkrankung, die Schmerzen und die damit einhergehenden Einschränkungen eine Depression entwickelt hatte. So aussichtslos schien seine Situation, sein Leben, das nur noch aus Schmerz bestand. Und der junge Mann ist nicht einmal aus eigenem Antrieb zu mir gekommen. Vielmehr hatte ihn seine Familie dazu gedrängt. Zu seinem großen Glück! Denn er ließ sich auf die Fastenprozedur ein. Und ich muss sagen, ich war selbst völlig fassungslos: Nach dem Fasten war sein Rheuma wie weggeblasen. Er war völlig schmerzfrei und konnte sich auch normal bewegen.

Natürlich ist das ein Einzelfall, aus dem wir keine allgemeinen Rückschlüsse ziehen dürfen. So extrem habe ich das später auch nie wieder erlebt. Trotzdem zeigt dieses Beispiel, dass Fasten vieles möglich machen kann. Und im Zusammenhang mit Rheuma ist eine lindernde Wirkung ja auch völlig plausibel.

Schauen wir uns mal an, wie eine rheumatische Erkrankung im Normalfall medikamentös behandelt wird: mit Kortison und anderen Wirkstoffen, die die fehlgeleitete Immunreaktion und die daraus resultierenden Entzündungen ausbremsen. Wenn nun Fasten ebenfalls das Entzündungsgeschehen dämpft, so darf man zumindest eine Wirkung erwarten, die die Schmerzen lindert und die Wirkstofftherapie unterstützt.

Tatsächlich haben norwegische Immunologen das bereits 1991 in einer Studie belegt. Sie ließen Menschen mit Rheuma zehn Tage lang fasten. Bereits nach wenigen Tagen besserten sich fast alle Symptome der Probanden deutlich. Schmerzhaft geschwollene Gelenke gingen zurück. Auch eine aktuelle Metaanalyse kommt zu dem Schluss: Fasten kann eine gute Unterstützung zur wirkstoffbasierten Rheumatherapie sein. Erfolgt anschließend eine Ernährungsumstellung auf vorwiegend pflanzliche Kost, lässt sich der Effekt noch steigern. Ein vollständiger Ersatz für die herkömmliche Therapie ist Fasten allerdings nicht.

Die antientzündliche Wirkung des Fastens nutzen

Dass Fasten chronische Entzündungsprozesse im Körper lindern kann, ist ein mächtiges Argument für den zeitweiligen Nahrungsverzicht. Britische Forschende aus Cambridge haben 2024 einen Wirkmechanismus entschlüsselt, der dies erklären kann. Diesen hier darzulegen, würde den Rahmen des Buches sprengen, müssten wir dafür doch tief in die komplexe Welt der Immunologie einsteigen. Entscheidend ist aber ohnehin: Wenn es einen klar belegbaren Mechanismus gibt, dann greift dieser sehr wahrscheinlich bei vielen anderen Erkrankungen, bei denen Entzündungsprozesse im Zentrum des Krankheitsgeschehens stehen: So gibt es Hinweise, dass Fasten bei chronisch entzündlichen Darmerkrankungen helfen kann, außerdem bei Multipler Sklerose und der Schuppenflechte (Psoriasis). Selbst bei der Alzheimer-Demenz oder bei Morbus Parkinson spielen Entzündungsprozesse eine Rolle. Allerdings möchte sich aktuell noch niemand so weit aus dem Fenster lehnen, zu behaupten, dass Fasten vor diesen neurologischen Schreckgespenstern schützt.

Fasten und das Gehirn

Doch man darf gespannt sein, was noch kommt. Forschende decken immer weitere spannende Zusammenhänge auf, die dafürsprechen, dass Fasten einer der Schlüssel zu einer besseren Hirnfunktion sein könnte. So lieferte erst jüngst eine Studie Hinweise, dass gespeicherter Zucker im Gehirn – gemeint ist die Speicherform Glykogen – eine Rolle bei der Alzheimer-Demenz sowie der frontotemporalen Demenz spielen könnte, einer fortschreitenden neurodegenerativen Erkrankung, bei der Nervenzellen vor allem im Stirn- und Schläfenbereich des Gehirns absterben, was zu Veränderungen in Persönlichkeit, Verhalten und Sprache führt, oft bevor Gedächtnisprobleme auftreten.

Die US-amerikanischen Wissenschaftlerinnen und Wissenschaftler haben erkannt, dass bei diesen Demenz-Formen eine gestörte Glykogen-Verarbeitung eine Rolle spielt. Es kommt zu vermehrten Glykogen-Ablagerungen an den Nervenzellen des Gehirns. Und der abgelagerte Zucker richtet offensichtlich massiven Schaden an den Nervenzellen an. Umgekehrt hat sich gezeigt: Ein Abbau des Glykogens hat eine schützende Wirkung auf die Nervenzellen. Das lässt sich durch Medikamente oder durch Kalorienrestriktion, also beispielsweise durch Fasten, erreichen. Und zumindest bei Experimenten mit der Taufliege Drosophila melanogaster – Sie wissen schon, diese lästigen kleinen Fliegen, die im Sommer gern ums Obst schwirren – zeigte sich, dass Fasten nicht nur das Leben der Tiere verlängert. Es mindert sogar Schäden an den Nervenzellen. Das belegt nicht nur den ursächlichen Zusammenhang zwischen Zuckerablagerung und Schädigung der Nervenzellen bei einer Demenz. Es eröffnet auch völlig neue Perspektiven für die Prävention und die Behandlung von Demenz-Erkrankungen. Und das tut not. Denn die bisherigen Strategien, die zur Therapie der Alzheimer-Demenz zur Verfügung stehen, sind in ihrer Wirkung doch eher enttäuschend.

Natürlich bedarf es hier weiterer intensiver Forschungsarbeit. Zwar belegen die Untersuchungen aus Kalifornien, dass Glykogen-Ablagerungen auch im menschlichen Gehirn relevant sind und sich der Schaden durch Abbau der Zuckerablagerungen im Gehirn umkehren lässt. Doch der Mensch ist keine Fliege. Und Belege, dass Fasten Alzheimer heilt oder verhindert, liefert diese Studie selbstverständlich nicht. Für echte Behandlungskonzepte, die in der Klinik zum Einsatz kommen können, müssen wir mehr wissen, etwa wann das Fasten die beste Wirkung zeigt, also ob es eher präventiv oder in frühen Stadien der Erkrankungen eingesetzt werden sollte oder ob sich auch noch Verbesserungen erzielen lassen, wenn sich bereits Symptome einer Demenz zeigen. Forschende müssen prüfen, ob und mit welchen Medikamenten sich der Effekt unterstützen lässt (und natürlich brauchen wir Studien, die belegen, ob diese sicher sind und in welcher Dosierung sie gegeben werden müssen). Schließlich müssen sie natürlich ausschließen, dass es irgendwelche negativen Begleiterscheinungen gibt, wenn beispielsweise Menschen mit bereits beginnender Demenz fasten.

Trotzdem ist das für mich als erklärter Fan des zeitweiligen Nahrungsverzichts natürlich ein Knaller! Solche Ergebnisse sind starke Belege dafür, dass Fasten weit mehr ist als eine Lifestyle-Maßnahme. Vielmehr scheint es auch im Gehirn wie ein Reset-Knopf zu wirken und den Zuckerstoffwechsel im Oberstübchen wieder ins Gleichgewicht zu bringen – ganz ähnlich wie wir es bereits für den Fettstoffwechsel in der Leber kennen. Wer weiß, für welche Körpergewebe und Organe sich in den nächsten Jahren Vergleichbares zeigt?

Vor allem aber: Wenn sich die Befunde und die Erklärungsansätze aus der US-amerikanischen Studie bewahrheiten, so spricht das klar dafür, das Fasten in die Präventions- und Therapie-Konzepte für neurodegenerative Erkrankungen aufzunehmen. Und das lässt, ganz nebenbei bemerkt, hoffen, dass der Fastenforschung künftig mehr Aufmerksamkeit zuteilwird – auch wenn es etwa darum geht, Studien zu finanzieren. Denn wir sprechen hier von Erkrankungen und Dimensionen, die nicht nur für einzelne Betroffene, sondern für das gesamte Gesundheitssystem relevant sind. Wenn man bedenkt, dass in Deutschland derzeit rund 1,8 Millionen Menschen mit einer diagnostizierten Demenz leben (die Dunkelziffer ist wahrscheinlich höher), die meisten von ihnen mit Alzheimer-Demenz, dann wird deutlich, welche Herausforderung diese Erkrankung für die Gesellschaft bedeutet – auch in finanzieller Hinsicht.

Wie die Seele vom Fasten profitiert

Dass Fasten beziehungsweise Nahrung sich auf die Stimmung auswirkt, haben Sie vielleicht selbst schon einmal erlebt. Möglicherweise gehören Sie zu denen, die, wenn sie hungrig sind, nervös und gereizt reagieren. Oder Sie gehören zu denen, die, wenn sie gestresst oder traurig sind, nach der Tafel Schokolade greifen, nach den Frust-Pralinen oder der Tüte Chips? Das mag tatsächlich vorübergehend Abhilfe schaffen, und Sie fühlen sich zunächst einmal besser. Zumindest so lange, bis das schlechte Gewissen dazwischenfunkt (denn natürlich wissen Sie, dass weder Schokolade noch Chips der Gesundheit zuträglich sind) oder sich eben die langfristigen negativen Effekte einer ungesunden Ernährung zeigen. Und diese können sich durchaus auch in der psychischen Verfassung widerspiegeln. Doch dazu gleich.

Beim kurzfristigen Glücksgefühl spielt das Belohnungssystem eine Rolle. Wenn wir uns unsere Lieblingssnacks einverleiben, wird das Gehirn, insbesondere das Belohnungssystem, mit dem Botenstoff Dopamin geflutet – und zwar bereits in Erwartung dessen, was kommt: bei der Vorfreude auf die Leckerei, also wenn Sie zum Kühlschrank gehen oder die Chipstüte aufreißen. Und das hat nicht etwa damit zu tun, dass diese Speisen besondere Inhaltsstoffe hätten, die uns glücklich machen. Vielmehr hat das Gehirn gelernt, dass diese Snacks positiv besetzt sind. Vielleicht, weil Sie damit besonders schöne Kindheitserinnerungen verbinden. Und dafür ist es eigentlich egal, ob Sie Schokolade essen oder zu Chips, Hering oder vielleicht sogar zu gesunden Früchten wie Erdbeeren greifen. Entscheidend ist Ihre individuelle Prägung. Doch wie gesagt: Der Effekt ist nur von sehr kurzer Dauer und kann über längere Zeit ins Gegenteil kippen. Denn es lässt sich auch beobachten, dass Übergewicht Depressionen begünstigt.

Möglicherweise haben Sie aber auch schon einmal gefastet und dabei erlebt, dass Sie sich fröhlicher fühlen, zufriedener, gelassener oder sogar regelrecht euphorisch. Vielleicht entscheiden Sie sich auch nach der Lektüre des Buches dazu, 14 Tage lang auf feste Nahrung zu verzichten. Und ich möchte fast mit Ihnen wetten, dass Sie dann eine derart positive Wendung in Ihrer Stimmungslage erfahren, die übrigens weit länger anhalten kann als die Wirkung von Schokolade, Chips und Co. Denn auch beim Fasten passiert im Gehirn und im Körper allerhand, das die Stimmung positiv beeinflusst.

Fasten, das sagte mir mal ein Psychiater, mit dem ich mich über das Thema unterhielt, habe für sich allein genommen eine starke antidepressive Wirkung, die sogar stärker sein könne als die eines medikamentösen Antidepressivums. Ich weiß nicht, ob es dafür konkrete wissenschaftliche Belege gibt. Aber rein von meinen Beobachtungen her würde ich sagen: Es stimmt.

Das hat einerseits mit der erlebten Selbstwirksamkeit zu tun. Gerade bei Patienten mit Hang zu düsterer Stimmung wirkt das Fasten nach meiner Erfahrung antidepressiv. Menschen gehen gestärkt und erfrischt aus dem Fasten heraus. Das Erlebnis, unter Entbehrung ein – im ersten Moment – scheinbar schwer zu erreichendes Ziel verwirklicht zu haben, beflügelt nachhaltig. Erst recht, wenn auch die Laborergebnisse besser sind als vor dem Fasten. Dieses positive Erlebnis nimmt Ihnen niemand mehr. Auch Jahre später wissen Sie: Sie können sich auf Ihren Körper, dessen Funktionieren und, last but not least, sich selbst verlassen.

Andererseits ist es aber auch so, dass das Gehirn beim Fasten mit allerhand Botenstoffen geflutet wird, die euphorisierend wirken: Dopamin, Serotonin, Endorphine. Auch die Neuverknüpfung von Nervenzellen wird angeregt. Gleichzeitig werden die Serotonin-Transporter herunterreguliert. Dabei handelt es sich um Moleküle in der Zellmembran von Neuronen, die dafür sorgen, dass einmal ausgeschüttetes Serotonin wieder aufgenommen und quasi dem Recycling zugeführt wird. Wird das Serotonin so aus dem synaptischen Spalt, der Verbindungsstelle zwischen zwei Nervenzellen, entfernt, beendet das auch seine Wirkung. Das bedeutet: Wird die Zahl dieser Serotonin-Transporter beim Fasten herunterreguliert, verbleibt das Serotonin länger im synaptischen Spalt. Das erhöht die Konzentration des Botenstoffs und sorgt dafür, dass seine Wirkung länger anhält. Interessanterweise ahmen gängige Medikamente zur Behandlung von Depressionen und Angststörungen, die sogenannten Serotonin-Wiederaufnahmehemmer, genau diesen Effekt des Fastens nach.

All das, so eine mögliche evolutionsbiologische Erklärung, könnte mit dazu beigetragen haben, dass unsere frühen Vorfahren bei Nahrungsmangel weiterhin motiviert und mit klarem Verstand auf die Jagd gegangen sind. Hätten sie sich stattdessen niedergeschlagen in ihre Höhle zurückzogen, um sich in ihr trauriges Schicksal zu fügen, hätte dies den sicheren Tod bedeutet.

Aber das ist noch lange nicht alles. Denn wie ich bereits mehrfach erwähnt habe, lindert Fasten die unterschwelligen Entzündungsherde im Körper. Und die spielen sehr wahrscheinlich auch bei manchen depressiven Erkrankungen eine Rolle. Zumindest sehen das einige Neurowissenschaftler heute so.

Gleichzeitig wirkt sich das Fasten auf das Darm-Mikrobiom aus und kann es in eine günstigere Richtung verschieben. Diesen Zusammenhang haben wir bereits im Hinblick auf das metabolische Syndrom und Diabetes beleuchtet (siehe Kapitel 6). Er kommt aber auch bei Depressionen zum Tragen. So gibt es Studien, die belegen, dass das Mikrobiom im Darm von Menschen mit Depressionen anders zusammengesetzt ist als bei Gesunden. Und pflanzt man im Experiment Mäusen oder Ratten, die seit ihrer Geburt steril aufgezogen wurden und daher kein eigenes Darm-Mikrobiom besitzen, Stuhlproben von depressiven Personen ein, entwickeln die Tiere ein depressionsähnliches Verhalten: Sie sind energieloser und zeigen weniger Interesse an ihrer Umgebung als unbelastete Nager. Tatsächlich untersuchen Forschende, zum Beispiel in Zürich und in Lübeck, ob Menschen mit schweren Depressionen, bei denen herkömmliche Therapien nicht mehr helfen, von einer streng kohlenhydratarmen Ernährung profitieren. Die Hoffnung ist, auf diese Weise das Mikrobiom in eine gesündere Richtung zu verschieben und so die Depressionen zumindest zu lindern. Ohne jetzt Beweise dafür liefern zu können, würde ich behaupten wollen, dass sich das sehr wahrscheinlich auch mit Fasten erreichen lässt.

Wichtig ist: Fasten alleine besiegt keine Depression. Aber Fasten kann helfen, eine Depression zu besiegen – zumindest bei einigen Betroffenen. Es vermag sehr wahrscheinlich die Therapie zu unterstützen, und das gleich von verschiedenen neurobiologisch und biochemisch nachvollziehbaren Seiten.

Trotzdem ist Fasten natürlich nichts, was man psychisch schwer kranken Menschen einfach so verordnen oder gar aufzwingen kann. Denn es muss immer eine Freiwilligkeit zugrunde liegen – und diese besteht nicht, wenn Menschen so schwer krank sind, dass sie gar nicht in der Lage sind, in eine solche Maßnahme einzuwilligen. Dann wird Fasten zum erzwungenen Nahrungsentzug und ist ethisch nicht vertretbar. Das erwähne ich vor dem Hintergrund, dass es auch Studien gibt, denen zufolge Betroffene mit schwerer Schizophrenie vom Fasten profitieren. Vorreiter war hier der Moskauer Psychiater Dr. Juri Nikolajew, der bereits 1945 mehr als 10 000 psychiatrische Patienten, die etwa an schweren Schizophrenien oder bipolaren Störungen litten, fasten lassen hat – über lange Zeiträume von 25 bis 40 Tagen. Anschließend verordnete er ihnen eine strenge Diät. Nikolajews Berichten zufolge besserten sich die Symptome bei 65 Prozent der Behandelten so weit, dass sie außerhalb der Klinik leben konnten. Und auch sechs Jahre später hielt der gebesserte Zustand an – zumindest bei jenen, die ihre Diät einhielten. Der US-amerikanische Psychiater Dr. Allan Cott stellte diesen Behandlungsansatz wenig später am Gracie Square Hospital in New York nach – ebenfalls mit großem Erfolg.

Doch wie gesagt: Psychisch schwer kranken Menschen eine solche Prozedur einfach zu verordnen, wäre heutzutage in psychiatrischen Krankenhäusern in Deutschland und anderswo nicht denkbar. Weil mit einem erzwungenen Nahrungsentzug eine ethische Grenze überschritten würde. Nicht immer ist das, was medizinisch machbar ist, auch gut. Das mag für Betroffene funktionieren, die einwilligungsfähig sind. Oder in einer abgewandelten Form: Denn Studien zufolge könnte auch eine ketogene Diät bei Erkrankungen wie Schizophrenie oder einer bipolaren Störung Linderung bringen.

Krebs vorbeugen, die Therapie unterstützen und Rückfälle reduzieren – mit Vorsicht

Schließlich sollten wir uns noch einer der ganz großen Geißeln der Menschheit widmen: Krebs. Mehr als 40 Prozent aller Frauen in Deutschland und gut die Hälfte der Männer erkranken irgendwann im Laufe ihres Lebens an Krebs. Und auch wenn die Krebstherapie große Fortschritte gemacht hat und die Heilungschancen und das Überleben immer besser werden, ist wohl keine Diagnose so sehr gefürchtet wie diese.

Tatsächlich wissen wir heute, dass etwa 40 Prozent aller Krebserkrankungen durch einen gesünderen Lebensstil vermeidbar wären. Der europäische Kodex zur Krebsbekämpfung listet zwölf Strategien auf, die dabei helfen, das individuelle Krebsrisiko zu senken. Darunter sind Ratschläge zur Ernährung zu lesen und zum Nichtrauchen, Hinweise, den Alkoholkonsum einzuschränken, Übergewicht zu vermeiden, für ausreichenden UV-Schutz zu sorgen und so weiter. Was Sie nicht finden werden, ist der Ratschlag, ab und an zu fasten. Das ist verständlich, denn wie ich schon erwähnte, ist der Nahrungsverzicht als medizinische Maßnahme – egal ob zur Prävention oder zur Therapie – nicht gerade etabliert in meiner Zunft. Und noch gibt es auch zu wenige Studien, die sicher belegen, dass Fasten das Krebsrisiko senkt. Doch es gibt Hinweise aus Untersuchungen mit Tieren sowie mit menschlichen Probanden. Und es ist plausibel: Denn wir wissen, dass unterschwellige Entzündungen im Körper das Krebsrisiko erhöhen – und dass Fasten dieses Entzündungsgeschehen zu senken vermag.

Allerdings gibt es auch Hinweise, dass Fasten das Darmkrebsrisiko erhöhen könnte – zumindest, wenn das Fastenbrechen nicht mit Bedacht durchgeführt wird. Durch das Fasten wird die Regeneration der Darmschleimhaut angekurbelt. Dafür sind Stammzellen in der Darmschleimhaut vorübergehend aktiver. Kommt die Darmschleimhaut in diesem Zustand in Kontakt mit potenziell krebserregenden Substanzen – also beispielsweise mit leicht verkohltem Grillgut –, so ist das Risiko für das Entstehen und die Vermehrung von Tumorzellen erhöht. Für mich zeigt das vor allem, wie bedeutungsvoll es ist, beim Fastenbrechen achtsam vorzugehen. Meine Empfehlung lautet daher: Bauen Sie die Nahrungsaufnahme nach dem Fasten über einen Zeitraum von fünf Tagen langsam und mit schonenden Nahrungsmitteln wieder auf.

Kann Fasten die Krebstherapie unterstützen?

Es gibt noch andere Überlegungen im Zusammenhang mit Krebs. Sie gehen auf die Arbeit des kalifornischen Zellbiologen und Gerontologen Valter Longo zurück, der – quasi als Vorreiter – das Fasten als eine Therapieoption in die moderne Medizin gebracht hat. Seine Idee: Chemotherapien durch vorangehendes Fasten effektiver zu machen.

Das klingt fast ein bisschen verrückt, wenn man erstmals von diesem Behandlungsansatz hört, nicht wahr? Sie müssen dazu wissen, dass Krebszellen besonders hungrig sind und sehr viel Zucker brauchen, um die Energie für ihre schnelle Vermehrung aufzubringen. Und ihr Stoffwechsel läuft anders als bei gesunden Körperzellen. Während diese in einen Fastenmodus übergehen können, in dem sie unter anderem Ketone und Fettsäuren zur Energiegewinnung nutzen, sind Krebszellen dazu nicht in der Lage. Sie bleiben in dem Modus, in dem sie sich schnell vermehren und viel Energie brauchen. Dadurch hungern sie sich regelrecht selbst aus.

Longos Überlegung war nun also, durch eine Fastenperiode vor der Chemotherapie die Wirkung der Krebsbehandlung zu steigern. Im Experiment mit Mäusen funktionierte das auch bestens. Bei fastenden Nagern schrumpften die Tumore stärker als bei den nicht fastenden Kontrolltieren. Außerdem bildeten sich 40 Prozent weniger Metastasen.

Auch aus Graz kamen in den letzten Jahren ermutigende Ergebnisse. Zumindest bei Mäusen kann demnach periodisches Fasten oder Scheinfasten die Wirkung einer medikamentösen Therapie bei bestimmten Leberzellkarzinomen unterstützen. Andere Forschende hatten einen ähnlichen Effekt bereits für eine ketogene Diät vor einer Chemotherapie bei dieser Krebsart beschrieben. Die mögliche Erklärung: Der hier eingesetzte Wirkstoff mit dem Namen Sorafenib sorgt unter anderem dafür, dass die Krebszellen stark von Glukose abhängig werden, um Energie zu gewinnen. Drosselt man durch Fasten oder eine ketogene Diät die Glukosezufuhr, werden die Krebszellen geschwächt.

Trotzdem: Menschen sind keine Mäuse, und die Studiendaten, die aktuell zum Fasten bei menschlichen Krebspatienten vorliegen, sind noch viel zu dünn, um allgemeine Empfehlungen auszusprechen. Es bleibt daher eine Menge Skepsis, wenn es darum geht, Krebskranke fasten zu lassen. Viele Onkologen würden beim Gedanken daran ohnehin die Hände über dem Kopf zusammenschlagen. Ein Grund dafür mag sein, dass Chemotherapie-Patienten oft abnehmen und unter Appetitlosigkeit leiden. Mangelernährung und in der Folge eine sogenannte Kachexie, also krankhaftes Abmagern, gelten als eine sehr schlechte Prognose für das Überleben eines Krebserkrankten.

Sogar mein befreundeter Kollege Andreas Michalsen, der mit seinem Team das Fasten im Zusammenhang mit Chemotherapien selbst untersucht, rät aktuell noch zu Zurückhaltung. Zumindest sei es noch zu früh, das Fasten während beziehungsweise vor einer Chemotherapie allgemein zu empfehlen. Erste Studien, an denen er beteiligt war, lassen aber hoffen, dass sich hier in den nächsten Jahren einiges bewegen wird. Demnach wirkt sich ein 60- bis 72-stündiges Fasten im Rahmen einer Chemotherapie günstig auf die Nebenwirkungen und die Lebensqualität aus.

Damit wäre schon viel gewonnen. Und auch dieser Effekt ist plausibel: Die Chemotherapie zielt insbesondere auf Zellen ab, die sich schnell teilen. Schalten gesunde Körperzellen in den Fastenmodus, fahren sie dabei ihre Aktivität herunter. Sie teilen sich also noch langsamer als im Normalfall. Daher kann ihnen die Chemotherapie viel weniger anhaben als den Tumorzellen, die sich weiterhin rasend schnell vermehren.

Brustkrebs – Rückfallrisiko reduzieren

Auch nach einer abgeschlossenen Krebstherapie kann Fasten möglicherweise helfen. So gibt es Studien, die darauf hindeuten, dass Intervallfasten auch nach einer Brustkrebs-OP sinnvoll sein kann. Studien zufolge kann eine längere nächtliche Nahrungskarenz von 13 Stunden und mehr das Rückfallrisiko, also die

Gefahr für das Auftreten neuer Tumorherde nach einer Brustkrebs-OP, deutlich verringern. Auch diese Wirkung ist plausibel, wenn man sich vor Augen führt, wie Fasten auf den Organismus wirkt. So beeinflusst es die Blutzucker-, Insulin- und Entzündungswerte günstig. Zudem vermögen die Fastenperioden den oxidativen Stress – einen Stoffwechselzustand, der Schäden an Zellen und deren Funktion auslöst – zu senken, Reparaturprozesse zu fördern und die körpereigene Abwehr, die sich auch gegen Krebszellen richtet, positiv zu beeinflussen.

Allerdings: Während der ersten vier bis sechs Wochen nach der OP ist Vorsicht geboten. In dieser Phase steht die Wundheilung im Vordergrund. Damit diese möglichst gut verläuft, empfehlen Fachleute in dieser Phase eine ausgewogene und nährstoffreiche Kost. Ohne ärztliche Begleitung sollten Sie in dieser Zeit auf keinen Fall fasten. Ist die Wundheilung abgeschlossen und die Frau fühlt sich ausreichend erholt und gekräftigt, ist das Intervallfasten aber sehr wahrscheinlich sehr hilfreich, um das Rückfallrisiko zu reduzieren und den allgemeinen Gesundheitszustand zu verbessern – insbesondere bei Betroffenen, deren entgleister Stoffwechsel das Rückfallrisiko erhöht.

Ich bin sehr gespannt, was sich im Bereich der Krebstherapie in den nächsten Jahren noch tun wird. Anders gesagt: Ich bin optimistisch, dass das Fasten, in welcher Form auch immer, auch hier Einzug halten wird. Zumindest unterstützend und zumindest für ausgewählte Patientengruppen. Trotzdem, und das ist mir äußerst wichtig zu betonen, sollten Krebspatienten und -patientinnen nicht einfach drauflos fasten. Bisherige Studien laufen unter strenger ärztlicher Kontrolle, wobei insbesondere das Körpergewicht streng überwacht wird. Fasten Sie also bitte nicht auf eigene Faust, wenn Sie betroffen sind. Und bitte, machen Sie sich bewusst: Fasten kann zwar sehr wahrscheinlich die Krebstherapie unterstützen – zumindest bei manchen Personengruppen. Es ersetzt sie aber keinesfalls!

TEIL 2

Richtig fasten

1

WASSERFASTEN – DIE KÖNIGSDISZIPLIN DES VERZICHTS

Nachdem Sie verstanden haben, wie das Wasserfasten Ihrer Gesundheit zugutekommt, warum es eigentlich sogar unabdingbar ist, ab und an zu fasten, brennen Sie hoffentlich darauf, es selbst einmal zu probieren. Vielleicht zögern Sie aber auch noch. Vielleicht haben Sie Zweifel, die 14 Tage zu schaffen. Und wahrscheinlich haben Sie – trotz meiner Erklärungen – viele Fragen, vor allem zur praktischen Umsetzung. Das ist verständlich, und das ist auch gut so. Denn Sie sollen ja wissen, was Sie tun, und sich sehr bewusst für diesen Schritt entscheiden. Das hilft Ihnen auch beim Durchhalten. Denn das ist letztlich die große Herausforderung – gerade in Zeiten, in denen Lebensmittel permanent zur Verfügung stehen und kulinarische Verlockungen an jeder Ecke lauern.

Tatsächlich waren unsere Vorfahren hier klar im Vorteil: Sie mussten ja ab und an fasten, weil die Lebensumstände ihnen gar keine andere Wahl ließen. Zeiten des Verzichts wählten sie nicht freiwillig, sondern schlicht, weil keine – oder nur sehr wenig – Nahrung zur Verfügung stand. Sie sind nicht auf dem Weg zur Arbeit an der Bäckerei mit dem verführerischen Kuchen vorbeigekommen, ihnen stieg niemals der Duft von frischen

Pommes frites aus der Bude um die Ecke in die Nase. Sie waren nicht in der Situation, ihre Kinder zu versorgen und für sie zu kochen, während sie sich selbst im Verzicht übten. Und sie mussten sich auch nicht überlegen, wie sie während der Fastenperiode auf eine Essenseinladung bei Freunden reagieren sollen. Schließlich war die gesamte Gruppe zum Verzicht gezwungen. Und gemeinsam steht man schwere Zeiten bekanntlich leichter durch.

Was ich damit sagen will: Auch wenn das Fasten Teil unseres evolutionären Erbes ist, so sind die Umstände heute anders. Statt aufgrund von natürlichen Gegebenheiten zu fasten, müssen Sie sich heute bewusst dafür entscheiden. Und Sie müssen bewusst durchhalten und den vielen Verlockungen widerstehen, die Sie dazu verleiten könnten, einfach aufzugeben. Das erfordert eine Menge Disziplin und mentaler Stärke.

Dazu kommt, dass Sie Ihren inneren Schweinehund überwinden müssen, der Sie voraussichtlich dazu überreden will, während des Fastens einen Gang zurückzuschalten. Das ist verständlich, denn er will verhindern, dass Sie Energie »verschwenden«, wenn diese knapp und der Nachschub erst mal nicht zu erwarten ist. Und anders als Ihre Vorfahren, die gezwungen waren, auch während einer Hungerperiode körperlich aktiv zu bleiben und weiterhin auf Nahrungssuche zu gehen, könnten Sie sich das theoretisch erlauben. Sie könnten sich gemütlich auf Ihr Sofa oder in Ihr Bett zurückziehen und die Zeit des Darbens mit Schlafen, einem guten Buch und Netflix überbrücken. Genau das ist aber keine gute Idee, wie ich bereits ausführlich erläutert habe: Denn um den bestmöglichen Nutzen aus dem Fasten zu ziehen, müssen Sie körperlich aktiv bleiben. Nur so bauen Sie wirklich Leberfett ab und nicht Ihre wertvolle Muskulatur.

Sie dürfen also nichts essen und sollen sich dabei auch noch bewegen. Das macht Wasserfasten zur Königsdisziplin des Verzichts. Gleichzeitig ist es der schnellste Weg, um Ihren Organismus vom Leberfett zu befreien, Ihre körperliche Gesundheit zu verbessern und sehr wahrscheinlich auch Ihr Leben zu verlängern. Durch den eisernen Willen, den Sie dafür tagtäglich aufbringen, stärken Sie zudem Ihren Geist. Sie erleben, dass Sie viel mehr leisten können, als Sie zum gegebenen Zeitpunkt vielleicht glauben. Und Sie dürfen zu Recht stolz auf sich sein, wenn Sie es geschafft und die zwei Wochen ohne Nahrung durchgehalten haben.

An dieser Stelle haben Sie übrigens einen gewaltigen Vorteil gegenüber den Menschen, die über Jahrtausende immer wieder durch widrige Umweltbedingungen zum Fasten gezwungen waren. Denn diese konnten niemals sicher sein, dass diese Hungerphase irgendwann enden und sie diese überhaupt überleben würden. Sie dagegen wissen: Nach 14 Tagen ist es vorbei!

2

WASSERFASTEN ZU HAUSE? KLAR, DAS GEHT!

Vielleicht zögern Sie immer noch und fragen sich, ob Wasserfasten zu Hause und ganz ohne Begleitung in einer Klinik oder auch ärztliche Begleitung vor Ort funktionieren kann und ob das überhaupt sicher ist. Ich will ehrlich mit Ihnen sein: Auch viele Kollegen sehen das kritisch, manche lehnen es sogar strikt ab. Rechnen Sie also mit Ablehnung und Widerstand, wenn Sie Ihren Hausarzt danach fragen. Das hat mit einer gewissen Unsicherheit zu tun, denn das Wissen über das Fasten gehört nicht zur medizinischen Grundausbildung.

Ein anderer Aspekt: Kein Mediziner verschreibt Medikamente, weil es ihm gerade in den Sinn gekommen ist und er Spaß daran hat, Rezepte auszustellen. Ärzte und Ärztinnen überlegen sich genau, was sie tun. Und es ist auch völlig redlich, Medikamente zu verordnen, um die Stoffwechsellage von Menschen mit Diabetes oder Bluthochdruck wieder ins Gleichgewicht zu bringen. Ist der Patient oder die Patientin medikamentös erst mal gut eingestellt, bessern sich auch die Symptome. Bei Menschen mit Typ-2-Diabetes normalisiert sich der Blutzucker. Andere profitieren, weil der Blutdruck oder die Blutfettwerte sinken. Vor diesem Hintergrund ist es auch ein Stück weit verständlich, wenn die Kollegen und Kolleginnen zunächst nichts vom Fasten wissen wollen – schlicht, weil der Nahrungsverzicht erst mal alles durcheinanderbringen könnte.

Allerdings: Während Medikamente nur die Symptome bekämpfen, birgt das Wasserfasten bei vielen Entgleisungen des Stoffwechsels die Chance, das Übel bei der Wurzel zu packen, dem Leberfett. So gelingt es, nicht nur die Symptome zu behandeln, sondern die Ursache. Welche Variante den nachhaltigeren Effekt hat, liegt auf der Hand.

Nun ist es so, dass es uns Medizinern und Medizinerinnen in erster Linie darum gehen muss, alles zu tun, um die beste Therapieform zu finden und mehr Gesundheit für unsere Patienten zu erreichen. Das ist schließlich Bestandteil des Eids, den wir schwören, wenn wir unsere Zulassung erhalten. Und diese beste Therapieform, also der ideale Weg, um mehr Gesundheit für die Menschen zu erlangen, die meinen ärztlichen Rat suchen, ist für mich das Fasten. Deswegen ärgere ich mich über die vehemente Abwehrhaltung mancher Kollegen gegenüber der Nulldiät. Sie verschreiben lieber Medikamente und behandeln damit Symptome und verzichten dafür auf eine Möglichkeit, eine langfristige Verbesserung beim Patienten zu bewirken. Andererseits denke ich, wir sollten etwas Geduld mit diesen Kollegen haben. Im Rahmen von Fortbildungen werden wir nach und nach immer mehr Ärztinnen und Ärzte erreichen und davon überzeugen, das Fasten als kraftvolle Behandlungsmethode in Ihrem Praxis- und Klinikalltag zu etablieren.

Ein anderer Punkt ist, dass sehr viele Vertreter meines Berufsstands glauben, dass ohne uns gar nichts geht. Sie wissen schon, die Halbgötter in Weiß … Ich argumentiere andersherum: Welchen Grund sollte es geben, einem Menschen zu verbieten, einmal im Jahr in den eigenen vier Wänden zwei Wochen lang nichts zu essen?

Im Gegenteil: Jeder Mensch hat das Recht, sich dafür zu entscheiden!

Aber ich gehe noch einen Schritt weiter und plädiere dafür, das Fasten, vor allem das Wasserfasten, in unseren medizinischen Alltag zu integrieren. Und das heißt: Fasten, auch die radikale Version, kann nicht nur in Krankenhäusern stattfinden. Wer sollte das denn auch bezahlen? Ich würde mich sehr darüber freuen, wenn meine Kolleginnen und Kollegen es selbst daheim ausprobieren – ganz besonders die, die das Fasten für Unsinn halten, wie ich einst. Sie würden mit allerhöchster Wahrscheinlichkeit am eigenen Leib erfahren, dass man es nicht nur locker überleben kann, sondern dass das Fasten einfach guttut.

Es gibt mittlerweile wissenschaftliche Studien, die belegen, dass Wasserfasten für gesunde Erwachsene sicher ist. Demnach müssen Menschen ohne Vorerkrankungen keine gravierenden Nebenwirkungen oder gar bleibende Schäden befürchten. Nieren- und Leberfunktion waren bei den Studienteilnehmern nicht oder nur vorübergehend leicht eingeschränkt, Blutwerte blieben stabil. Selbst die gemessenen Vitaminspiegel gaben keinen Anlass zur Sorge: Während die Werte der fettlöslichen Vitamine sogar anstiegen – vermutlich, weil sie zusammen mit dem Fett aus der Leber entfernt wurden –, blieben die wasserlöslichen Vitamine während des Fastens auf einem normalen Niveau. Lediglich Elektrolyte sanken etwas ab. Doch dem lässt sich mit einer gelegentlichen Prise Salz leicht gegensteuern.

Sicher ist Wasserfasten auf jeden Fall dann, wenn es in einem kontrollierten Rahmen abläuft. Der kann durch ärztliche Begleitung gegeben sein, ambulant oder in der Klinik. Oder auch zu Hause – zumindest dann, wenn Sie eine genaue Anleitung bekommen, was Sie dabei beachten müssen. Schließlich ist es für Ihre eigene Sicherheit und Ihren Zugewinn an Gesundheit wichtig zu wissen, welche Nebenwirkungen Sie möglicherweise beobachten, wie Sie mit Medikamenten umgehen, wann es besser ist, mit dem Fasten aufzuhören – oder gar nicht erst anzufangen. In Fachkreisen nennen wir das ein therapeutisches Fastenprotokoll.

Mein Traum, nein, mein erklärtes Ziel ist es, eine standardisierte Anleitung zum Wasserfasten zu entwickeln, die für die gesamte Bevölkerung zugänglich ist. Damit, und davon bin ich fest überzeugt, können 99 Prozent der Menschen, die sich für diesen Weg zu mehr Gesundheit entscheiden, ihr Fastenprogramm zu Hause in den eigenen vier Wänden absolvieren. Ein erster wichtiger Schritt dahin ist dieses Buch.

Denn auch wenn ich am liebsten sagen würde: »Legen Sie einfach los!«, so ist es sicherlich sinnvoll, dass Sie sich gut auf das Fasten vorbereiten. Ich möchte, dass Sie wissen, worauf Sie achten müssen, welche Nebenwirkungen Sie vielleicht erfahren und wie Sie damit umgehen können – und wann es möglicherweise sogar notwendig ist, das Fasten zu unterbrechen und auf einen anderen Zeitpunkt zu verschieben. Mein Ziel ist es, dass Sie sich beim Wasserfasten wohl und sicher fühlen. Daher nehme ich Sie im zweiten Teil des Buches quasi an die Hand, um Sie in allen Phasen und bei sämtlichen Aspekten des Nahrungsverzichts zu begleiten.

3

MEIN ERSTES MAL

Bevor wir nun endlich an die praktische Umsetzung gehen, möchte ich Ihnen von meiner eigenen ganz persönlichen Erfahrung erzählen, die ich gemacht habe, als ich zum ersten Mal meine eigene Fastenmethode ausprobiert habe und mir 14 Tage lang »Wasser ohne Brot« verordnet habe. Denn es ist mir wichtig zu betonen, dass ich hier nicht nur theoretisches Wissen weitergebe, sondern auch selbst praktiziere, was ich propagiere.

Sie wissen ja bereits, dass ich niemals auf die Idee gekommen wäre zu fasten, wäre nicht der Siemenstechniker in mein Leben getreten, den ich gerufen hatte, um ein vermeintlich defektes MRT-Gerät zu reparieren. Er war es, der mich darauf gebracht hat, dass das Leberfett bei meinem Studienteilnehmer nicht von Zauberhand oder aufgrund eines technischen Problems verschwunden war, sondern durch eine Fastenkur. Ich wusste zu diesem Zeitpunkt nichts über das Fasten. Ich wusste weder, wie es sich anfühlt, noch war mir klar, was dabei im Körper im Detail passiert.

Als strukturiert arbeitender Wissenschaftler glaube ich an Fakten. Und die sagten bei diesem einen Patienten glasklar: Das Leberfett (ver-)schwindet durch Fasten. Die Daten waren überzeugend, regelrecht berauschend. Das bestätigte mir auch einer meiner Mitarbeiter. Er ist ein Typ, der Wissenschaft fast wie ein Buchhalter betreibt: Also eher trocken, wenig emotional, dafür akribisch. Und er pocht auf Fakten, Fakten und nochmals Fakten. Doch auch er war der Meinung: Es sei zwar nur ein Einzelfall, aber der Effekt so deutlich, dass es kein Zufall sein konnte. »Das ist Evidenz! Dem müssen wir nachgehen«, so seine Einschätzung.

Ich war derart euphorisch, dass ich am liebsten sofort damit an die Öffentlichkeit getreten wäre oder zumindest an die Community der Ärzte und Ärztinnen, die sich mit Diabetes und anderen Stoffwechselerkrankungen beschäftigen. Aber natürlich akzeptiert die Wissenschaft keine Evidenz, die auf einem Einzelfall beruht. Sie verlangt Studien mit vielen Teilnehmenden, um Beweise zu akzeptieren. Und das ist ja auch gut so.

Mir war klar: Ehe ich als Forscher öffentlich über das Fasten rede und mich gar blamiere oder, noch schlimmer, bevor ich es als Arzt empfehle und damit am Ende vielleicht sogar Schaden anrichte, muss ich mehr darüber wissen. Und vor allem muss ich es selbst ausprobiert haben.

Natürlich war ich skeptisch, ob ich es tatsächlich durchhalten würde, zwei Wochen lang nichts zu essen und nur Wasser zu trinken. Ich fragte mich, was es mit mir machen würde und wie es mir dabei erginge. Sie müssen wissen, dass ich nicht für ein Leben als Asket geschaffen bin. Ich liebe gutes Essen und schätze als Begleitung einen feinen Wein. Wenn mir jemand einen Apfelkuchen vor die Nase stellt, kann ich nur sehr schwer Nein sagen. Zwei Wochen lang nichts zu essen, war für mich also kein Selbstläufer. Aber ich war entschlossen, es zu probieren. Ich habe mir einen Termin gesetzt und Kollegen angekündigt, dass ich es 14 Tage lang durchziehen wollte. Damit hatte ich mich quasi selbst verpflichtet.

Als es losging, war ich aufgeregt und staunte über mich selbst, dass ich es wirklich tat. Ich war in der Woche im Homeoffice, weil ich eine Online-Fortbildung für angehende Diabetologen abhielt. Das hatte den positiven Nebeneffekt, dass 150 junge angehende Kolleginnen und Kollegen quasi »live« dabei waren und das Fasten bei ihrem Kursleiter erlebten. Vielleicht hat das auch den einen oder die andere inspiriert.

Während des Fastens schickte ich meiner Sekretärin immer wieder Nachrichten, die sie in eine Art Tagebuch eintrug. Als ich mich am 7. Tag nicht bei ihr meldete, fragte sie leicht besorgt: »Was ist los? Wie geht es weiter? Es war so spannend zu lesen, was Sie schrieben.« Das hat mich verblüfft, dass jemand die simple Tatsache, dass ich nicht esse, für »so spannend« hielt. Andererseits: Auch ich empfand es so. In der ersten Fastenwoche war jeder Tag von völlig neuen Erfahrungen geprägt. Ich habe gemerkt, wie mein Geschmacks- und mein Geruchssinn viel sensibler wurden. Selbst der Kräutertee, den ich mir als Ergänzung zum Wasser gönnte, schmeckte auf einmal ganz anders, viel intensiver. Und der Duft erst – ein ungeahntes Sinnesfest!

An Tag drei und vier dann – oje, ich hatte Kopfschmerzen, fühlte mich unwohl, fast ein bisschen verkatert. Dabei hatte ich natürlich keinen einzigen Tropfen Alkohol getrunken. Lediglich mein Körper fing an, den Stoffwechsel umzustellen und zu entgiften, wie ich heute weiß. Und was ich zu spüren bekam, waren die Nebenwirkungen – die Fastenkrise sozusagen. Ich haderte ein wenig mit diesem Zustand. Ich kämpfte mit Hunger oder zumindest Appetit und nagenden Zweifeln: Was tust du dir da eigentlich an? Ich dachte an zart geschmorten Hirschgulasch mit einem guten Glas Rotwein dazu. Und an duftenden Apfelkuchen. Sie wissen ja bereits, dass ich dafür eine Schwäche habe. Es wäre so einfach gewesen, jetzt aufzugeben … Aber ich habe es beim Kopfkino belassen und hielt durch. Zum Glück! Denn bereits am fünften Tag wurde es besser. Das Unwohlsein war über Nacht verschwunden.

Nach gut einer Woche hatte ich das Gefühl, schärfer zu sehen, probierte es ohne Brille. Tatsächlich, ich konnte auch ohne ganz gut sehen. Meine Gedanken wurden klarer. Schreibtätigkeiten wie Gutachten, wissenschaftliche Veröffentlichungen, die in meinem Berufsalltag viel Raum einnehmen, gingen mir viel leichter von der Hand. Neue Ideen überschlugen sich fast in meinem Kopf. Ich war im »Fasten-High« angekommen, dem Hochgefühl, das viele Fastende nach den ersten harten Tagen erleben. Meine Kollegen etwa wunderten sich, dass ich plötzlich so entspannt war.

Meine Frau hat das dagegen anders beobachtet: Sie erlebte mich eher als verlangsamt und in mich zurückgezogen, manchmal sogar als launisch. Das ist der Grund dafür, dass wir mittlerweile das Arrangement haben, dass sie eine Urlaubsreise macht, wenn ich faste. Wie man auf Außenstehende wirkt, hängt eben auch davon ab, wie gut man sich kennt, welche Seiten man jeweils von sich zeigt und welche Erwartungen das Gegenüber hat.

In der zweiten Woche fühlte sich das Fasten dann ganz normal an. Kopf und Körper hatten sich darauf eingestellt und angepasst. Hunger und Appetit verspürte ich nicht mehr. Das Fasten war zum Alltag geworden, und es störte mich nicht einmal, mich zu meiner Familie an den Abendbrottisch zu setzen. Ich hatte meinen Tee – das genügte mir.

An Tag 13 schließlich dachte ich an wohlmundende Mahlzeiten, die mich bald erwarteten. Ich malte mir aus, wie ich im Supermarkt vor dem Bio-Regal stehen würde, um groß einzukaufen. Endlich wieder essen! Das Fastenbrechen war für mich ein Fest. Ich beging es mit drei Esslöffeln griechischem Joghurt, drei Esslöffeln ungezuckertem Bio-Apfelmus und etwas Olivenöl. Dabei zelebrierte ich es regelrecht, diese erste einfache Speise zu mir zu nehmen. Ich war absolut stolz auf mich, dass ich es geschafft und dabei fast elf Kilo abgenommen hatte. An die medizinischen Werte dachte ich zuletzt.

Aber ich wäre ja weder Forscher noch Arzt, wenn ich meine Werte nicht überprüft hätte. Und tatsächlich: Das Leberfett war vollständig verschwunden, im MRT war nichts mehr zu sehen. Vor dem Fasten zeigten die Aufnahmen eine mittelgradige Leberverfettung mit etwa 220 Gramm eingelagertem Fett. Mehr noch: Meine zuvor bedenklich erhöhten Lipidwerte – das sind die Fette und fettartigen Substanzen, die sich im Blut messen lassen und ein gutes Bild vom Fettstoffwechsel des Körpers zeichnen – waren plötzlich in Ordnung. Es musste also tatsächlich etwas dran sein am Fasten.

4

WER BESSER NICHT FASTEN SOLLTE

Grundsätzlich halte ich das Wasserfasten für sicher und gesundheitsförderlich, das kann ich nicht oft genug betonen. Und ich bin überzeugt, dass ein gesunder Mensch ohne jedwede Einschränkung fasten kann. Das gilt grundsätzlich auch für Personen mit Diabetes Typ 2 oder mit metabolischem Syndrom. Allerdings: Wenn Sie medikamentenpflichtig sind, sollten Sie Ihren Arzt oder Ihre Ärztin miteinbeziehen und am besten auch eine professionelle Fastenbegleitung. Wir haben hier oft eine abweichende Meinung zu den Kolleginnen und Kollegen in Haus- oder Facharztpraxen. Das ist verständlich: Niemand will ein Risiko eingehen – und wer sich mit dem medizinischen Hintergrund des Fastens noch nicht auseinandergesetzt hat, wird aus Unsicherheit sehr wahrscheinlich eher skeptisch sein und abraten oder zur Vorsicht mahnen. Tatsächlich sind Medikamente, die regelmäßig eingenommen werden müssen, ein wichtiger Punkt, der sehr differenzierter Entscheidungen bedarf: Was muss weiter eingenommen werden, was in der Dosis angepasst und was wird während des 14-tägigen Nahrungsverzichts besser abgesetzt?

Fest steht: Für die meisten gesunden Erwachsenen ist Wasserfasten sicher. Das belegen auch Studien. Trotzdem gibt es natürlich Menschen, für die das Fasten nicht geeignet ist. Kinder und ältere, bereits gebrechliche Personen sollten nicht fasten, ebenso wenig wie Schwangere oder Frauen, die stillen. Ebenso tabu ist das Fasten für Menschen mit fortgeschrittenen Herzerkrankungen oder Herzinsuffizienz. Sowie für Personen, die generell unterernährt sind. Aber das versteht sich von selbst, denke ich.

Auch Menschen, die in der Vergangenheit an einer Anorexie nervosa, einer Magersucht, oder an einer anderen Essstörung gelitten haben (oder es noch tun), würde ich das Wasserfasten nicht empfehlen. Das Rückfallrisiko wäre zu hoch.

Nicht empfohlen ist das Wasserfasten außerdem direkt im Anschluss an eine Operation. In den ersten Wochen nach dem Eingriff braucht Ihr Körper Kraft für die Wundheilung und benötigt dafür zusätzliches Eiweiß. Sie sollten ihn also nicht dem Stress des Nahrungsentzugs aussetzen. Gleiches gilt im ersten halben Jahr nach einem Herzinfarkt, während einer Infektionskrankheit oder direkt nach dem Impfen. Verschieben Sie Ihr Fastenvorhaben dann lieber um ein paar Wochen. Es läuft Ihnen nicht weg.

Oberste Vorsicht ist zudem geboten bei Menschen, die in ständiger und vielleicht sogar psychiatrischer Behandlung sind, also Menschen mit schwerwiegenden psychiatrischen Erkrankungen wie Schizophrenie oder anderen psychotischen Störungen, Betroffene mit einer bipolaren Störung oder einer schweren Depression. Dabei spielt die Ernährung bei diesen Erkrankungen durchaus eine Rolle. Und, ich hatte es bereits erwähnt, es gibt sogar Hinweise, dass Fasten beziehungsweise eine ketogene Diät die Symptome mancher Betroffener sogar zu lindern vermag. Das darf aber nur unter strenger ärztlicher Aufsicht erfolgen. Ich selbst würde es nicht wagen, jemandem mit diesen schweren psychiatrischen Krankheitsbildern das Fasten zu empfehlen. Ich bin kein Facharzt für Psychiatrie. Und nicht nur mir fehlt hier schlichtweg die Erfahrung. Außerdem, das dürfen wir nicht vergessen: Es wäre ethisch mehr als bedenklich, Menschen mit schweren psychischen Erkrankungen, die möglicherweise gar nicht mehr fähig sind, bewusste Entscheidungen für sich zu treffen, einfach die Nahrung zu entziehen.

Ich persönlich bin zudem sehr zurückhaltend damit, Menschen mit Typ-1-Diabetes fasten zu lassen – zumindest zum jetzigen Zeitpunkt. Typ-1-Diabetes ist die Form der Zuckerkrankheit, bei der das körpereigene Immunsystem die insulinproduzierenden Inselzellen in der Bauchspeicheldrüse zerstört, sodass dem Körper kein oder nur sehr wenig Insulin zur Verfügung steht. Die Krankheit macht sich in der Regel bereits im Kindesalter bemerkbar, und die Betroffenen müssen täglich Insulin spritzen, um ihren Blutzucker zu regulieren.

Ist der Insulinspiegel bei diesen Personen nicht optimal eingestellt, kann es – je nachdem, in welche Richtung das Gleichgewicht kippt – zu einer Unterzuckerung oder einer Ketoazidose kommen, einer lebensbedrohlichen Entgleisung des Stoffwechsels. Neben der Ketose wie beim Fasten entsteht dabei durch den absoluten Insulinmangel auch eine Azidose – und diese Kombination ist gefährlich. Unbehandelt kann die Ketoazidose bei Menschen mit Typ-1-Diabetes zum diabetischen Koma und zu bleibenden Schäden führen. Wichtig ist mir aber zu betonen, dass dieses Risiko bei Menschen, die nicht an Typ-1-Diabetes leiden, nicht besteht und diese sogar davor geschützt sind. Grundsätzlich kann aber auch ein Typ-1-Diabetiker fasten – wenn man unter ärztlicher Kontrolle Insulin zum Fasten gibt.

Noch fehlen mir der Mut und die Erfahrung, diese Personengruppe ebenfalls fasten zu lassen. Die Option, es irgendwann zu tun, halte ich mir aber offen. Denn wie ich bereits geschildert habe, macht mein Kollege Andreas Michalsen, Professor an der Berliner Charité, genau das mit großem Erfolg.

Für alle, die nicht zu einer der erwähnten Risikogruppen

zählen, gilt: Stellen Sie sicher, dass Sie sich fit und gesund genug fühlen, und lassen Sie sich im Zweifelsfall lieber ärztlich durchchecken und beraten. Und dann zünden Sie den Stoffwechselturbo und nutzen Sie den positiven Effekt des Wasserfastens. Wie das konkret aussieht, dazu kommen wir jetzt.

5

GUT VORBEREITET IST HALB GEFASTET

Manchmal, wenn ich mich mit anderen Menschen über das Wasserfasten unterhalte, frage ich provozierend: »Warum fangen Sie nicht gleich morgen an? Was hält Sie davon ab, es einfach zu tun?« Denn tatsächlich denke ich, dass die meisten von uns eigentlich jederzeit fasten könnten.

Ich erinnere mich an einen Mann, bei dem das so war. Er war Mitglied eines Grillsportvereins – ein Hobby, von dem ich ehrlicherweise bis dahin noch nie gehört hatte. Klar ist, wer einer solchen Freizeitbeschäftigung nachgeht, der ist kein Kostverächter. Ursprünglich hatte ich einen seiner »Sportskameraden« beim Fasten begleitet. Der war von diesem Erlebnis und seinem Erfolg so begeistert, dass er seinen Grillfreunden davon erzählte und dadurch zumindest einige von ihnen ebenfalls zum Fasten animierte. Einer der Nachahmer also – er hat übrigens ganz allein und auf eigene Faust gefastet – meldete sich später bei mir mit den Worten: »Herr Schwarz, das ging ja alles ganz leicht! Ich habe einfach aufgehört zu essen und das dann 14 Tage lang durchgezogen – ohne Hunger oder sonst irgendwelche Probleme.«

Es kann also funktionieren, von heute auf morgen mit dem Wasserfasten zu beginnen. Trotzdem denke ich: Für die meisten

Fastenwilligen ist ein wenig Vorbereitung sinnvoll. Wie bereits erwähnt, bestimmt – anders als bei Ihren frühen Vorfahren – nicht die Umwelt die Notwendigkeit des Fastens. Vielmehr entscheiden Sie sich freiwillig dafür. Das heißt aber auch, dass Sie jeden Tag aufs Neue entscheiden müssen, die 14 Tage durchzuhalten und den Verführungen, die an jeder Ecke lauern, zu widerstehen. Das Wichtigste ist also das Mindset, die innere Haltung zum Fasten. Die Überzeugung, ich mache das, ich schaffe das, ich ziehe das durch.

Diese Denkweise können Sie selbst durch ein wenig Planung unterstützen. Legen Sie beispielsweise einen Zeitpunkt fest, wann Sie starten – egal ob das in drei Tagen ist, in fünf Wochen oder erst in einem halben Jahr. Tragen Sie diesen Termin in Ihren Kalender ein. Damit verpflichten Sie sich in gewisser Weise sich selbst gegenüber. Viel wichtiger aber ist: In dem Moment, in dem Sie den Stichtag für Ihren Fastenstart terminieren, beginnt Ihr Gehirn mit dieser Information zu arbeiten. Es ist erwiesen, dass sich Vorsätze leichter umsetzen und durchhalten lassen, je konkreter Sie diese planen und für sich formulieren.

Finden Sie Ihr persönliches »Warum«

Ich würde einem Menschen, der bei mir ärztlichen Rat sucht, der wissen will, was er gegen seinen Diabetes unternehmen kann, niemals sagen, dass er fasten muss. Ich zeige lediglich die Möglichkeit auf. Manchmal wende ich einen »Trick« an und erwähne erst am Ende unseres Gesprächs, wenn vermeintlich schon alles gesagt ist: »Eine Sache gibt es da noch, die man vielleicht probieren könnte. Aber ich weiß nicht, ob es was für Sie ist …« In dem Moment fängt es bei vielen schon an zu arbeiten. Sie können sich vielleicht vorstellen, dass fast hundert Prozent aller Patientinnen und Patienten, mit denen ich über das Wasserfasten spreche, erst mal denken: »Das geht doch nicht. Es ist doch völlig unmöglich, zwei Wochen lang nicht zu essen!« Ich erkenne das meist schon am Augenkontakt, an der Körperhaltung. Könnten Sie mich jetzt beim Schreiben sehen, würden Sie mein Schmunzeln bemerken. So oft habe ich das schon erlebt.

Ich erläutere dann meist, was sich durch das Wasserfasten erreichen lässt: Das Leberfett ist weg, der Diabetes ist weg oder zumindest gelindert, Diabetes-, Blutdruck- oder Fettstoffwechselmedikamente können reduziert oder ganz abgesetzt werden. Sie fühlen sich um Jahre jünger, fitter, gesünder. Dann bitte ich die Ratsuchenden, nach Hause zu gehen, die Informationen sacken zu lassen und sich gegebenenfalls wieder bei mir zu melden. Und interessanterweise rufen mich etwa siebzig Prozent der Personen, mit denen ich ein solches Gespräch führe, danach tatsächlich an – manche nur, um mich zu informieren, dass sie schon an Tag dreizehn sind, und sich nochmals rückzuversichern, wie sie jetzt das Fasten brechen sollen.

Ich erinnere mich an eine Kreuzfahrt, bei der ich für die Passagiere einen Vortrag über das Fasten gehalten habe. Daraufhin kam ein Mann zu mir. Ein Immobilienmakler mittleren Alters, schwer übergewichtig. Er litt, wie er mir verriet, seit acht Jahren unter Diabetes – zumindest wusste er so lange schon von seiner Diagnose. Und genauso lange bestand seine Strategie darin, diese Diagnose schlicht zu ignorieren. Im Grunde genommen war er also ein schwer kranker Mann, dessen Stoffwechsel längst völlig entgleist war – und das sah man ihm auch an.

Dass jemand seine Erkrankung derart verdrängt, ist für mich als Diabetologe nur schwer nachvollziehbar. Umso glücklicher war ich, dass sich der Mann nach meinem Vortrag spontan dazu entschlossen hatte zu fasten. Er hatte einen Weg entdeckt, um mit dieser Krankheit umzugehen, etwas dagegen zu unternehmen und seine Gesundheit selbst in die Hand zu nehmen. Und tatsächlich setzte er sein Vorhaben dann auch um. Er fastete und baute Leberfett ab. Heute besitzt er ein völlig anderes Verhältnis zu seinem Körper und seiner Gesundheit. Und das Beste: Er hat seinen Diabetes nahezu besiegt. Der einst schwer kranke Mann benötigt nur noch wenige Medikamente, um seinen Blutzucker im Griff zu behalten.

Dieser Mann hatte sein persönliches »Warum« gefunden – ähnlich wie die Patientinnen und die Patienten, die sich in meiner Praxis bei mir melden und mir sagen, dass sie sich entschieden haben. Es ist dieses konkrete Ziel, das Menschen vor Augen haben und das sie dazu bringt, das Fasten zu wagen und dann auch durchzuhalten. Dieser Moment, wenn es auf einmal klick macht und man weiß, was zu tun ist.

Was also ist Ihr persönliches »Warum«? Wollen Sie fasten, weil Sie Ihren Diabetes loswerden wollen? Haben Sie beobachtet, dass Sport und Ernährungsumstellung Ihnen nicht beim Abnehmen helfen, Sie also zum Non-Responder geworden sind? Wünschen Sie sich mehr Ruhe und Klarheit? Was immer Ihre Motivation für das Fasten ist: Formulieren Sie Ihr Warum aus, und schreiben Sie es nieder. Stellen Sie sich jetzt vor, wie es sein wird, wenn Sie dieses Ziel erreichen. Wie fühlt es sich an, keine oder weniger Diabetesmedikamente mehr zu brauchen oder die Wahrscheinlichkeit für Herz-Kreislauf-Erkrankungen erfolgreich reduziert zu haben? Werden Sie sich nach dem Fasten leichter fühlen und mehr Motivation für Bewegung und gesunde Ernährung haben? Fühlen Sie sich klar und sortiert, sodass Sie das tägliche Pensum bei der Arbeit ohne Hektik bewältigen und sich auch von Ihrer anstrengenden Kollegin nicht mehr aus der Ruhe bringen lassen?

Mit einem klar formulierten und visualisierten Ziel geben Sie sich selbst die Richtung vor und setzen einen wichtigen Anker, der Ihnen beim Durchhalten hilft, falls Ihnen das Fasten an manchen Tagen schwerfällt. Stellen Sie sich dazu auch detailliert vor, wie Sie sich beim Fasten fühlen werden: Wie Sie beispielsweise morgens statt Kaffee und Toast in aller Ruhe einen duftenden Kräutertee genießen. Vielleicht gehen Sie dazu auf die Terrasse, atmen tief die frische Morgenluft ein und hören die Vögel zwitschern. Oder Sie malen sich aus, wie Sie abends noch eine Runde spazieren gehen. Können Sie spüren, wie der Stress des Tages mit jedem Schritt ein wenig mehr von Ihnen abfällt?

Mit solchen und ähnlichen Bildern stimmen Sie sich positiv auf das Fasten ein. Und je mehr Sie sich mit dem Vorhaben Wasserfasten auseinandersetzen, je klarer Sie das Ziel für sich formulieren, umso mehr festigt sich dieser Plan auch in Ihrem Gehirn – gleich einer Spur, der Sie dann nur noch folgen müssen.

Den Zeitpunkt festlegen

Günstig ist es sicherlich, zum Wasserfasten einen Zeitraum zu wählen, in dem Sie nicht allzu viele Verführungen und sonstige Stolpersteine erwarten. Achten Sie also darauf, dass nicht gerade der 80. Geburtstag Ihrer Schwiegermutter oder die Hochzeit des besten Freundes auf die zwei Wochen Ihres Fastens fällt. Sie wären nicht nur unendlich vielen Verführungen ausgesetzt. Sie kämen mit Sicherheit auch in große Erklärungsnot. Möglicherweise wäre die eine oder andere Person auch verschnupft, wenn Sie Festtagsbraten und Torte, Sekt und andere Leckereien ablehnen und stattdessen nach einem Glas Wasser verlangen. Und vielleicht planen Sie auch so, dass das Fasten nicht gerade mit einer besonders stressigen Phase bei der Arbeit zusammenfällt oder Sie in der Zeit nach Übersee fliegen müssen. Ich will nicht sagen, dass das nicht geht, aber Sie müssen es sich ja nicht unnötig schwer machen. Finden Sie also am besten zwei Wochen mit einem »normalen« Alltag – ohne herausragende Ereignisse, die Sie möglicherweise ins Schwanken bringen könnten.

Wie ein guter Zeitpunkt aussieht, ist natürlich individuell verschieden. Manch einer würde niemals im Urlaub fasten, weil dann Genuss ansteht, vielleicht sogar ein All-inclusive-Büfett. Andere erleben gerade die Auszeit vom Alltag als unterstützend. Eine alleinerziehende Mutter, die ich beim Wasserfasten begleitet habe, hat beispielsweise ihr Zeitfenster so gewählt, dass sie während der Schulferien gefastet hat, solange die Kinder beim Vater waren. So musste sie während des Fastens keine Mahlzeiten für den Nachwuchs vorbereiten. Und sie hatte Zeit und Ruhe für sich selbst. Das ist wichtig, denn Fasten ist nicht nur eine rein körperliche Angelegenheit, sondern immer auch eine Zeit der inneren Einkehr.

Planen Sie täglich Zeit für Bewegung ein

Wenn Sie dabei sind, Ihr persönliches Wasserfasten vorzubereiten, sollten Sie sich im Idealfall auch gleich überlegen, wann Sie Ihre tägliche Bewegungseinheit einplanen. Denn wie Sie wissen, müssen Sie sich beim Fasten unbedingt bewegen, um Fett abzubauen und nicht wertvolle Muskelmasse. Wenn Sie ohnehin aktiv sind im Alltag und regelmäßig zum Sport gehen, umso besser. Dann behalten Sie Ihre Routinen einfach bei. Sport und Fasten schließen sich nicht aus – im Gegenteil: Manche Leistungssportler halten es vor Wettkämpfen so, dass sie zunächst bei einem moderaten Bewegungspensum fasten und dann in die harte Trainingsphase einsteigen. Achten Sie, wenn Sie regelmäßig weitertrainieren möchten, aber gut auf die Signale Ihres Körpers. Wenn Sie das Gefühl haben, dass Sie weniger leistungsfähig sind als sonst, dann reduzieren Sie Ihr Programm so weit, dass es sich wieder gut und richtig anfühlt. Nach dem Fasten können Sie wieder voll durchstarten – wahrscheinlich besser als zuvor.

Für alle anderen gilt: 10 000 Schritte am Tag müssen Sie mindestens sammeln. Dafür brauchen Sie sich keinen Schrittzähler anzuschaffen. Auch Ihr Smartphone erfasst die täglich zurückgelegten Schritte – vorausgesetzt natürlich, Sie nehmen es mit. Wer mag, darf gern on top noch ein wenig Stretching oder Yoga machen. Übungen wie Liegestützen oder Unterarmstütz kräftigen zusätzlich die Muskulatur und helfen, diese zu erhalten – ohne großen Aufwand.

Wann also planen Sie Ihr tägliches Bewegungsprogramm ein? Wollen Sie in der Mittagspause eine flotte Runde drehen, weil Sie ohnehin nicht essen und daher auch nicht in die Kantine gehen? Oder legen Sie den Heimweg vom Büro zu Fuß oder mit dem Fahrrad zurück? Möglicherweise tut Ihnen auch ein Abendspaziergang gut. Der verhindert gleichzeitig, dass Sie beim Fernsehprogramm auf der Couch der Appetit überfällt. Was auch immer am besten zu Ihnen passt: Setzen Sie sich auch hierfür einen Termin und tragen Sie diesen in den Kalender ein – als fixes Date mit sich selbst. Wir wissen alle, wie schnell so ein Tag vorbei sein kann. Und dann fallen Sie müde ins Bett und verschieben die Bewegung auf morgen.

Schlaf und Stressreduktion

Ausreichender Schlaf wird während des Fastens ein wichtiger Begleiter sein, der Sie beim Fastenerfolg unterstützt. Ihr Organismus leistet Höchstarbeit und braucht den Schlaf zur Regeneration. Sieben bis neun Stunden sollten es im besten Fall sein. Manche Fastende beschreiben, dass sie schlafen wie ein Baby – länger und tiefer. Andere brauchen weniger Schlaf und fühlen sich trotzdem entspannt. Wieder andere berichten von intensiven Träumen.

Wichtig zu wissen: Beim Fasten kann der Spiegel des Stresshormons Cortisol kurzfristig erhöht sein. Das hindert den Körper an der Regeneration und am Fettabbau und kann den erholsamen Schlaf torpedieren. Hier hilft meist eine gute Schlafroutine. Nehmen Sie keine elektrischen Geräte wie Ihr Mobiltelefon mit ins Bett. Social Media haben abends Pause. Entwickeln Sie eine Abendroutine. Helfen Ihnen Entspannungsmusik und beruhigender Lavendelduft beim Einschlafen? Oder sind ein paar ruhige Yogaübungen gut, um abends runterzukommen? Falls Sie nachts von Grübeleien geplagt werden, bringen Sie die Gedanken und Sorgen zu Papier, damit Sie sie loslassen können.

Fasten ist eine Zeit der Ruhe und der inneren Einkehr. Sie befassen sich automatisch mehr mit sich selbst und Ihrem Körper, wenn Sie sich auf zwei Wochen Wasserfasten einlassen. Sie spüren die Veränderungen, die in Ihrem Organismus vor sich gehen. Sie erleben, wie Ihr Geist sich wandelt und klarer wird. Nutzen Sie die Zeit: Nehmen Sie sich beim Fasten bewusste Auszeiten, atmen Sie tief durch und achten Sie gezielt darauf, was Ihnen hilft: Meditation, Spaziergänge, ein Tagebuch, in dem Sie Ihre Beobachtungen notieren. Diese Rituale können Sie auch nach dem Fasten im Alltag begleiten. Das hilft, nicht gleich wieder in alte Gewohnheiten zu verfallen – damit Sie sich lange über Ihren Fastenerfolg freuen können.

Sind Sie fit genug?

Wichtig ist auch, dass Sie vor dem Fasten sicherstellen, dass Sie körperlich und psychisch dazu in der Lage sind. Wir haben bereits darüber gesprochen, dass es ungünstig sein kann, in Zeiten von großer emotionaler Belastung oder bei überbordendem Stress zu fasten. Das muss nicht so sein, aber wenn Sie sich ohnehin schon an den Grenzen Ihrer Belastbarkeit befinden, kann es passieren, dass Sie nicht durchhalten und abbrechen müssen.

Das wäre schade – und würde Sie emotional möglicherweise noch weiter schwächen. Nehmen Sie sich die Freiheit, in diesem Fall einen Ersatztermin zu wählen.

Gleiches gilt, wenn Sie körperlich nicht fit sind, weil sich just zum gesetzten Fastentermin ein schwerer Infekt anbahnt oder Sie gar Fieber haben. Sie wissen bereits, dass es Personenkreise gibt, die besser nicht oder nur unter ärztlicher Aufsicht fasten sollten. Aber auch wenn Sie nicht dazu zählen, kann es sinnvoll sein, vorab einen Gesundheitscheck zu machen – insbesondere wenn Sie bereits älter sind oder in der Vergangenheit gesundheitliche Probleme hatten. Oder wenn Sie einfach unsicher sind.

Wichtig ist, in diesem Zusammenhang auch zu klären, ob Sie regelmäßig Medikamente einnehmen – und falls ja, wie Sie damit während des Fastens umgehen sollen. Denn es kann sinnvoll sein, bestimmte Arzneien während des Fastens abzusetzen oder anders zu dosieren. Was es damit auf sich hat, erkläre ich Ihnen an anderer Stelle nochmals ausführlicher. Für jetzt ist wichtig zu wissen, dass Sie, so Sie medikamentenpflichtig sind, dies mit Ihrem Arzt oder Ihrer Ärztin besprechen müssen. Noch besser ist es, wenn Sie sich an einen Fastenberater oder eine Fastenberaterin mit medizinischem Hintergrund wenden. Diese haben mehr Erfahrung mit derart speziellen Fragen – und auch keine Vorurteile gegenüber Ihrem Vorhaben.

Ihr Umfeld mit ins Boot holen

Die meisten Menschen, die ich beim Fasten begleitet habe, gehen ihrem Alltag im Großen und Ganzen weiterhin normal nach. Sie gehen zur Arbeit, sie pflegen ihre Hobbys, sie machen Unternehmungen mit der Familie oder mit Freunden.

Jeder und jede Fastende erlebt sich selbst in dieser Phase ein wenig anders. Ich selbst bin während der Zeit der Nahrungskarenz sehr leistungsfähig – zumindest was meinen Beruf angeht, also eher die geistige Arbeit. Ich denke sehr klar, Gutachtertätigkeiten oder das Schreiben an wissenschaftlichen Publikationen gehen mir leicht von der Hand. Körperlich erlebe ich mich als weniger kraftvoll. So wollte ich einmal während meiner Fastenzeit an einem Tag 40 Rosenstöcke einpflanzen – und war erstaunt, wie schnell ich einen Leistungsknick erlebt habe und einfach nicht mehr konnte. Die Rosenstöcke kamen dann eben auf mehrere Tage verteilt in die Erde.

Andere Fastende erleben das genau umgekehrt. Eine freie Autorin hat mir berichtet, dass sie sich während des Fastens eher schlecht auf ihre Arbeit konzentrieren konnte. Dafür fühlte sie sich körperlich erstaunlich fit. Und ein anderer Fastenteilnehmer berichtete sogar, dass er während des Fastens einen Fahrradurlaub gemacht hat und täglich 110 bis 160 Kilometer auf seinem Rad zurückgelegt hat – ohne jegliche Probleme. Nur einmal habe er sich gewundert, als an einem Berg ein ganz junger Radfahrer an ihm vorbeigezogen sei, der nicht mal ein besonders tolles Bike unter dem Hintern hatte. Das hatte der Mann vorher so noch nicht erlebt. Letztlich ist es ein Zeichen dafür, dass die Belastung der Muskulatur beim Fasten genauso möglich ist wie bei normaler Ernährung. Das ist auch wissenschaftlich durch mehrere Studien erwiesen. Die Ausdauerleistung – und dafür benötigen wir zu einem Gutteil Glukose – ist jedoch etwas eingeschränkt. Aber keine Angst: Sie kommt zurück, sobald Sie wieder normal essen.

Wichtig ist auch zu wissen, dass Ihre Mitmenschen Sie möglicherweise etwas anders wahrnehmen als sonst. Und vielleicht auch anders, als es Ihrer eigenen Empfindung entspricht.

Ich behaupte immer, ich sei die Ruhe selbst, wenn ich faste. Ich erlebe mich während der Nahrungskarenz nicht anders als sonst – vielleicht ein wenig entspannter. Dass meine Frau das nicht bestätigen kann und mich im Miteinander eher als etwas

»eingeschränkt« empfindet, habe ich Ihnen schon erzählt. Meine Tochter hat einmal ganz lapidar bemerkt: »Der Vater ist nur noch als Dekoration zu gebrauchen. Am besten, man stellt ihn in die Ecke und spricht ihn nicht an.« Wir machen es daher gern so, dass meine Familie mit Freunden in den Urlaub fährt, wenn für mich das jährliche Wasserfasten ansteht. Für uns ist das die perfekte Lösung. Meine Frau und meine Töchter müssen nicht mit dem fastenden Ehemann und Vater umgehen. Und ich genieße es, in dieser besonderen Zeit für mich zu sein und keine Rücksicht nehmen zu müssen. Vielleicht werde ich es in meiner nächsten Fastenzeit auch so machen, dass ich mich ausklinke und an die Ostsee reise – um die Zeit mit viel Bewegung und innerer Kontemplation zu genießen.

Was ich damit sagen möchte: Möglicherweise nehmen Ihre Mitmenschen Sie ein wenig anders wahr während des Fastens. Vielleicht erscheinen Sie etwas müder und weniger leistungsfähig. Möglicherweise sind Sie leichter reizbar oder ungeduldiger als sonst. Oder Sie wollen einfach nur in Ruhe gelassen werden. Es ist also sinnvoll, Ihre Mitmenschen mit ins Boot zu holen und sie über Ihr Fastenvorhaben zu informieren – zumindest die, mit denen Sie tagtäglich viel zu tun haben.

Rechnen Sie damit, dass Sie bei manchen auf Widerstand stoßen, dass man Ihnen abraten will und sich sorgt, Sie könnten damit Ihrer Gesundheit schaden. Erfahrungsgemäß weicht diese Abwehr jedoch bald der Neugier. Der Nahrungsverzicht, der für Sie wahrscheinlich mit jedem Tag, an dem Sie fasten, selbstverständlicher wird, ist für Ihr Umfeld etwas Besonderes. Manche werden Sie bewundern, andere stellen Fragen nach Ihrem Befinden und dem genauen Ablauf des Fastenprogramms. Vielleicht fühlt sich der eine oder die andere dazu animiert, es Ihnen gleichzutun. Wichtig für Sie ist aber vor allem, dass Sie gar nicht erst in Verlegenheit kommen, sich erklären zu müssen, wenn Sie den Geburtstagskuchen bei der Arbeit ablehnen oder beim gemeinsamen Umtrunk nur an einem Glas Wasser nippen. Und falls Sie durch den Nahrungsverzicht tatsächlich reizbarer sein sollten als sonst, können Ihre Familie und Ihre Kollegen das besser einordnen und wissen: Das geht bald wieder vorbei.

Mit etwas Glück finden Sie sogar Unterstützer, wenn Sie erzählen, dass Sie fasten wollen. Wenn sich etwa Ihr Partner oder Ihre Partnerin oder vielleicht auch die nette Arbeitskollegin dazu entschließen, das Wasserfasten ebenfalls zu probieren, ist das natürlich optimal. Sie können sich gegenseitig bestärken und beispielsweise gemeinsam spazieren gehen, statt zu snacken. Oder Sie finden jemanden, der zwar nicht aktiv mitmachen will, den Sie aber anrufen dürfen, wenn es Ihnen gerade schwerfällt, durchzuhalten und nicht in die nächste Bäckerei zu rennen (aber so schwer wird es eigentlich nicht, versprochen!). Allerdings ist das Fasten genauso gut für den Körper und die Seele, wenn Sie dabei auf sich allein gestellt sind. Ihrem Organismus ist das egal. Ob in der Gruppe oder allein – es wirkt immer.

Strategien parat haben

Manche Menschen berichten, dass sie beim Fasten ständig frieren – und zwar unabhängig davon, ob Sie die Zeit der Nahrungskarenz in den Sommer oder Winter legen. Für manche ist Frieren sogar der Haupteindruck, den das Fasten bei ihnen hinterlässt. Falls Sie betroffen sind: Nehmen Sie es wahr, aber nicht zu schwer. Es gibt ganz einfache Strategien, um Abhilfe zu schaffen. Häufig nutzt es schon, eine zusätzliche Schicht Kleidung zu tragen – selbst dann, wenn es im Sommer auf Außenstehende etwas seltsam wirken mag. Lassen Sie sich davon nicht verunsichern. Es ist Ihr Körper, und es ist Ihr Empfinden. Auch eine Wärmedecke, nachts ins Bett gelegt, kann das Problem ganz schnell beheben. Was ebenfalls hilft, ist, sich für eine längere Strecke etwas zügiger zu bewegen. Das kurbelt den Kreislauf und die Durchblutung an und setzt zudem unweigerlich Energie in Form von Wärme frei. Sie schlagen also gleich zwei Fliegen mit einer Klappe. Denn wie Sie wissen: Bewegen müssen Sie sich sowieso.

Günstig ist auch, immer eine »Wenn-dann-Strategie« parat zu haben, falls Sie doch mal kurz davor sind aufzugeben. Solche Pläne, das hat die Motivationsforschung belegt, helfen beim Durchhalten – vor allem, wenn etwas Unvorhergesehenes eintritt oder wenn Sie in eine Situation kommen, in der es Ihnen schwerfällt, Nein zu sagen. Machen Sie sich Ihre möglichen Stolpersteine bewusst und formulieren Sie dann Ihre Strategie. Wenn ich plötzlich Hunger verspüre, dann trinke ich erst mal ein Glas Wasser und gehe dann spazieren. Wenn meine Kollegen sich im Büro zum Umtrunk treffen, koche ich mir vorher einen besonders leckeren Tee. Wenn der Appetit kommt, suche ich im Internet nach neuen gesunden Rezepten und freue mich darauf, diese bald auszuprobieren. Das kann wirklich funktionieren – wenn auch vielleicht nicht bei jedem: Ein Mann, den ich in meinem Online-Fastenprogramm begleitet habe, schrieb mir, dass er zwar keinen Hunger habe, aber ständig Appetit. Sein Gegenmittel: Er klickte sich stundenlang durch Kochblogs und Rezeptseiten und hat sich einen Plan für »danach« erstellt. Allein die Vorfreude lenkte ihn von seinen Essensgelüsten ab. Und weil er dabei vor allem nach gesunden Mahlzeiten suchte, ebnete er damit gleichzeitig noch den Weg für einen gesünderen Lebensstil nach dem Fasten.

Apropos »danach«: Eine weitere gute Strategie zum Durchhalten ist, sich schon einmal eine Belohnung zu überlegen. Gönnen Sie sich etwas nach dem Fasten – nur bitte nicht gleich die Schwarzwälder Kirschtorte. Aber vielleicht spendieren Sie sich selbst einen schicken neuen Gürtel. Ich wette, Sie werden ihn brauchen!

6

14 TAGE WASSERFASTEN – DER FAHRPLAN

Wenn Sie das Buch bis hierhin gelesen haben, brennen Sie hoffentlich darauf, das Wasserfasten endlich selbst auszuprobieren. Vielleicht sind Sie auch voller Ungeduld hierhergesprungen, weil Sie es nicht erwarten können, endlich anzufangen. Das ist natürlich legitim. In diesem Fall empfehle ich aber, später nochmals zurückzublättern. Sie könnten zum Beispiel während des Fastens die ausgelassenen Kapitel lesen. Denn klar, das Fasten wird auch so funktionieren. Ich halte es aber für sinnvoll, wenn Sie wissen, was Sie tun und warum Wasserfasten gut für Sie ist. Dieses Verständnis wird Ihnen auch helfen, in den nächsten zwei Wochen mögliche Tiefpunkte zu meistern und der Versuchung zu widerstehen, auch wenn das Essen der anderen noch so köstlich duftet.

Nun sollte man meinen, es gäbe zum Ablauf der 14 Tage Wasserfasten nicht viel zu sagen. Schließlich müssen Sie nichts anderes tun, als einfach zwei Wochen lang auf Nahrung zu verzichten. Und im Prinzip ist es auch so. Aber wenn Sie den ersten Teil des Buches aufmerksam gelesen haben, wissen Sie: In den nächsten zwei Wochen wird unglaublich viel passieren in Ihrem Körper. Und das werden Sie – im wahrsten Sinne des Wortes – am eigenen Leib erfahren. Sie werden vielleicht Nebenwirkungen spüren, mit denen Sie nicht gerechnet haben und die Sie nicht einordnen können. Und wahrscheinlich werden auch nochmals Unsicherheiten und Fragen auftauchen. Oder Sie brauchen nochmals neue Strategien, um mit Situationen umzugehen, die Sie vorher nicht bedacht haben.

Natürlich lassen sich die Fragen, Veränderungen, Nebenwirkungen und sonstigen Beobachtungen nicht immer exakt einem bestimmten Fastentag zuordnen. Doch es gibt Phasen des Fastens, die typisch dafür sind. Daher möchte ich Sie nun Tag für Tag durch den Fahrplan für Ihre 14 Tage Wasserfasten begleiten.

Vor dem Fasten: Die Entlastungstage

Viele Fastenprotokolle sehen vor dem eigentlichen Fastenstart einen bis mehrere Entlastungstage vor. Meines Erachtens ist das für den Fastenerfolg nicht zwingend notwendig. Ich habe Ihnen von dem Grillsportler erzählt, der einfach von heute auf morgen jegliche Nahrung weggelassen hat. Und eine Frau hat mir berichtet, dass ihr Fastenstart direkt nach einer mehrtägigen Wanderung in den Alpen lag. Unterwegs gab es deftiges Hüttenessen und nach der Rückkehr ins Tal sogar noch Torte. Das ist sicherlich nicht ganz optimal. Aber sie hat am nächsten Tag einfach abgeführt und dann ohne Probleme 14 Tage lang gefastet.

Es geht also auch ohne. Ich halte es aber für sinnvoll, wenn Sie nicht nur Ihren Geist, sondern auch Ihren Körper auf die anstehende Nahrungskarenz einstimmen. Entlastungstage wirken da sehr unterstützend – vor allem, weil dann Ihr Verdauungstrakt nicht mit schwerer Nahrung gefüllt ist, wenn Sie starten.

Entlastungstage bedeuten, dass Sie während dieser Zeit ausschließlich leichte Kost zu sich nehmen: Essen Sie Obst und Gemüse. Reis ist günstig, wenn Sie mögen. Und trinken Sie viel –

bevorzugt stilles Wasser und Kräutertee. Auf Fleisch, Hartkäse, frittierte und sehr fetthaltige Speisen sowie auf Alkohol und Nikotin sollten Sie ab jetzt verzichten.

Nutzen Sie diese vorbereitende Phase zur Einstimmung. Vielleicht wollen Sie noch ein schönes Heft besorgen, um Ihr persönliches Fastentagebuch zu führen. Ein solches Journal kann Sie in den kommenden zwei Wochen dabei unterstützen, achtsam mit sich und Ihrem Körper zu sein. Sie nehmen die Veränderungen wahrscheinlich bewusster wahr, wenn Sie sie zu Papier bringen. Und Sie entlarven Ihre Stolperfallen: Wann setzt der Appetit ein? Wie vermeide ich diese Situationen beziehungsweise was hilft mir, dann trotzdem am Ball zu bleiben?

Falls Sie es bisher nicht getan haben, ist jetzt auch höchste Zeit, Ihre Medikamenteneinnahme und Ihren Gesundheitsstatus zu checken. Besser wäre aber natürlich, wenn Sie das längst getan haben. Sonst werden die Entlastungstage noch zu Belastungstagen, weil plötzlich Unsicherheiten und Fragen auftreten, die Sie womöglich so schnell nicht mehr klären können.

Am besten erledigen Sie jetzt auch die Besorgungen für die nächsten 14 Tage. So vermeiden Sie, während des Fastens mit leerem Magen durch den Supermarkt oder Bioladen zu laufen und mit übervollem Einkaufswagen wieder herauszukommen. Viel brauchen Sie nicht, aber die Dinge von dieser kleinen Einkaufsliste sollten Sie auf jeden Fall zu Hause haben:

- Glaubersalz
- Klistiere aus der Apotheke – zum Abführen während des Fastens
- Stilles Mineralwasser, falls Sie Ihr Leitungswasser nicht trinken mögen
- Tee nach Belieben: Kräuter-, Grün- und Schwarztee sind erlaubt; ebenso Ingwersud. Ungünstig ist Früchtetee – er fördert die Darmaktivität und macht Ihnen das Leben schwer.

- Gegebenenfalls ein schönes Heft für Ihr persönliches Fastentagebuch
- Die Zutaten für das Fastenbrechen, zum Beispiel griechischer Joghurt, Bio-Apfelmark oder einen Apfel und gutes Oliven- oder Leinöl

Besondere Nahrungsergänzungsmittel benötigen Sie übrigens nicht. Ich weiß, das wird bei vielen Fastenkuren anders gehandhabt. Aber meine ganz ehrliche Meinung dazu: An all diesen Mittelchen und Pülverchen verdient auch jemand Geld. Studien haben belegt, dass während der 14 Tage Wasserfasten kein Mangel entsteht – nicht einmal an Vitaminen und Spurenelementen. Allein Ihr Elektrolythaushalt kann etwas aus dem Gleichgewicht geraten. Dem lässt sich aber ganz leicht entgegenwirken: Trinken Sie einfach jeden Tag ein Glas Wasser, in dem Sie eine Prise Kochsalz auflösen.

Tag 1 – Es geht los

So spektakulär des Wasserfasten für Ihre Gesundheit ist, so unspektakulär ist der Start: Sie lassen einfach eine Mahlzeit aus. Sehr wahrscheinlich ist es das Frühstück. Während Sie sich sonst vielleicht mit Müsli und Tee oder auch Kaffee und Toast an den Tisch setzen, gibt es heute einfach Wasser. Vielleicht kommen Ihnen jetzt, wo Sie mit Ihrem Glas am Tisch sitzen, ein paar Zweifel: Ist es wirklich das Richtige? Schaffe ich das überhaupt? Lassen Sie diese Gedanken ruhig zu. Das zeigt letztlich nur, dass Sie sich ernsthaft mit Ihrer Gesundheit und sich selbst beschäftigen. Und während Sie sinnieren, ist schon eine halbe Stunde des Fastens vorbei. Oder anders gesagt: Ihr Ziel, das Fastenbrechen, ist schon eine halbe Stunde näher gerückt.

Gleichzeitig geht es jetzt richtig los: Die erste Mahlzeit haben

Sie ausgelassen. Jetzt steht das Abführen an. Das ist manchen ein bisschen unangenehm, weil sie sich nicht gern mit ihrer Verdauung auseinandersetzen. Aber glauben Sie mir: Es ist nicht annähernd so schlimm, wie es sich anhört oder wie Sie es sich gerade vorstellen.

Ich empfehle, zum Abführen einen Esslöffel Glaubersalz in 500 Milliliter Wasser aufzulösen. Dann heißt es: Nase zu und in einem Rutsch austrinken. Manche empfinden den Geruch und den Geschmack der Lösung als unangenehm. Aber wenn Sie es schnell hinter sich bringen, ist es ja auch schnell vorbei. Trinken Sie gern gleich ein Glas Wasser hinterher. Das neutralisiert den Geschmack im Mund und gleichzeitig unterstützt die Flüssigkeit die Wirkung des Glaubersalzes. Danach dauert es ungefähr ein bis fünf Stunden – in dieser Zeit sollten Sie regelmäßig Wasser trinken –, dann entleert sich der Darm meist recht plötzlich. Und schon ist dieser vermeintlich unangenehme Teil geschafft.

»Ist das denn wirklich notwendig?«, werden Sie sich jetzt möglicherweise fragen. Darauf möchte ich Ihnen zweierlei Antworten geben: Rein medizinisch gesehen, gibt es tatsächlich keinerlei Notwendigkeit, den Darm vorab zu entleeren. Wenn Sie es nicht tun, wird das Ihrem Fastenerfolg keinen Abbruch tun. Die Wirkung auf Ihren Stoffwechsel ist gleich – egal ob mit oder ohne Abführen. Und Sie werden auch die gleiche Menge an Leberfett verlieren.

Allerdings machen Sie sich das Leben um einiges leichter, wenn Sie in den sauren Apfel beißen – oder eben das bittere Abführmittel nehmen. Wenn der Darm leer ist, kommt er zur Ruhe. Die Darmperistaltik, also die Bewegung, mit der der Darm den Nahrungsbrei hindurch- und die Überreste schließlich hinausbefördert, kommt zum Erliegen. Und weil der Darm nicht mehr stimuliert wird, sendet er auch keine Botenstoffe aus, die letztlich im Gehirn zu Appetit und Hungergefühl führen.

Gleichzeitig ist es so, dass Stuhlreste, die im Darm verbleiben, vergären. Dabei entstehen Fuselöle – Nebenprodukte der alkoholischen Gärung, die insbesondere in minderwertigen alkoholischen Getränken in größeren Mengen stecken. Fusel eben. Und wie beim billigen Wein bekommen Sie davon unter Umständen Kopfschmerzen und Sie fühlen sich etwas verkatert – obwohl Sie gar keinen Alkohol getrunken haben. Dagegen hilft, den Darm frei von Stuhlresten zu halten.

Wenn Sie die Glaubersalz-Prozedur hinter sich gebracht haben und Ihr Darm leer und auf das Fasten vorbereitet ist, dürfen Sie mal auf die Uhr schauen: Wahrscheinlich sind schon die ersten sechs, acht oder sogar zwölf Stunden Ihrer Wasserfastenkur geschafft – ein Achtundzwanzigstel liegt bereits hinter Ihnen. Das war gar nicht so schwer, oder?

Abführen sollten Sie auch während des Fastens immer wieder. Wie Sie wissen, regeneriert sich die Darmschleimhaut während des Fastens intensiv. Abgestorbene Zellen sowie Salze, die von der Gallensäure stammen, die auch beim Fasten in gewissem Umfang entsteht, sammeln sich im Darm an und bleiben dort liegen, weil Sie ohne Nahrungsaufnahme keinen Stuhldrang haben. Da kommt in zwei Wochen schon ein bisschen was zusammen: Bis zu zwei Hände voll, um Ihnen eine Mengenvorstellung zu geben. Und auch diese können natürlich vergären und Fuselöle bilden. Daher sollten Sie während des Fastens alle zwei bis vier Tage mit einem Klistier den Enddarm reinigen. Falls Sie das noch nie getan haben: Auf der Seite liegend klappt es eigentlich ganz einfach. Und der Vorgang ist weder eklig noch sonst irgendwie schlimm. Wenn Sie genauer wissen wollen, wie es geht: Ich erkläre es auf der Seite meines Patreon-Fastennetzwerks.

Tag 2 – Trinken, trinken, trinken!

Der erste Tag liegt schon hinter Ihnen. Halten Sie kurz inne: Wie schwer war der Einstieg? Haben Sie vielleicht ein flaues Gefühl im Magen oder merken Sie, dass es sogar leichter geht als gedacht? So oder so: Wichtig ist, dass Sie Ihr Ziel vor Augen haben, das jetzt nur noch 13 Tage entfernt liegt.

Die ersten Fastentage sind die schwierigsten. Während der gestrige Tag noch von der Aufregung geprägt war, dass es endlich losgeht, machen sich Appetit und Hunger heute wahrscheinlich etwas stärker bemerkbar. Wobei es sich eher um ein Hungergefühl als um physiologischen Hunger handelt. Sofern Sie nicht gravierend unterernährt sind – und Sie wissen ja, dass Sie dann nicht fasten sollen –, hat Ihr Körper genügend Reserve. In den ersten 12 bis 24 Stunden braucht er gespeicherten Zucker auf, also Glykogen, vor allem in der Leber und in den Muskeln. Das Glykogen dient als schneller Energielieferant. Wird es nun sukzessive weniger, kann das zu Konzentrationsproblemen und Müdigkeit führen. Noch kann Ihr Organismus nicht auf die Fettspeicher in der Leber zurückgreifen. Die Ketose setzt erst nach drei oder vier Tagen ein.

Manche Fastende beschreiben, dass sie sich in den ersten Tagen »wie benebelt« gefühlt haben. Eine Frau schrieb mir: »Ich weiß gar nicht, ob ich so überhaupt Auto fahren sollte.« Mein Rat: Lassen Sie es in den ersten Tagen, wenn möglich, ruhig angehen. Vermeiden Sie Autofahrten, wenn Sie sich nicht fit fühlen, lassen Sie sich chauffieren. Sehr viele Fastende haben aber gar keine Einschränkungen.

So oder so: Planen Sie Ruhepausen ein, und gehen Sie früh zu Bett. Schlaf ist ein wichtiger Fastenbegleiter. Vergessen Sie nicht: Beim Wasserfasten vollbringt Ihr Organismus Höchstleistungen. Es ist ein wenig so, als würden Sie auf den Kilimandscharo steigen – und das rund um die Uhr. Lassen Sie ihm daher gerade jetzt ausreichend Schlaf zukommen. Das unterstützt den Fastenerfolg. Manche von Ihnen werden ohnehin bemerken, dass Sie plötzlich schlafen wie ein Baby. Gönnen Sie sich und Ihrem Körper das!

Wenn Sie heute ein wenig Hunger oder Appetit verspüren, lautet die Devise: Erst akzeptieren, dann ignorieren – und weiter geht es! Lenken Sie sich ab. Gehen Sie ganz normal zur Arbeit, behalten Sie Ihre Routinen bei, und tun Sie gern auch Dinge, die Ihnen Spaß machen und für die Sie sonst zu wenig Zeit haben. Dadurch, dass Sie nicht essen und wahrscheinlich auch nicht einkaufen und kochen müssen, bleibt Ihnen mehr Gelegenheit für andere Dinge. Und gegen ein flaues Gefühl im Magen hilft es meist schon, einen halben Liter Wasser zu trinken.

Viel zu trinken, ist ohnehin essenziell. Drei bis vier Liter sollten es sein – je nach Körpergröße, Gewicht und Gesundheitszustand. Das füllt nicht nur Ihren Magen und hält so aufkommendes Hungergefühl im Zaum. Die Flüssigkeit unterstützt Ihren Körper in den nächsten Tagen zudem dabei, Abbauprodukte des Fettstoffwechsels, aber auch mobilisierte Giftstoffe über die Nieren und den Urin auszuscheiden. Einmal am Tag fügen Sie eine Prise Salz zum Wasser. Das ist wichtig, um Ihren Elektrolythaushalt aufrechtzuerhalten, wie ich später noch genauer erläutern werde. Ein Trick, um auf eine ausreichende Trinkmenge zu kommen: Stellen Sie sich morgens vier Flaschen mit jeweils einem Liter Wasser gut sichtbar bereit. Am Abend müssen sie leer sein.

Beim Trinken sollten Sie sich vorwiegend an stilles Wasser und ungesüßten Kräutertee halten. Auch Grüntee, Schwarztee und Ingwersud sind erlaubt. Dabei dürfen Sie ruhig ein bisschen kreativ sein: Meine Frau besorgt mir – bevor sie sich zu ihrer Urlaubsreise verabschiedet – immer einen besonderen Kräutertee. Ich bin jedes Mal gespannt, wie er schmeckt und duftet. Und eine Patientin, die bei hochsommerlichen Temperaturen gefastet hat, erzählte mir, dass sie immer abends auf der Terrasse einen gekühlten Kräutertee genoss: Mit Eiswürfeln, frischer Minze, Ingwerscheiben und einem Strohhalm garniert, war das für sie der perfekte Sommerdrink.

Wovon Sie besser die Finger lassen, ist der bereits erwähnte Früchtetee. Die enthaltene Fruchtsäure stimuliert Magen und Darm – dieser bewegt sich und schüttet so wieder Hormone aus, die Hungergefühl und Appetit provozieren. Vorsicht ist außerdem bei aromatisierten Tees aus dem Supermarkt geboten. Sie können zuckerhaltiges Teegranulat enthalten. Achten Sie also bitte auf die Zutatenliste.

Apropos Zucker: Der darf natürlich nicht in den Tee – ebenso wenig wie Honig, Fruchtsirup oder künstliche Süßungsmittel. Während Sie bereits mit kleinen Mengen Zucker die Ketose ausbremsen würden, füttern Zuckerersatzstoffe unerwünschte Darmbakterien, die den Fettstoffwechsel in der Leber negativ beeinflussen. Erythrit hat zwar keinen derartigen Einfluss auf das Mikrobiom und beeinträchtigt auch Ketose und Fettverbrennung nicht. Es regt jedoch die Darmaktivität an und macht Ihnen dadurch das Leben schwer. Stevia ist gegebenenfalls eine Alternative, wenn Sie mit ungesüßten Tees gar nicht zurechtkommen. Aber meine Empfehlung ist, es trotzdem mal ganz »ohne« zu probieren. Mit dem Verzicht können Sie Ihr Süßempfinden verändern. Das birgt die große Chance, auch nach dem Fasten den Zuckerkonsum nachhaltig zu reduzieren.

Was am zweiten Tag auch noch wichtig sein kann: Falls Sie das Gefühl haben, dass Ihr Darm noch nicht ganz leer ist, sollten Sie heute nochmals mit einem Klistier abführen. Denken Sie dran, dieses »Ritual« wird Sie auch in den nächsten Tagen noch begleiten.

Tag 3 – Jetzt heißt es dranbleiben!

Durchhalten, durchhalten, durchhalten! So lautet die Devise für den dritten Fastentag. Denn heute wird es für einige Menschen schwieriger. Manche leiden unter Kopfschmerzen (umso mehr, wenn noch der Koffeinentzug dazukommt) oder fühlen sich sogar regelrecht verkatert. Andere beschreiben ihr Empfinden an diesen Tagen so, als sei eine Grippe im Anmarsch. Doch auch wenn es paradox klingt: Wenn Sie sich jetzt unwohl fühlen, ist das ein gutes Zeichen dafür, dass alles richtig läuft. Ihr Körper mobilisiert Giftstoffe für den Abtransport und stellt seinen Stoffwechsel um. Er tut also genau das, was er soll!

Machen Sie sich einmal klar, was gerade passiert. Sie haben Ihren Darm entleert und seit zwei Tagen nichts gegessen. Die Glukagon-Vorräte sind fast aufgebraucht. Damit haben Sie Ihren Körper auf das vorbereitet, was jetzt kommt: die Umstellung des Stoffwechsels auf Ketose. Denn jetzt, wo kein leicht verfügbarer Zuckervorrat mehr vorhanden ist, muss der Körper auf andere Energiequellen zurückgreifen. Er tut das, wofür er von der Evolution programmiert wurde, was er aber vermutlich über Jahrzehnte nicht gemacht hat, weil Sie immer genug – wenn nicht zu viel – Nahrung zur Verfügung hatten. Sie können sich das so vorstellen, dass auch Ihr Organismus jetzt lernt, was er alles schaffen kann. Er aktiviert Möglichkeiten, die in seinen Zellen ungenutzt geschlummert haben, schreibt Bereiche in seinem Erbgut um, in denen die Information für Enzyme verschlüsselt sind, die ihn befähigen, neue Stoffwechselwege zu gehen. Letztlich ist das Ganze ein großes metabolisches Abenteuer, eine Entdeckungsreise – und Sie sind mittendrin! Wenn Sie sich das vor Augen führen, fällt Ihnen dieser zugegebenermaßen etwas harte Fastentag bestimmt schon leichter.

Wichtig ist jetzt, dass Sie Ihren Organismus dabei unterstützen, den Hebel in die richtige – oder eben die von Ihnen gewünschte – Richtung umzulegen. Sie wissen bereits: Wenn der Zuckervorrat aufgebraucht ist und keine Nahrung mehr von außen kommt, stehen dem Körper prinzipiell zwei Möglichkeiten zur Verfügung, um Energie zu gewinnen.

Er kann Proteine aus Zellbestandteilen und Muskeln abbauen und zu Zucker verwerten. Oder er baut Fett ab und geht in die Ketose, also das, was wir wollen. Denn die Ketose lässt die Fettdepots in Leber und Bauchspeicheldrüse schmelzen. Damit das reibungslos gelingt, müssen Sie sich bewegen. Sie müssen Ihre Muskulatur jetzt beanspruchen, um sie zu schützen (Denken Sie daran: Ein bewegter Muskel wird nicht abgebaut!) und gleichzeitig die Ketose am Laufen zu halten. Falls Sie es bisher nicht getan haben, ist es nun höchste Zeit, mit Ihrem regelmäßigen Bewegungsprogramm zu starten. 10 000 Schritte am Tag sind das Minimum. Sie können aber natürlich auch Rad fahren oder schwimmen. Oder Sie machen – gern zusätzlich – Stretching und ein paar kräftigende Übungen. Wichtig ist, dass Sie jetzt den Stoffwechselhebel in Richtung Ketose und Fettabbau umlegen und nicht zum Abbau von Muskulatur.

Zugegeben, sich aufzuraffen, kann gerade in dieser Phase der Umstellung schwer sein. Bei Kopfschmerzen und Katergefühl sehnen sich viele eher nach Sofa und Netflix als nach einem Bewegungsprogramm. Manche haben auch leichte Muskelschmerzen ähnlich einem Muskelkater, der sich insbesondere in den Beinen, im Gesäß oder im unteren Rücken bemerkbar macht. Das lässt sich darauf zurückführen, dass die Harnsäurekonzentration im Blut während der ersten Fastentage erhöht ist.

Die gute Nachricht: Es wird bald besser. Trinken Sie genug. Das unterstützt Ihren Körper dabei, Giftstoffe leichter auszuschwemmen. Und gönnen Sie sich – auch wenn Ihr innerer Schweinehund jault, dass er lieber auf die Couch möchte – einen Spaziergang an der frischen Luft. Atmen Sie tief ein und aus, nehmen Sie die Umgebung bewusst wahr: Wie riecht es?

Wie fühlt sich die Luft auf Ihrer Haut an? Was sehen Sie? Das lenkt nicht nur ab. Sie werden sehen, das lindert auch die Symptome der »Fastenkrise«, und Sie fühlen sich bestimmt gleich wohler. Stellen Sie sich einfach vor: Für jede Minute, die Sie spazieren gehen, werden Sie Ihre unangenehmen Symptome zwei Minuten früher los. Das ist doch ein Deal, oder?

Tag 4 – Genussmittel: Was ist »erlaubt«?

Vielleicht fallen Sie heute in ein kleines Tief. Möglicherweise wollen Sie am liebsten gar nicht aufstehen, weil Sie sich krank fühlen, und denken: »Wenn das Fasten so schlimm ist, dann höre ich jetzt am besten wieder damit auf.« Tun Sie das nicht! Noch am heutigen Tag werden Sie erleben, dass sich Ihre Symptome schlagartig verbessern.

Viele Fastende erleben die Tage drei und vier des Wasserfastens als die schwersten. Das muss nicht zwingend so sein. Viele berichten aber auch, dass sie in dieser Phase keine großen Schwierigkeiten hatten und es viel leichter ging als erwartet. So oder so: Die Umstellung auf die Ketose ist fast geschafft. Und ist der Stoffwechsel erst in seinem neuen Modus angekommen, werden auch die Nebenwirkungen besser. Versprochen!

Manche Menschen quälen sich zusätzlich mit Entzugserscheinungen. Regelmäßige Raucher trifft das sicherlich besonders hart. Doch Nikotinkonsum und Fasten schließen sich gegenseitig aus. Zwar ist es so, dass das Nikotin keinen direkten Einfluss auf den Fettstoffwechsel hat und die Ketose nicht behindert. Trotzdem ist es geradezu widersprüchlich, beim Fasten zu rauchen. Ihr Körper müht sich damit ab, Schadstoffe abzubauen und zu entsorgen – Nikotin und Tabakrauch führen neue Gifte zu, was die Leber und andere Entgiftungsorgane zusätzlich belastet. Nikotin stört die Zellregeneration, fördert Entzündungen und kann dadurch die positiven Effekte des Fastens auf Heilungs- und Reparaturprozesse im Körper mindern. Außerdem steigt sogar die Gefahr für Herzrhythmusstörungen, Thrombosen und andere akute Komplikationen beim Fasten unter Nikotinkonsum. Alles gute Gründe, während des Fastens die Finger vom Rauchen und anderen Nikotinprodukten zu lassen. Vielleicht ist das sogar Ihre Chance, dieser Sucht endlich zu entsagen.

Auch starke Kaffeetrinker leiden möglicherweise unter Koffeinentzug. Es kann daher sinnvoll sein, den Konsum bereits vor dem Fasten schrittweise zu reduzieren. Dann kommt der Entzug nicht so plötzlich. Dieser kann nämlich die Kopfschmerzen, die Sie am dritten und vierten Fastentag gegebenenfalls ohnehin haben, noch verstärken. Mein Rat: Versuchen Sie es erst einmal ohne Kaffee. Denn auch die Entzugserscheinungen bei Koffeinverzicht verschwinden nach ein paar Tagen – also im Prinzip zusammen mit den Symptomen der »Fastenkrise«. Gegen allzu starke Kopfschmerzen können Sie gegebenenfalls auch mal eine Ibuprofen-Tablette einnehmen.

Wenn es mit dem Kaffeeverzicht gar nicht geht, vor allem aber, wenn Ihr Kreislauf »im Keller« ist und Sie sich sehr schlapp fühlen, dürfen Sie sich einmal am Tag einen kleinen Espresso gönnen – ohne Zucker und Milchschaumhäubchen versteht sich. Ich empfehle zwar immer, es erst mal mit Bewegung an der frischen Luft zu probieren. Trotzdem werde ich Ihnen den kleinen Espresso nicht verwehren.

Eine Frau, die ich beim Fasten begleitet habe, hat daraus ein richtiges Fastenritual für sich gemacht. Die 54-Jährige hatte zwar keine nennenswerten Kopfschmerzen, obwohl sie sich selbst als richtige Kaffeetante bezeichnete, aber dafür hatte sie schon immer mit niedrigem Blutdruck zu tun. Normalerweise machte sich dieser in ihrem Alltag nicht bemerkbar. Jetzt aber, kurz nach Fastenbeginn, fühlte sie sich recht kraftlos und etwas benebelt.

Sie hat sich »ihren« Espresso zum Highlight des Tages gemacht. Denn statt ihn zu Hause im Homeoffice zu genießen, hat sie beschlossen, nachmittags einen ordentlichen Spaziergang zu machen, um sich dann in einem netten Café einen Espresso zu bestellen. Den hat sie dann regelrecht zelebriert: Zuerst hat sie nur daran geschnuppert und den Kaffeeduft auf sich wirken lassen, um dann den Inhalt des Tässchens langsam und in winzigen Schlucken zu genießen. So konnte die Frau gleich mehrere Fliegen mit einer Klappe schlagen: Sie trank einen Espresso gegen ihre Schlappheit und gelegentliche Kopfschmerzen, absolvierte ihr Bewegungsprogramm, kam unter Leute und übte sich gleichzeitig im bewussten Genießen. So schön kann Fasten sein!

Tag 5 – Nach der Krise kommt das Fasten-High

Gratulation! Sie haben die härteste Phase überwunden. Von nun an wird es leichter. Wahrscheinlich haben Sie bereits gestern Abend bemerkt, dass es Ihnen besser geht. Ihr Körper ist in der Ketose angekommen, in dem Stoffwechselzustand, in dem er Energie aus gespeichertem Fett gewinnt. Das Hungergefühl wird jetzt in der Regel weniger, Kopf- und Muskelschmerzen sowie das Katergefühl sind überstanden. Manche Fastende erleben diesen Moment wie einen »Klick« – und auf einmal geht es bergauf.

Nicht alle Menschen erleben den Unterschied an Tag fünf gleichermaßen stark. Bei denjenigen, die am dritten und vierten Tag, also an den Tagen, die für die meisten am härtesten sind, keine Probleme hatten, ist der Effekt oft geringer. Viele dürfen sich jetzt über das »Fasten-High« freuen – ein Zustand von innerer Klarheit oder sogar Euphorie. Es geht Ihnen gut, Sie fühlen sich stärker verbunden mit sich und der Welt. Unter Umständen sind alle unangenehmen körperlichen Symptome schlagartig weg. Sie fühlen sich stark. Sie fühlen sich frisch. Sie fühlen sich energiegeladen. Und vielleicht fragen Sie sich: »Warum habe ich eigentlich immer so viel gegessen?«

Wir wissen nicht im Detail, was das Fasten mit dem Gehirn macht, damit wir uns so fantastisch fühlen. »Glücksbotenstoffe« wie Endorphine und das Serotonin spielen eine Rolle. Sie treten jetzt in höherer Konzentration im Gehirn auf. Das hebt die Laune. Ausgelöst wird das durch Ketonkörper, die das Gehirn als effiziente Energiequelle nutzt. Das Denkorgan ist dadurch hoch funktionsfähig. Vermutlich ist das, was wir heute als »Fasten-High« bezeichnen, eine Überlebensstrategie aus der Frühzeit des Menschen, als es noch nicht an jeder Ecke einen gut gefüllten Supermarkt gab. Sich bei Nahrungsmittelknappheit apathisch zurückzuziehen, hätte über Jahrtausende den sicheren Tod bedeutet – für den Einzelnen ebenso wie für die Gruppe. Stattdessen sorgte das Fasten-High dafür, dass sich unsere Vorfahren motiviert für die Nahrungsbeschaffung einsetzten – und damit für ihr Fortbestehen.

Und auch Ihr Körper profitiert mit jedem Tag, den Sie durchhalten, mehr. Nach der Glukose im Blut ist jetzt auch der gespeicherte Zuckervorrat, das Glykogen, endgültig aufgebraucht. Der Stoffwechsel hat auf Ketose umgestellt. Wie Sie wissen, heißt das, dass Ihr Organismus Ketonkörper als Energieträger produziert und dazu Fett abbaut. Dazu benötigt er das Hormon Glukagon, das sich vorwiegend in Leber und Pankreas befindet. Und deswegen werden diese beiden Organe jetzt vom gespeicherten Fett befreit. Genau in diesem Moment, aber auch mit jeder weiteren Minute und Stunde, die Sie ab jetzt dranbleiben und weiterfasten, verlieren Sie Leberfett und gewinnen an Gesundheit dazu. Sie packen die Risiken für chronische Stoffwechsel-Erkrankungen bei der Wurzel und reißen diese aus. Darauf dürfen Sie stolz sein. Sie dürfen stolz sein auf Ihren Körper, der all das für Sie schafft. Und Sie dürfen stolz sein auf jedes kleine Stückchen Gesundheit, das Sie sich jetzt mit jeder Stunde zurückerobern. Ich jedenfalls beglückwünsche Sie aus ganzem Herzen dazu! Und ich möchte Sie dazu ermuntern, sich das während der nächsten Tage immer wieder vor Augen zu führen – insbesondere, falls Situationen auftreten, in denen Ihnen das Fasten wieder etwas schwerer fällt.

Tag 6 – Ihre Haut verändert sich

Die gute Phase geht weiter. Ihr Körper ist jetzt mittendrin im metabolischen Fastenabenteuer. Sie verbrennen jetzt, je nach Ausgangsgewicht, jeden Tag zwischen 300 und 500 Gramm Körperfett – allein dadurch, dass Sie konsequent aufgehört haben zu essen! Wahrscheinlich macht sich das längst am Hosenbund bemerkbar. Vermutlich haben Sie schon fünf, sechs oder sogar sieben Kilogramm verloren, und Sie können diesen Erfolg beim Blick auf die Waage kaum fassen. Am Anfang geht das etwas schneller als in den letzten Tagen des 14-tägigen Wasserfastens. Und es ist auch so, dass Sie in der ersten Zeit viel Flüssigkeit ausscheiden, was sich ebenfalls als Gewichtsverlust auf der Waage zeigt. Diese Pfunde werden schnell wiederkommen, wenn Sie wieder anfangen zu essen. Aber keine Sorge: Was da zurückkommt, ist nur Wasser, kein Fett!

Vielleicht bemerken Sie nicht nur positive Veränderungen. Manchmal wenden sich Fastende an mich, weil sie beim Fasten plötzlich ungewohnt viele Pickel und Hautunreinheiten bekommen. Bei einigen zeigt sich sogar ein regelrechter Ausschlag. Und auch wenn das unangenehm sein kann und vor allem irritierend, kann ich Sie beruhigen: Gefährlich ist das nicht. Vielmehr ist der »Fastenausschlag« sogar ein Zeichen dafür, dass das Fasten gut funktioniert und die Entgiftung auf Hochtouren läuft.

Dass die Haut bei einigen Menschen reagiert, hat damit zu

tun, dass beim Fasten der Darm als Ausscheidungsorgan ausfällt. Er bekommt keine Nahrung, bewegt sich daher weniger und kommt zur Ruhe. Der Körper weicht darum auf andere Möglichkeiten aus, um die nun vermehrt mobilisierten Giftstoffe loszuwerden. Die Haut ist mit einer Fläche von eineinhalb bis zwei Quadratmetern das größte und auch das vielfältigste Organ des Menschen. Unter anderem dient die Körperhülle als Ausscheidungsorgan. Es kann also passieren, dass nun vermehrt Stoffe über die Haut ausgeschieden werden, was sich – insbesondere, wenn die Haut ohnehin empfindlich reagiert – als rote Flecken, Pickelchen oder schuppige Haut bemerkbar macht. Manche Fastende berichten auch, dass sie vermehrt transpirieren und der Schweißgeruch sich verstärkt. Das hat ebenfalls damit zu tun, dass die Haut nun ihrer Rolle als Entgiftungsorgan besonders aktiv nachkommt.

Wenn Sie vom Fastenausschlag betroffen sind, können Sie Ihre Haut durch milde Reinigung und beruhigende Feuchtigkeitscremes, etwa mit Aloe Vera, beruhigen. Auch sanfte Peelings und Reinigungsmasken helfen dabei, die Haut von ausgeschiedenen Stoffen zu befreien und das Hautbild zu verbessern. Äußerliche Anwendungen mit Heilerde und Kleie-Bäder helfen bei lokalen Hautirritationen. Sanfte Massagen, Wechselduschen oder basische Bäder regen die Hautdurchblutung und die Säureausscheidung an. Sollten Sie allerdings unter einem sehr starken und schmerzhaften Ausschlag leiden, der vielleicht sogar noch mit anderen Symptomen wie Fieber einhergeht, suchen Sie bitte einen Arzt auf.

Der Fastenausschlag tritt insbesondere in den ersten Tagen auf. Wenn Sie betroffen sind, dürfen Sie jetzt also langsam aufatmen. Denn meist tritt zwischen dem fünften und siebten Tag langsam Besserung ein. Mehr noch: Nach der anfänglichen Reinigungsphase dürfen sich viele über ein insgesamt klareres, strafferes und frischeres Hautbild freuen. Manche Damen, die ich beim Fasten begleite, melden sich bei mir und berichten ganz begeistert, ihre Haut sei »glatt wie ein Baby-Popo«. Entzündliche Hautirritationen und Unreinheiten, die schon vor dem Fasten bestanden, können sich sogar langfristig verbessern, die Wundheilung der Haut wird verbessert. Für einige Menschen ist die Wirkung auf die Haut ein wichtiger Motivator, überhaupt zu fasten.

Tag 7 – Keine Angst vor Körpergerüchen

»Mama, warum riechst du so komisch aus dem Mund?«, fragte ein achtjähriger Junge seine alleinerziehende Mutter, die ich beim Fasten begleitet habe. Ihr war das unangenehm. Sie hatte zwar schon davon gehört, dass beim Fasten Mundgeruch auftreten kann. Aber einmal darauf angesprochen, war sie etwas verunsichert. So wollte sie nicht von ihren Mitmenschen wahrgenommen werden.

Eine andere Frau erzählte mir sogar, das sei einer der Gründe, die sie davon abhalte, das Fasten selbst einmal zu probieren. Sie hatte als junge Frau eine Kollegin, die immer wieder gefastet hat und »dabei ganz merkwürdig und sehr streng roch«. Das hatte sie als so schrecklich in Erinnerung, dass sie lieber nicht fasten wollte, als sich derart ihrem Umfeld zuzumuten.

Ich konnte beide Frauen beruhigen, und ich hoffe, auch Ihnen diese Sorge zu nehmen. Denn tatsächlich können sich die Körpergerüche beim Fasten zwar verändern. Aber ich habe es noch nie erlebt, dass der Geruch so streng und so intensiv war, dass es für die Mitmenschen unerträglich wurde. Wenn Ihre Mitmenschen wissen, woher der Geruch kommt, ist es für die meisten völlig unproblematisch – manchmal werden sie sogar neugierig. Also erzählen Sie, dass Sie fasten. Und was die Frau über ihre ehemalige Kollegin berichtet hat, lässt mich vermuten, dass diese während des Fastens irgendwelche Nahrungsergänzungsmittel genommen oder mit irgendwelchen Essenzen gearbeitet hat. Der Geruch hatte mit dem eigentlichen Fasten sehr wahrscheinlich nichts zu tun.

Was die Mutter des Achtjährigen berichtet hat, erinnert schon eher an den sogenannten Fastenatem. Der riecht oftmals etwas säuerlich beziehungsweise nach Aceton, also im Prinzip ein wenig nach Nagellackentferner. Und um es vorwegzunehmen: Der Geruch ist zwar seltsam, aber man muss sich schon recht nahe kommen, um ihn wirklich wahrzunehmen und als unangenehm zu empfinden. Und tatsächlich war es so, dass das Kind den veränderten Atem beim Kuscheln bemerkt hat, also als es seiner Mutter sehr nahe war.

Woher aber kommt der »Fastenatem«? Hierfür gibt es verschiedene Erklärungsansätze. Zum einen entstehen beim Ketose-Stoffwechsel als Abfallprodukte Aceton und Abkömmlinge des Acetons. Diese werden mit dem Urin ausgeschieden – der während des Fastens übrigens auch seltsam scharf riecht. Früher ging man davon aus, dass schlechter Atem ebenfalls auf diese Weise entsteht. Heute vermutet man eher, dass sich durch die Ketose der pH-Wert im Mund verschiebt und sich dadurch die Mundflora vorübergehend verändert, was zu unangenehmen Gerüchen führt. Das wird zudem dadurch begünstigt, dass der Speichelfluss während des Fastens reduziert ist.

Gleichzeitig können der leere Magen sowie die Entgiftung dazu beitragen, dass die Atemluft etwas müffelt. Das Großreinemachen in Ihrem Körper läuft schließlich auf Hochtouren. Wie Sie vielleicht wissen, ist auch die Lunge ein Entgiftungsorgan, das toxische Substanzen über die Atemluft aus dem Körper ausleiten kann. Und ähnlich wie bei der Haut gilt: Weil der Darm Pause macht und daher zum Abtransport der mobilisierten Abfälle ausfällt, wird der Weg über die Atemluft wichtiger. Allen denjenigen, die das als unangenehm oder peinlich erleben oder schon beim Gedanken daran von ihrem Fastenvorhaben zurückschrecken, kann ich sagen: Keine Sorge, es ist in wenigen Tagen vorbei, und das, was Sie beim Fasten für Ihre Gesundheit erreichen, überwiegt bei Weitem.

Die Folgen der Entgiftung werden Sie möglicherweise auch auf der Zunge spüren. Viele Fastende beschreiben ein pelziges Gefühl im Mund und einen grau-gelblichen Belag auf der Zunge. Beides entsteht durch ausgeschiedene Giftstoffe, abgestorbene Zellen und ebenfalls durch Bakterien.

Was können Sie nun tun? Nutzen Sie regelmäßig einen speziellen Zungenschaber oder einen Löffel, um den Belag auf der Zunge zu entfernen. Das reduziert sowohl das unangenehme Mundgefühl als auch den Geruch. Mundspülungen mit Salbei- oder Fencheltee können helfen. Auch Ölziehen hilft. Dabei handelt es sich um eine Methode aus dem Ayurveda, der traditionellen indischen Heilkunst. Studien haben belegt, dass Ölziehen gegen Zahnfleischentzündung wirkt, Krankheitserreger im Mund bekämpft und gegen Mundgeruch vorzubeugen vermag. Nehmen Sie dazu morgens einen Esslöffel Biospeiseöl, etwa Sonnenblumen-, Sesam- oder Kokosöl, in den Mund und bewegen Sie es dort drei bis fünf Minuten lang hin und her. Ziehen Sie es dabei regelrecht durch die Zahnzwischenräume. Danach spucken Sie das Öl aus und putzen sich die Zähne. Darüber hinaus gilt: trinken, trinken, trinken – also das, was jetzt ohnehin gut für Sie ist. Vermeiden sollten Sie allerdings Kaugummi gegen den Mundgeruch. Das Kauen stimuliert die Verdauungssäfte und kann so Hungergefühle provozieren und verstärken.

Tag 8 – Countdown: Von nun an dürfen Sie runterzählen

Ist es nicht unglaublich? Die Hälfte ist bereits geschafft! Von nun an dürfen Sie runterzählen. Natürlich war es von Anfang an so, dass die verbleibende Zeit mit jedem Tag weniger wurde. Aber erfahrungsgemäß fühlt es sich erst bei der Hälfte auch so an.

Sie haben die schwierigste Phase des Fastens längst hinter sich gelassen, und wahrscheinlich haben Sie sich bereits daran gewöhnt, einfach nicht zu essen. Trotzdem, da will ich Ihnen und mir selbst nichts vormachen: Auch in der zweiten Hälfte mag es noch Tage geben, an denen Sie das Gefühl haben, dass Sie aufhören wollen. Vielleicht fühlen Sie sich einfach schlapp. Oder Sie haben Appetit und die Speisen der anderen riechen einfach zu verführerisch. Eine Frau hat mir erzählt, dass sie nach 13 erfolgreichen Fastentagen, als sie mit ihren Kindern beim Abendessen saß, beinahe schwach geworden sei. Doch auch wenn es in dem Moment schwerfiel: Sie hat durchgehalten.

Was manche Fastende jetzt umtreibt und vielleicht auch Sie seit ein paar Tagen beschäftigt: Sie haben Ihr Interesse an Sexualität, Ihre Libido, verloren, oder es ist zumindest viel geringer als sonst. Diese häufige Begleiterscheinung des Wasserfastens trifft sowohl Männer als auch Frauen. Während des Fastens kommt es zu Veränderungen im Hormonhaushalt. Insbesondere sinkt die Produktion von Sexualhormonen wie Testosteron und Östrogen.

Es ist eine Mischung aus Energiemangel und besagten hormonellen Veränderungen, die das sexuelle Verlangen vorübergehend drosseln. Der Körper reserviert die verbleibenden Ressourcen für überlebenswichtige Prozesse. Gleichzeitig kann die Durchblutung während des Fastens etwas vermindert sein. Gründe sind das reduzierte Blutvolumen und die ausgesetzte Zufuhr an Nährstoffen. Auch das kann sich auf das Wohlbefinden und die Sexualfunktion auswirken.

Evolutionsbiologisch betrachtet, ist das alles sogar sinnvoll. Eine Hungersnot ist kein guter Zeitpunkt, um Nachwuchs in die Welt zu setzen. Dass Sie freiwillig auf Nahrung verzichten, »weiß« Ihr Körper ja nicht. Er fährt also Ihre Lust herunter und schützt Sie quasi vor Dummheiten. Aber keine Sorge: Nach dem Fasten normalisiert sich die Libido sehr schnell wieder. Durchhalten lautet jetzt also die Devise. Fokussieren Sie sich auf den Moment, in dem Sie es geschafft haben und sich alles wieder normalisiert. Er liegt weniger als 168 Stunden entfernt!

Tag 9 – Ihr Körper arbeitet auf Hochtouren

Ich will noch nicht vom Endspurt reden, aber wenn Sie heute Abend ins Bett gehen, sind es nur noch fünf Tage bis zum Ziel. Ihre persönliche Fastenzeit ist schon bald vorbei. Vielleicht ist Ihnen der Nahrungsverzicht mittlerweile so sehr zur Routine geworden, dass Sie ihn kaum noch wahrnehmen. Andere berichten von einer gewissen Ermüdung: Die anfängliche Euphorie ist etwas abgeflacht. Die Gewichtsabnahme verlangsamt sich – der »Kick«, den Sie in den ersten Tagen beim Gang auf die Waage erlebt haben, will sich daher auch nicht mehr so recht einstellen. Vielleicht sehnen Sie sich danach, mal wieder etwas zu kauen.

Doch glauben Sie mir: Auch wenn Sie nicht alles im Äußeren sehen können, so passieren doch wundervolle Dinge in Ihrem Körper. Gerade dem Gehirn tut das Fasten jetzt, in der zweiten Hälfte, besonders gut.

Eingelagerte Proteinreste, gespeicherter Zucker oder sogar Fett schaden dem Gehirn ebenso wie Entzündungsprozesse. Das alles sind Faktoren, die beispielsweise zur Entstehung einer Demenz und auch anderer neurodegenerativer Erkrankungen beitragen. So gibt es Studien, die belegen, dass Glykogenketten, die sich um Nervenzellen herum anlagern, ein entscheidender Risikofaktor sind für das Entstehen einer Demenz. Diesen abgelagerten Zucker können Sie jetzt knacken und Ihr Denkorgan davon befreien. Stellen Sie sich einen elektrischen Schaltkasten in Ihrem Zuhause vor, den Sie schon länger nicht sauber gemacht haben. Daher ist er total verstaubt. Manche Schaltstellen sind regelrecht verklebt und verkrustet von all dem Schmutz der letzten Jahre. So ähnlich geht es Ihrem Gehirn, wenn sich Glykogenketten und Proteinreste dort ablagern. Mit dem Fasten putzen Sie einmal gründlich durch, sodass all die Leitungsbahnen und Schaltstellen wieder gut funktionieren. Noch ist nicht bewiesen, dass Fasten – und damit die Beseitigung dieser abgelagerten Zuckerketten – das Krankheitsgeschehen rückgängig machen kann. Man kann aber zumindest davon ausgehen, dass es schützend wirkt auf das Gehirn, das Fortschreiten einer Demenz unterbrochen wird und vielleicht sogar eine Verbesserung eintritt.

Was Sie vielleicht jetzt schon bemerken, ist, dass Sie sich gut konzentrieren können. Oder Sie stellen fest, dass Sie kreativer sind und so viele gute Ideen haben wie schon seit Jahren nicht mehr. Nutzen Sie diesen Flow für sich. Planen Sie Kreativzeit ein oder beginnen Sie ein neues Projekt. Das entspannt, öffnet neue Perspektiven und unterstützt auf diese Weise zusätzlich den Fastenerfolg. Und ganz nebenbei gesagt: Wenn Sie sich in eine neue Aufgabe vertiefen, dann hält Sie das auch davon ab, übers Essen nachzudenken.

Auch körperlich sind Sie wahrscheinlich überraschend leistungsfähig. Allein, dass Sie es schaffen, Ihre täglichen 10 000 Schritte zu gehen (das tun Sie doch hoffentlich noch, oder?), obwohl Sie nichts essen, ist doch erstaunlich, finden Sie nicht? Manchen Fastende berichten sogar, dass Sie noch Gartenarbeit gemacht haben oder kleine Wanderungen. Ihr Körper ist zu einem kleinen Kraftwerk mutiert. Er erzeugt Energie und stellt diese bereit, ohne dass Sie von außen Nachschub liefern müssen. Wenn

Sie jetzt auf die Jagd gehen müssten, wären Sie erfolgreich. Wenn Sie jetzt gezwungen wären, eine lange Strecke zu laufen, wären Sie erfolgreich. Ist es nicht faszinierend, was für ein Wunderwerk an Stoffwechselleistung uns die Evolution mitgegeben hat?

Ihr Körper arbeitet im Moment so viel, dass Sie es vielleicht spüren, wenn Sie abends im Bett liegen und eigentlich zur Ruhe kommen. Obwohl Sie gerade nicht aktiv sind, bemerken Sie, dass Ihr Herz regelrecht rast. Das liegt daran, dass Ihr Organismus gerade Höchstleistungen vollbringt – auch dann, wenn Sie selbst gerade einfach nur liegen. Er stellt seinen Stoffwechsel um und knackt Energiespeicher, an die nur schwer heranzukommen ist. Er mobilisiert Giftstoffe und kurbelt die Autophagie an, das körpereigene Recyclingsystem, um Zellabfälle und ungenutzte Proteine abzubauen. Anschließend muss der Körper das alles transportieren und aus dem Körper schleusen.

Manche Fastende berichten von einem Ruhepuls von neunzig, hundert oder sogar hundertzehn Schlägen pro Minute. Normalerweise liegt dieser bei etwa sechzig bis achtzig Schlägen pro Minute. Das mag sich beunruhigend anfühlen. Aber herzgesunde Erwachsene können das sehr gut wegstecken. Wenn Sie also abends im Bett liegen und bemerken, dass Ihr Herz wild pocht, dann nehmen Sie es als Indikator dafür, dass das Fasten gut funktioniert.

Interessanterweise ist auch das Herz beim Fasten viel leistungsfähiger. Es kann Ketone sehr effizient zur Energiegewinnung nutzen – besser als Glukose. Studien haben zudem belegt, dass Ketose für die Leistungsfähigkeit der Pumpe günstiger ist als der Zuckerstoffwechsel. Mehr noch: Ähnlich wie im Gehirn sorgt das Fasten auch im Herzmuskel dafür, dass schädliche Zuckerketten abgebaut werden. So profitiert das Herz ebenfalls direkt vom Fasten. Und Sie unterstützen all diese heilenden und stärkenden Vorgänge mit jedem Tag, den Sie beim Fasten durchhalten. Bleiben Sie also dran!

Tag 10 – Brechen Sie das Fasten, oder halten Sie durch?

Ich bin total stolz auf Sie, dass Sie schon bis hierher gekommen sind. Jetzt liegen schon weit mehr Tage hinter Ihnen, als noch auf Sie warten. Ist das nicht großartig? Das Fastenbrechen winkt schon am Horizont. Sie haben bisher enorm viel geleistet. Und weiterhin gilt, dass Ihr Organismus mit jedem Tag, ja mit jeder Stunde, die Sie weiterfasten, zusätzlich profitiert. Das Ziel für die nächsten Tage lautet also: durchhalten, durchhalten, durchhalten! Wer bis hierher gekommen ist, der schafft auch den Rest. Da bin ich mir sicher. Eine Frau, die ich beim Fasten begleitet habe, sagte mir hinterher: »Am Ende hat die Sturheit gesiegt.« Und genau so ist es auch. Es ist allein Ihr Wille, der Sie dranbleiben lässt. Und darauf dürfen Sie stolz sein. Dieses Wissen, dass Sie es schaffen, so lange auf Nahrung zu verzichten und sämtlichen Versuchungen des Alltags zu widerstehen, wird Sie in Ihrem weiteren Leben begleiten. Vielen geht es jetzt sogar von Tag zu Tag besser – so sehr, dass sie mit dem Gedanken spielen, das Fasten zu verlängern und dieses Wohlbefinden, diese Leichtigkeit und diesen Flow noch eine Weile in der ganzen Intensität zu erleben.

Vielleicht gibt es für Sie aber auch gute Gründe, bereits jetzt schon das Fasten zu brechen. Wenn Sie mit dem bislang Erreichten zufrieden sind oder sich in Ihrem Alltag und bei der Arbeit zu eingeschränkt fühlen, ist das durchaus denkbar. Sie haben bereits sechs Tage Ketose hinter sich. Das reicht zwar noch nicht aus, um eine Leber und eine Bauchspeicheldrüse, die voller Fett sind, davon zu befreien. Aber Sie haben diesen Organen auf jeden Fall bereits Erleichterung verschafft und viel für Ihre Gesundheit gewonnen. Bei schlanken Personen mit wenig Leberfett können zehn Tage Wasserfasten sogar ausreichend sein. Leider können wir aktuell noch keine individuellen Empfehlungen geben, wer wie lange fasten sollte, um den besten Nutzen für sich zu erzielen. Daher empfehle ich, die zwei Wochen durchzuziehen – mit dieser Zeitspanne haben wir die meisten Erfahrungen gesammelt, und Sie dürfen sich sicher sein, einen soliden Effekt zu erreichen. So oder so: Sie können Ihren Erfolg, Ihren Willen und Ihr Durchhaltevermögen feiern! Sie haben Großartiges geleistet – und tun es noch.

Tag 11 – Stimmt Ihr Elektrolythaushalt?

Es ist noch nicht lange her, da habe ich eine junge Frau beim Fasten begleitet. Sie hatte bereits zehn Tage aufs Essen verzichtet, und eigentlich war es für sie bis dahin wirklich leicht. Sie hatte wenig mit Appetit zu kämpfen, und auch die Nebenwirkungen waren kaum der Rede wert. Doch plötzlich meldete sie sich bei mir – verunsichert, fast schon aufgelöst: »Ich musste mich gerade übergeben«, sagte sie. »Da kam zwar nur Wasser, weil ich ja nichts gegessen habe. Aber wie kann das sein? Was ist da los?«

Wir sprachen eine Weile miteinander und gingen gemeinsam nochmals durch, wie sie die bisherigen Fastentage gestaltet hatte. Da wurde plötzlich klar: Sie hatte vergessen, regelmäßig das empfohlene Wasser mit einer Prise Kochsalz zu trinken. Der Elektrolythaushalt der Frau war durcheinandergeraten.

Tatsächlich zählen Elektrolytverschiebungen zu den wichtigsten Risiken des Wasserfastens, die wir unbedingt im Auge behalten müssen. Unter Elektrolyten versteht man bestimmte in Wasser gelöste Mineralstoffe. Wichtige Vertreter sind zum Beispiel Kalium, Natrium, Kalzium und Magnesium. In Flüssigkeit gelöst, zerfallen diese Substanzen in positiv und negativ geladene Teilchen, sogenannte Ionen. Dadurch sind sie in der Lage, elektrischen Strom zu leiten. Diese Eigenschaft nutzt der Organismus für eine Vielzahl lebenswichtiger Vorgänge.

Normalerweise nehmen Sie jeden Tag mit der Nahrung Elektrolyte auf, also beispielsweise mit dem Kochsalz. Bei der hierzulande üblichen Ernährungsweise ist das sogar viel zu viel. Beim Wasserfasten wird die Elektrolytzufuhr abrupt unterbrochen. Weil Salz einer der stärksten Trigger für Bluthochdruck ist, senkt sich durch den ausbleibenden Nachschub unter anderem der Blutdruck – ein positiver Nebeneffekt. Gleichzeitig trinken Sie beim Fasten so viel, dass Sie auch vermehrt Wasser ausscheiden. Dadurch kommt es zu weiteren Elektrolytverlusten. Und das bringt den Elektrolythaushalt durcheinander, eigentlich an jeder einzelnen Zelle des Körpers.

Das kann man sich ein wenig vorstellen wie in einer Stadt, in der die Menschen traditionell mit Salz handeln. Plötzlich kann aber das Salz nicht mehr gewonnen werden, vielleicht weil der Zugang zum Bergwerk versperrt ist. Und als ob das nicht reicht, kommt auch noch eine Flut und reißt die Vorratslager mit. Den Menschen in der Stadt ist jegliche Grundlage zum Handel und damit zum Überleben entzogen.

Elektrolytverschiebungen im Körper können schwerwiegende Folgen haben. Manchmal machen sie sich durch Krämpfe, Muskelschwäche, Schwindel, Übelkeit oder Erbrechen bemerkbar. Wenn es gravierend wird und über viele Wochen geht, kann es aber auch zu Herzrhythmusstörungen bis hin zum Herzstillstand kommen. Daher ist es sehr wichtig, dass Sie die tägliche Prise Salz nicht vergessen. So können Sie Elektrolytverschiebungen ganz leicht vermeiden.

Tatsächlich ist es mir vor Jahren auch einmal passiert, dass ich mich beim Fasten nach einem großen Glas Wasser plötzlich übergeben musste. Dem konnte ich durch etwas Kochsalz leicht entgegentreten. So war es auch bei der jungen Frau, die mich kontaktiert hatte. Sie wollte unbedingt weiterfasten – sie war ja schon so weit gekommen. Das konnte ich verantworten, weil sie neben dem einmaligen Erbrechen keinerlei Symptome einer Elektrolytverschiebung hatte. Wir haben uns darauf geeinigt, dass sie für die letzten Tage gut auf ihren Elektrolythaushalt achten und, in ihrem Fall, täglich ein Glas Wasser mit Kochsalz trinken sollte. Außerdem sollte sie auf etwaige Symptome wie Schwindel, Kopfschmerzen oder erneutes Erbrechen achten und sich täglich bei mir melden. Falls Symptome auftreten, so haben wir es besprochen, sollte sie das Fasten sofort beenden und umgehend mich oder ihren Hausarzt kontaktieren. Das war aber zum Glück nicht nötig.

Übrigens, das will ich Ihnen nicht vorenthalten: Auch Haarwurzeln reagieren empfindlich auf ein Ungleichgewicht im Elektrolythaushalt. Geschätzt ein Prozent der Fastenden, die ich begleite, berichten etwa drei Monate nach dem Fasten, dass sie bei der Morgentoilette plötzlich viel mehr Haare in Kamm oder Bürste finden, als sie es gewohnt sind. Aber keine Sorge, falls Sie das bei sich beobachten sollten: Der Haarausfall ist nur vorübergehend. Eine Glatze bekommen Sie deswegen nicht. Etwa fünf bis sechs Monate nach dem Fastenbrechen erzählen dieselben Personen, dass es nicht nur besser geworden ist. Sie haben den Eindruck, dass sogar deutlich weniger Haare ausfallen als vor dem Fasten. Solche Einzelfallberichte – zumal wenn es sich lediglich um Selbstbeobachtung handelt – lassen aber natürlich nicht den Schluss zu, dass Fasten zu dichterem Haarwuchs führen kann.

Tag 12 – Planen Sie Ihr Fastenbrechen

Die Ziellinie ist zum Greifen nah – ein guter Zeitpunkt, um sich mit dem bevorstehenden Fastenbrechen zu befassen, falls Sie das nicht längst getan haben. Horchen Sie in sich hinein. Worauf haben Sie Appetit? Ist es – ganz klassisch – der gedünstete Apfel? Oder lieber eine zerdrückte Banane, griechischer

Joghurt, eine milde Tomatensuppe oder vielleicht doch etwas ganz anderes? Ich hatte in manchen Fastenphasen richtig Lust auf Pumpernickel, in anderen waren es Kräuteroliven. Und immer wieder hat es mich nach Tomatensuppe verlangt, sodass ich kurz vor Ende der Fastenkur angefangen habe, im Internet nach neuen Rezepten für diese Speise zu suchen.

Ihr Körper wird Ihnen mitteilen, was ihm jetzt guttut. Es gibt keine starren Regeln, was Sie zum Fastenbrechen essen müssen. Alles, was flüssig, schleimig oder gut kaubar ist, eignet sich. Joghurt, Suppen, Obst, Kraut und anderes Gemüse (bevorzugt gedünstet), dazu ein ordentlicher Schuss Olivenöl, sind perfekt für die ersten Mahlzeiten nach dem Wasserfasten. Mit mächtigen Speisen, Fleisch und allem, was schwer verdaulich ist, müssen Sie sich noch ein wenig gedulden. Das würde Ihren Verdauungstrakt jetzt überfordern. Auch auf große Mengen an Kohlenhydraten wie Nudeln oder große Mengen an Kartoffeln sollten Sie erst mal verzichten. Der enthaltene Zucker würde sofort wieder als Fett in der Leber gespeichert werden.

Wenn Sie Ihr Fastenbrechen planen, dann überlegen Sie sich doch gleich, wann und wie Sie es zelebrieren wollen. Vielleicht morgens in aller Ruhe, wenn der Rest der Familie bereits aus dem Haus ist? Oder Sie warten noch ein paar Stunden, falls es morgens vor der Arbeit zu hektisch ist. Alternativ könnten Sie das Fasten auch bereits am Vorabend brechen. Wichtig ist, dass Sie sich genügend Zeit nehmen können, um Ihre erste Mahlzeit langsam und in Ruhe zu genießen.

Ich kann mich an einen Fastenden erinnern, der sich alle Mahlzeiten für die erste Zeit »danach« während der letzten Fastentage vorgekocht und dann eingefroren hat. Er hat diese Art der Vorbereitung (und des Abschlusses) regelrecht zelebriert. Wenn Sie noch einkaufen müssen, möchte ich Sie daran erinnern, dass der Gang in den Supermarkt jetzt zur Konsumfalle werden kann. Vielleicht können Sie jemanden bitten, die Besorgungen für Sie zu erledigen. Falls nicht: Planen Sie gut, und schreiben Sie sich eine Einkaufsliste, an die Sie sich strikt halten.

Tag 13 – Sie werden immer leichter – und fühlen sich auch so

Beim Wasserfasten verlieren Sie eine Menge Körpergewicht. Und selbst wenn das nicht das Hauptziel sein sollte: Es ist doch ein schöner Nebeneffekt – und ein leicht messbarer Indikator dafür, dass sich eine Menge tut. Falls Sie es nicht ohnehin jeden Tag tun, stellen Sie sich doch gern mal auf die Waage und freuen Sie sich über Ihren Fortschritt.

Seit Ihr Körper in der Ketose angekommen ist, hat Ihr Stoffwechsel im ganzen Körper täglich 350 bis 500 Gramm Fett abgebaut. Das entspricht ungefähr eineinhalb bis zwei Päckchen Butter! In der Leber und in der Bauchspeicheldrüse sind Sie etwa 15 bis 20 Gramm Fett täglich losgeworden.

In einer aktuellen Studie haben Teilnehmende nach sieben Tagen Wasserfasten durchschnittlich fast sechs Kilogramm Körpergewicht verloren, eineinhalb Kilogramm davon waren Fett, das auch nicht sofort wieder zurückkam. Beim 14-tägigen Wasserfasten verlieren Sie sogar bis zu sechs Kilogramm Fett. Das zeigt sich auch im Taillenumfang, der um sieben bis zehn Zentimeter schrumpft. Das wiederum lässt darauf schließen, dass eine erhebliche Menge des gefährlichen viszeralen Bauchfetts verschwunden ist.

Das ist ein wahnsinniger Erfolg für Ihre Gesundheit. Nehmen Sie diesen Schwung und diese Motivation mit in die Zeit danach. Denn wenn Sie im Anschluss an das Wasserfasten direkt in einen ungesunden Lebensstil zurückfallen, haben Sie die verlorenen Pfunde und das abgebaute Leberfett schnell wieder zurück. Wenn Sie Ihren Fastenerfolg halten wollen, sind eine

Ernährungsumstellung und regelmäßige Bewegung entscheidend. Aber ich möchte fast wetten: Das Wissen über die außerordentliche Leistung, die Sie vollbracht haben, motiviert Sie dazu, Ihren Lebensstil zu verändern, sodass Sie den Gewinn an Gesundheit, den Sie sich in den 14 Tagen Wasserfasten erkämpft haben, auch mit in die Zukunft nehmen und ihn sogar weiter ausbauen können.

Tag 14 – Heureka – Sie haben es geschafft!

Nun haben Sie es so gut wie geschafft. Heute dürfen Sie das Fasten brechen und haben die Gewissheit, dass Sie die Ziellinie erfolgreich überschreiten werden. Ich kann gar nicht genug betonen, was für eine enorme Leistung Sie vollbracht haben. Klopfen Sie sich selbst auf die Schulter und beglückwünschen Sie sich zu Ihrer Willenskraft – aber vor allem zu Ihrem immensen Zugewinn an Gesundheit. Vielleicht fühlen Sie sich etwas schlapp oder sogar erschöpft von den Anstrengungen der letzten zwei Wochen. Doch Sie werden es schnell merken: Ihr Körper hat sich verjüngt. Ihr Stoffwechsel, Ihre Muskeln, Ihr Gehirn – alles an Ihrem Körper funktioniert schneller und besser.

Für jetzt stellt sich die Frage: Wollen Sie das Fasten morgen früh brechen oder bereits heute Abend? Für Ihren Fastenerfolg macht das keinen großen Unterschied mehr. Wenn Sie es nicht mehr abwarten mögen, dann dürfen Sie heute Abend schon Ihre erste kleine Mahlzeit zu sich nehmen. Für manche Fastenden fühlt es sich »runder« an, bis zum nächsten Morgen zu warten. Genau genommen sind die 14 Tage dann erst wirklich um. Und natürlich profitiert Ihre Leber, so sie noch Fett enthält, von den zusätzlichen Fastenstunden. So oder so: Es ist gigantisch, was Sie erreicht haben. Ich bin stolz auf Sie – und Sie dürfen es auch sein!

Das Fastenbrechen und die Tage danach

Nun ist er also da, der große Tag. Nach zwei Wochen Nahrungskarenz dürfen Sie heute endlich wieder essen! Manche Fastenden haben so sehr auf diesen Moment hingefiebert, dass sie, wenn sie dann am Tisch vor ihrer ersten Mahlzeit sitzen, kurz zögern, ob sie das wirklich tun sollen. Das Fasten ist – vor allem in der zweiten Woche – für viele zur Normalität geworden, und sie haben das Gefühl, es könnte noch ein paar Tage so weitergehen. Manche möchten auch dieses besondere Gefühl von Leichtigkeit, Reinheit und Klarheit, das sie durch das Fasten erleben, noch eine Weile bewahren. Wenn Sie mögen und sich gut fühlen, dürfen Sie mit dem Fastenbrechen noch ein wenig warten – ein paar Stunden vielleicht oder auch ein oder zwei Tage. Zu längeren Zeiträumen als 14 bis 16 Tagen Wasserfasten möchte ich Ihnen aktuell aber nicht raten. Dazu fehlt noch die Erfahrung.

Doch egal ob Sie das Fasten sofort brechen wollen oder den Moment noch ein wenig hinauszögern, gehen Sie es langsam an. Nach 14 Tagen Nahrungskarenz müssen Sie Ihren Körper schrittweise wieder an feste Nahrung heranführen. Wenn Sie jetzt gleich Eisbein mit Sauerkraut essen oder in Ihrem Lieblingscafé ein Stück Schwarzwälder Kirschtorte bestellen, geht das mit Sicherheit nach hinten los – im wahrsten Sinne des Wortes. Ihr Verdauungstrakt hat nun zwei Wochen lang geruht und könnte mit derart schweren, fett- und zuckerlastigen Speisen gar nicht umgehen. Schmerzen, Durchfälle und Erbrechen wären die Folge.

Vielleicht haben Sie schon einmal gelesen, dass das Fastenbrechen so wichtig ist wie das Fasten selbst. Das kann ich nur unterstreichen. Denn jetzt werden die Weichen gestellt für die Zeit »danach«. Wer direkt wieder mit Frittiertem und stark Zuckerhaltigem startet, darf sich sicher sein, dass sich seine Leber schnell wieder mit Fett füllt. Zudem füttern Sie damit ungünstige Bakterien in Ihrem Darm an. Das Mikrobiom ist durch das Fasten auf ein Minimum zurückgegangen. Daher haben Sie es jetzt in der Hand, wie es sich nach dem Fasten entwickelt – ob die zukünftige Zusammensetzung eher gesundheitsförderlich oder gesundheitsschädlich ist. Ich werde an anderer Stelle nochmals näher auf diesen Punkt eingehen.

Verzichten Sie in den ersten Tagen nach dem Fastenbrechen auf Alkohol, Fleisch und übermäßig viele tierische Produkte. Ein wenig Joghurt ist erlaubt und vermag die guten Bakterien im Verdauungstrakt zu unterstützen. Hauptbestandteil Ihrer Mahlzeiten sollte jetzt Gemüse sein, bevorzugt gedünstet, ergänzt durch ein wenig Obst, Kartoffeln und Reis, kleine Mengen an hochwertigen Ölen wie Lein- oder Olivenöl. Ungünstig sind in den ersten Tagen Rohkost und Hülsenfrüchte. Beides würde Ihren Verdauungstrakt im Moment noch überfordern – ebenso wie überreiche Mengen an Nahrung. Essen Sie daher lieber mehrere kleine Mahlzeiten als eine große. Lassen Sie in den ersten Tagen Sparsamkeit walten mit Salz und Gewürzen. Und achten Sie weiterhin darauf, dass Sie genug trinken.

Drei bis vier Tage sollten Sie sich Zeit nehmen, um die Nahrungsmenge sukzessive zu steigern. Die Faustregel dabei lautet: Am ersten Tag dürfen Sie rund 800 Kilokalorien, am zweiten 1000, am dritten 1200 und am vierten Tag 1400 Kilokalorien zu sich nehmen. Ab dem fünften Tag dürfen Sie dann »normal« essen. Dann sollte auch Ihre Verdauung wieder in Gang gekommen sein. Spontane Darmbewegungen und Stuhlgang treten normalerweise am vierten Tag wieder auf. Bis dahin gilt: nicht überfordern! Viele weitere Hinweise finden Sie in meinem Patreon-Account https://www.patreon.com/profschwarzfastet.

Das Fastenbrechen feierlich begehen

Traditionell gibt es bei den meisten Heilfastenkuren zum Fastenbrechen einen reifen Apfel – gedünstet, geraspelt oder langsam gekaut. Ich halte aber nichts von strikten Vorschriften, was Sie jetzt essen »müssen«. Spüren Sie in sich hinein: Worauf haben Sie Appetit? Soll es der klassische Apfel sein oder lieber eine milde Tomatensuppe, ein paar Oliven oder eine kleine Portion gedünstetes Gemüse? Wenn Sie sich dann entschieden haben, richten Sie Ihr Essen schön an und decken Sie den Tisch wie für ein feines Essen. Mittlerweile habe ich selbst sicher zwanzigmal gefastet, aber noch immer zelebriere ich den Moment der ersten Mahlzeit. Ich schnuppere an meiner Speise, erfreue mich des Anblicks und genieße dann Löffel für Löffel, spüre die Konsistenz der Nahrung und erlebe jeden Happen als eine wahre Geschmacksexplosion. Und obwohl es sich – wie in meinem Fall – nur um ein Schälchen Joghurt mit Apfel handelt, lasse ich mir für diese erste Mahlzeit sicher eine Dreiviertelstunde Zeit.

Ich kann Ihnen nur empfehlen, es mir gleichzutun. Denn wenn Sie jetzt Ihr Fastenbrechen langsam und mit Achtsamkeit begehen, ebnen Sie damit den Weg für eine bewusste, gesündere Ernährung in der Zukunft und damit für einen anhaltenden Fastenerfolg. Genießen Sie daher die ersten Mahlzeiten mit Bedacht. Spüren Sie, was Ihnen guttut – und was vielleicht nicht. Möglicherweise werden Sie überrascht sein, was Ihnen jetzt am besten schmeckt. Und vielleicht nehmen Sie daraus Inspiration für die Zeit nach dem Fasten mit. Ihr Körper wird Ihnen den Weg weisen, was jetzt gut ist für Sie. Und ich bin mir sicher: Er wird Ihnen nicht zu einem panierten Schnitzel mit Pommes raten.

7

FASTEN FRAUEN ANDERS?

Häufig erreicht mich die Frage, welchen Einfluss der weibliche Zyklus auf das Fasten hat und ob es davon abhängig bestimmte Zyklusphasen gibt, in denen das Wasserfasten leichter oder eben schwerer fällt. Das ist eine spannende Frage, und tatsächlich gibt es dazu einiges zu sagen. Denn der Zyklus wirkt sich durchaus auf das Fasten aus – aber umgekehrt auch das Fasten auf den Zyklus.

Ich bin kein Gynäkologe, aber trotzdem kann ich sagen, dass Frauen in ganz besonderer Weise auf die Signale ihres Körpers achten müssen, wenn sie fasten. Das Fasten nimmt, wie Sie wissen, weitgreifenden Einfluss auf das Zusammenspiel von Stoffwechselvorgängen und Botenstoffen. Und das kann auch den Zyklus ordentlich durcheinanderwerfen. Immer wieder erreichen mich irritierte Anrufe von Frauen, die ich beim Fasten begleite: »Herr Schwarz, meine Menstruation ist ausgeblieben. Was hat das zu bedeuten?« Meist kann ich die Damen beruhigen. Zumindest dann, wenn sich herausstellt, dass sich die Monatsblutung lediglich um wenige Tage verschoben hat. Bleibt sie jedoch länger aus, empfehle ich, das Fasten zu brechen – vor allem, wenn sich die Frauen gleichzeitig unwohl oder geschwächt fühlen.

Hormonelles Ungleichgewicht oder Mangelerscheinung?

Dass sich die Zykluslänge verändert, ist eine nicht ungewöhnliche Nebenwirkung des Fastens und lässt sich auf den veränderten Hormonhaushalt zurückführen. Sie wissen bereits, dass sich die Produktion von Sexualhormonen während des Fastens verändert. Eine Folge kann sein, dass die Libido zurückgeht. Die vorübergehend verminderte Produktion an Östrogen und Progesteron kann aber auch dazu führen, dass sich der Eisprung verzögert oder unterdrückt wird. Und das beeinflusst letztlich den Zeitpunkt, zu dem die Blutung einsetzt.

Stress und ein damit einhergehender Anstieg des Stresshormons Cortisol können ebenfalls ein hormonelles Ungleichgewicht nach sich ziehen, das den Zyklus verschiebt. Fasten – so gesund es in vielerlei Hinsicht ist – bedeutet für den Organismus eben auch viel Arbeit. Das hat zur Folge, dass der Cortisolspiegel vorübergehend steigt. Ist das Stresshormon jedoch deutlich erhöht, stört dies die Freisetzung von anderen Hormonen, die für die Reifung der Eizellen und den Menstruationszyklus verantwortlich sind. Das hormonelle Gleichgewicht ist so sensibel, dass selbst bei Prüfungsstress die Periode manchmal unregelmäßig wird oder ganz ausbleibt. Auch PMS-Beschwerden können sich bei vermehrtem Stress verstärken.

Bleibt die Periode jedoch ganz aus, kann dies auf einen Mangel hindeuten. Dieses Phänomen kennt man auch von Magersüchtigen oder von manchen Leistungssportlerinnen, wenn sie für ihr Wettkampfgewicht extreme Diät halten und gleichzeitig hart trainieren. Der Grund dafür ist, dass der Körper bei starker Kalorienreduktion den Fortpflanzungsprozess drosselt, um Energie zu sparen. Außerdem: Eine Hungersnot – und dafür hält der Körper die freiwillig gewählte Nahrungskarenz – ist, wie bereits erwähnt, ein äußerst ungeeigneter Zeitpunkt, um

Nachwuchs zu zeugen. Der Körper benötigt viel Energie für eine Schwangerschaft. Gleichzeitig muss das Ungeborene gut versorgt werden, damit es sich optimal entwickelt. Auch das ist in Zeiten des Mangels kaum möglich.

Sollte es also Anzeichen dafür geben, dass die Zyklusunregelmäßigkeit eine Folge von Nährstoffmangel ist – etwa, wenn Sie sich zudem sehr schwach fühlen –, sollten Sie diese Warnsignale Ihres Körpers sehr ernst nehmen und mithilfe eines Arztes herausfinden, wie es zu diesem Mangel kommen konnte. Sehr wahrscheinlich hat er sich bereits vor dem Fasten angebahnt. Ich möchte noch mal betonen: Zwei Wochen Wasserfasten führen bei normal genährten Menschen nicht zu gravierenden Mangelerscheinungen. Ich selbst habe das bei den Patienten, die ich beim Fasten begleitet habe, auch noch nie erlebt.

Vielleicht können Sie – nach einer eingehenden ärztlichen Untersuchung – zu einem anderen Zeitpunkt fasten. Bei einer bestehenden hormonellen Dysbalance oder bekannten Zyklusstörungen sollten Sie davon allerdings lieber Abstand nehmen oder sich zumindest medizinisch gut begleiten lassen. Eventuell sind aber auch sanfte Fastenmethoden besser für Sie, etwa Intervallfasten, Scheinfasten oder eine basische Ernährung. Im Gegensatz zum radikalen Wasserfasten vermögen diese Fastenformen sogar hormonelle Dysbalancen und starke PMS-Beschwerden zu lindern.

Wie der Zyklus den Fastenerfolg beeinflusst

Wie eingangs erwähnt, beeinflusst aber nicht nur das Fasten den Zyklus, sondern auch umgekehrt. Es gibt Zyklusphasen, in denen vielen Frauen der Nahrungsverzicht leichter fällt, während sie in anderen Phasen extreme Fastenkuren wie das Wasserfasten eher schlechter wegstecken und sich schnell geschwächt und hungrig fühlen.

In der Praxis ist es so, dass viele Frauen sich einen Termin setzen und mit dem Fasten beginnen – ungeachtet der Zyklusphase, in der sie sich gerade befinden. Und die allermeisten fahren gut damit. Denn nur weil Sie eine Frau sind, heißt das nicht, dass Ihr Körper zwingend so sensibel auf die Veränderungen im Verlauf des weiblichen Zyklus reagiert, dass Sie Ihre Planung danach richten müssen.

Trotzdem: Der Menstruationszyklus ist geprägt von einem fein abgestimmten Auf und Ab verschiedener Hormone, vom Heranreifen der Eizelle, vom Aufbau und Abstoßen der Gebärmutterschleimhaut – alles Vorgänge, die den Körper für eine mögliche Schwangerschaft vorbereiten und die, wenn sich keine Eizelle einnistet, wieder auf null gestellt werden und von vorn beginnen. Diese zyklusbedingten hormonellen Schwankungen beeinflussen die Leistungsfähigkeit und das Wohlbefinden. Gerade für Frauen, die mit starken Menstruationsbeschwerden und PMS kämpfen, kann es daher sinnvoll sein, eine hormonell günstige Phase für den Fastenstart abzuwarten. Vermutlich machen Betroffene das aber auch instinktiv. Denn kaum eine Frau würde wohl die zusätzliche Anstrengung des Wasserfastens auf sich nehmen wollen, wenn sie sich ohnehin bereits unwohl fühlt.

Würde mich eine Frau fragen, wann der beste Zeitpunkt für den Fastenstart ist, wäre meine Antwort ganz klar: die Follikelphase, also etwa beginnend mit dem letzten Tag der Periode bis zum Eisprung in der Zyklusmitte. In dieser Zeit steigt der Östrogenspiegel. Er sorgt nicht nur dafür, dass sich die Gebärmutterschleimhaut aufbaut. Er ist auch dafür verantwortlich, dass sich die meisten Frauen jetzt wohlfühlen und motiviert, selbstsicherer und geselliger sind. Östrogen beeinflusst nämlich auch die Aktivität von Nervenzellen im Gehirn und die Produktion des »Glücksbotenstoffs« Serotonin. Viele Frauen stellen fest, dass ihre Haut jetzt frischer aussieht, die Haare gesünder, weil die Kollagenbildung zunimmt. Jetzt ist auch die beste Zeit für Training und Muskelaufbau. Das Energielevel ist in der Regel hoch, der Appetit häufig geringer. Beste Voraussetzungen also, um die ersten harten Tage des Nahrungsverzichts durchzustehen.

In der Eisprungphase um Tag 14 herum befindet sich das Östrogen auf dem Höhepunkt. Viele Frauen fühlen sich extrem leistungsfähig. Den Schwung können Sie mitnehmen, wenn das Fasten in der zweiten Zyklushälfte schwerer wird.

Nach dem Eisprung beginnt die Lutealphase – die längste Phase im Zyklus. Sie dauert bis zum Einsetzen der Menstruation. Östrogene sind jetzt rückläufig. Stattdessen steigt das Gelbkörperhormon Progesteron, das die Gebärmutterschleimhaut auf das Einnisten einer möglicherweise befruchteten Eizelle vorbereitet. Viele Frauen haben jetzt ein vermehrtes Hungergefühl, verstärkten Appetit oder verspüren sogar Heißhunger. Gleichzeitig sinkt das Energieniveau. Betroffene sind oft antriebslos, fühlen sich müde und leiden vermehrt unter Schlafstörungen. Mit steigendem Progesteronspiegel – also je näher die Menstruation rückt – sinkt die Stimmung. Viele Frauen sind jetzt gereizt oder niedergeschlagen. Es gibt sogar Studien, denen zufolge sich weibliche Gehirne in dieser Phase verstärkt auf Negatives fokussieren. Dreißig Prozent aller Frauen fühlen sich in dieser Zyklusphase so schlecht, dass sie im Alltagsleben eingeschränkt sind.

Warum sich viele Frauen in dieser Phase dermaßen unwohl fühlen, ist schwer zu sagen. Der australische Evolutionsforscher Michael Gillings hat die Vermutung geäußert, das prämenstruelle Syndrom (PMS) in dieser Zyklusphase könne einst geholfen haben, unfruchtbare Paarbeziehungen zu lösen. In früheren Zeiten, also bevor moderne Verhütungsmethoden zur Verfügung standen, waren Frauen oft mehrfach hintereinander schwanger. Ihre Menstruation hatten sie daher selten – ebenso wie PMS. Es sei denn, es wollte bei einem Paar mit dem Nachwuchs nicht klappen: Dann, so die Überlegung des Australiers, waren sie der psychischen Belastung durch die Stimmungsschwankungen öfter ausgesetzt. Möglicherweise trug das dazu bei, dass die unfruchtbare Beziehung schneller beendet wurde, um eine neue, hoffentlich fruchtbarere zu knüpfen.

Das ist natürlich recht spekulativ. Aber egal, ob Gillings nun richtigliegt oder nicht: Fakt ist, dass sich viele Frauen in dieser Zyklusphase zunehmend unwohl fühlen. Und je näher die Menstruation rückt, umso ungünstiger ist es, zu fasten. Nur gut, dass sich Ihre zwei Wochen Wasserfasten dem Ende neigen – zumindest, wenn Sie tatsächlich in der Follikelphase angefangen haben.

Noch ungemütlicher wird es in der Menstruationsphase, die im Lehrbuch die erste Zyklusphase darstellt. Ich erwähne sie trotzdem erst am Schluss, weil das zu meiner Fastenempfehlung besser passt. Zwar sind die Symptome des prämenstruellen Syndroms mit dem Einsetzen der Periode meist schlagartig vorüber. Dafür klagen viele Frauen jetzt über heftige Schmerzen – Studien zufolge sind rund 25 Prozent der Frauen davon betroffen, bei ganz jungen Mädchen sogar bis zu 90 Prozent. Ursache sind vermutlich die nun vermehrt flutenden Prostaglandine, Gewebshormone, die bewirken, dass sich der Uterus krampfartig zusammenzieht und sich die Gebärmutterschleimhaut löst. Viele Frauen brauchen jetzt Ruhe und Schonung, manchen hilft basische Ernährung. Mit dem Wasserfasten sollten sie lieber warten, bis in wenigen Tagen wieder die Follikelphase und damit eine energiegeladene Zeit mit reduziertem Hungergefühl beginnt.

Fasten nach der Menopause

Das ganze Auf und Ab im Hormonhaushalt findet irgendwann ein Ende: mit der Menopause. Ich sagte ja bereits, dass Frauen im fortgeschrittenen Alter aus Stoffwechselperspektive quasi zum Mann werden. Das gilt letztlich auch für das Fasten. Denn wenn Frauen keinen Zyklus mehr haben, ist es – genau wie bei Männern – quasi egal, wann sie mit dem Fasten beginnen. Das mögen manche als Vorteil erleben. Die körperlichen Symptome der zyklusbedingten hormonellen Schwankungen sind nicht mehr relevant und schränken beim Fasten daher nicht mehr ein. Viele Frauen sind in dieser Lebensphase auch zufriedener und erleben sich als entspannter als in jüngeren Jahren. Auch das kann beim Fasten hilfreich sein. Gleichzeitig ist es so, dass der Schutz des Östrogens vor Bauchfett und vor damit einhergehenden Risikofaktoren für Herz-Kreislauf-Erkrankungen verloren geht. Ich bin darauf bereits im ersten Teil des Buches näher eingegangen. Das heißt aber auch: Fasten wird für Frauen dieser Altersgruppe – und eigentlich bereits während der Perimenopause – umso wichtiger. Denn wenn Sie diesen dritten Lebensabschnitt lange und bei größtmöglicher Gesundheit und Vitalität genießen wollen, dann müssen Sie spätestens jetzt dafür sorgen, dass Sie Ihre Leber vom Fett befreien und Ihr Stoffwechsel in der Balance bleibt.

8

DIE SACHE MIT DEN MEDIKAMENTEN

Ich erinnere mich daran, wie ich einmal einen Anruf bekam. Am frühen Vormittag meldete sich ein aufgeregter Ehemann bei mir. Kaum hatte ich abgenommen, tönte es auch schon aus dem Hörer: »Was haben Sie mit meiner Frau gemacht?! Sie ist so schlapp, dass sie gar nicht mehr aufstehen kann!« Ich brauchte einen Moment, bis ich den aufgebrachten Anrufer zuordnen konnte. Dann wurde mir klar: Seine Frau hatte bei mir wegen ihres metabolischen Syndroms medizinischen Rat gesucht und daraufhin mit dem Fasten begonnen. Eigentlich hatten wir alles genau durchgesprochen. Das dachte ich zumindest. Doch offensichtlich stimmte hier etwas ganz und gar nicht. Ich hakte also nach und ließ mir ganz genau schildern, was passiert war. Da platzte es aus dem Mann heraus: »Gerade eben habe ich meiner Frau die Blutdruckmedikamente gebracht, aber sie ist mittlerweile so schwach, dass sie sich kaum aufsetzen kann, um diese zu nehmen!« Mir war schlagartig klar, was hier zu tun ist. »Kochen Sie Ihrer Frau einen Espresso«, sagte ich. »Und dann sorgen Sie dafür, dass sie ihre Blutdruckmedikamente absetzt – zumindest, solange sie fastet.«

Die Sache ist die: Wenn Sie eine Zeit lang keine Nahrung zu sich nehmen, hat das einen Einfluss darauf, wie Medikamente wirken. Manche müssen Sie beim Fasten weglassen, bei anderen gilt es, die Dosierung anzupassen. Wieder andere verlieren ihre Wirksamkeit. Die Antibabypille zum Beispiel. Wir können nicht genau sagen warum, aber diese hormonelle Verhütungsmethode versagt, wenn Sie nichts mehr essen. Vermutlich hängt das damit zusammen, dass sich beim Fasten der Hormonhaushalt verändert, was auch die Sexualhormone betrifft. Das ist auch der Grund dafür, dass viele Fastende vorübergehend ihr sexuelles Interesse verlieren. Flapsig gesagt, brauchen Sie die Antibabypille während der zwei Wochen Wasserfasten also gar nicht. Allerdings ist die Verhütungsmethode auch im restlichen Zyklus nicht mehr zuverlässig, also dann, wenn Sie das Fasten beendet haben und Ihre Libido wiedererwacht ist. Denken Sie also unbedingt daran, dass Sie in diesem Zyklus eine zusätzliche Verhütungsmethode benötigen, wenn Sie keinen überraschenden Nachwuchs wollen.

Nun aber zurück zu meinem morgendlichen Anrufer und seiner geschwächten Frau. Was war da passiert? Wie Sie bereits wissen, fällt bei den meisten Menschen der Blutdruck, wenn sie fasten. Das hat unter anderem damit zu tun, dass ohne Nahrung kaum noch Salz in den Körper gelangt. Weil Salz ein Trigger für hohen Blutdruck ist, sinkt dieser schon allein dadurch, dass der Salznachschub ausbleibt. Gleichzeitig sorgen der Fettabbau in der Leber und der dadurch veränderte Stoffwechsel ebenfalls dafür, dass der Blutdruck sinkt. Dazu kommt, dass viele Medikamente stärker wirken, wenn sie nüchtern eingenommen werden.

Der zuvor deutlich erhöhte Blutdruck der Frau hatte sich also allein durch das Fasten so weit reduziert, dass die bislang notwendigen Blutdrucksenker nun zu viel des Guten waren. Der Blutdruck fiel viel zu weit ab, was dazu führte, dass die Dame sich schwach und völlig benebelt fühlte und schließlich gar nicht mehr aufstehen konnte. Erste Hilfe bot hier der Espresso, der durch das enthaltene Koffein den Blutdruck kurzfristig erhöhen konnte. Die entscheidende Maßnahme war aber, die Blutdruckmedikamente sofort abzusetzen – zumindest für die Zeit der Fastenkur. Danach würden wir sehen, wie die zukünftige Dosierung aussehen sollte.

Absetzen, reduzieren oder weiter einnehmen? Holen Sie sich ärztlichen Rat!

Grundsätzlich halte ich es für das Beste, Medikamente beim Wasserfasten nach Möglichkeit wegzulassen. Das betrifft insbesondere Blutdrucksenker, Wirkstoffe, die den Fettstoffwechsel kontrollieren, und bestimmte Diabetesmedikamente. Meine generelle Herangehensweise an den Umgang mit Medikamenten beim Fasten lautet: Erst mal in Gedanken alle Medikamente zum Fasten absetzen – und dann nochmals ganz genau überlegen, welche vielleicht doch benötigt werden. Damit meine ich: Lassen Sie – nach Rücksprache mit Ihrem Arzt, Ihrer Ärztin oder einer qualifizierten Fastenbegleitung – alles weg, was Sie weglassen können und was den Fastenerfolg behindern könnte. Prüfen Sie aber genau, was auch beim Fasten überlebensnotwendig ist oder das Fasten sogar unterstützt, und behalten Sie diese Medikamente bei.

Auf Blutdrucksenker im Zusammenhang mit dem Fasten bin ich bereits eingegangen. Mit Medikamenten, die den Blutzucker regulieren, verhält es sich ähnlich: Wenn Sie nichts essen, sinkt der Blutzucker automatisch – es gelangt ja kein Zucker mehr mit der Nahrung in den Körper. Der Fettabbau und die dabei entstehenden Ketone, die der Körper beim Fasten als Energieträger nutzt, beeinflussen den Blutzuckerspiegel nicht. Wenn Sie in dieser Situation zusätzlich noch Medikamente einnehmen, die den Blutzucker senken, droht eine gefährliche Unterzuckerung. Soweit, denke ich, ist die Sache klar. Nun gilt es zu unterscheiden, welche Art von Blutzuckermedikamenten Sie nehmen. Fast alle Diabetesmedikamente, insbesondere die, die oral eingenommen werden, können beim Fasten in der Regel abgesetzt werden. Diese enthalten selbst kein Insulin, sondern greifen an verschiedenen Stellen in den Stoffwechsel ein, um den Blutzuckerspiegel zu senken. Sie hemmen beispielsweise die Glukoseproduktion in der Leber oder verbessern die Insulinempfindlichkeit der Körperzellen. Anders verhält es sich bei insulinpflichtigen Typ-2-Diabetikern. Hier gilt es – natürlich unter ärztlicher Begleitung oder mit einem guten Selbstmanagement und mithilfe genauer Blutzuckermessung –, die Insulindosis während des Fastens exakt an die Situation anzupassen, um Unterzuckerung ebenso zu vermeiden wie Überzucker.

Es gibt noch einen weiteren Grund, warum Sie Medikamente während des Fastens im besten Fall absetzen sollten. Viele Medikamente enthalten Füllstoffe, damit die Wirkstoffe überhaupt in Tablettenform dargereicht werden können. Diese Füllstoffe können Glukose enthalten oder Substanzen, die zu Glukose verstoffwechselt werden. Das wiederum würde die Ketose unterbrechen und damit Ihren Fastenerfolg torpedieren. Auch hier gilt also: absetzen oder, wenn möglich, auf Alternativen ohne diese Füllstoffe umsteigen.

Aber Achtung, es gibt auch Medikamente, die Sie unbedingt weiterhin einnehmen müssen. Dazu zählen etwa Gerinnungshemmer und Blutverdünnungsmittel. Menschen, die in der Vergangenheit einen Herzinfarkt erlitten haben, nehmen solche Wirkstoffe regelmäßig ein, um das Entstehen von Blutgerinnseln zu verhindern und so das Risiko für einen weiteren Herzinfarkt oder Schlaganfall zu senken. Diese Medikamente stören das Fasten nicht, und es wäre unverantwortlich, sie während des Fastens abzusetzen.

Gleiches gilt für Schilddrüsenmedikamente. Die Schilddrüse ist eines der wichtigsten Steuerorgane des Menschen. Über ihre Botenstoffe, die Schilddrüsenhormone, beeinflusst sie Stoffwechsel, Herzfunktion, Verdauung, Nerven- und Muskelfunktion, Sexualität und Fruchtbarkeit sowie die Entwicklung von Ungeborenen im Mutterleib. Dass sie gut funktioniert, ist also zentral für die Gesundheit. Daher müssen Über- und Unterfunktionen medikamentös genau eingestellt werden – denn ein Zuviel oder Zuwenig an Schilddrüsenhormonen bringt lebenswichtige Funktionen aus dem Gleichgewicht. Diese Medikamente einfach abzusetzen – und sei es nur für zwei Wochen –, würde das Fasten deutlich erschweren, Sie verlangsamen und Ihnen die Freude am Fasten nehmen. Zusammengenommen könnte das Ihren Fastenerfolg torpedieren.

Die moderne Medizin hat heute schier unendlich viele Medikamente und Wirkstoffe zur Therapie unterschiedlichster Erkrankungen im Repertoire. Es würde den Rahmen dieses Buches sprengen, auf alle einzugehen. Sie müssen mir also bitte nachsehen, dass ich hier nur auf eine kleine Auswahl an Medikamenten eingehen kann, die wir häufig im Zusammenhang mit dem Fasten überprüfen und mit Fastenwilligen besprechen müssen. Sie finden eine Zusammenstellung dazu am Ende des Buches.

Wichtig ist mir an dieser Stelle aber ausdrücklich zu sagen: Ein Buch kann keinen Arztbesuch ersetzen, und ich bin auch nicht in der Lage, eine Ferndiagnose zu stellen – schon gar nicht, ohne Sie und Ihren gesundheitlichen Zustand zu kennen. Wenn Sie dauerhaft Medikamente einnehmen müssen, ist es zu Ihrer eigenen Sicherheit unabdingbar, dass Sie vor dem Fasten klären, wie Sie damit verfahren sollen. Je mehr Medikamente Sie einnehmen, umso entscheidender ist dieser vorbereitende Schritt.

Das gilt im Übrigen auch für die Zeit nach dem Fasten. Wenn Sie Ihre Leber vom Fett befreit haben und Ihr Stoffwechsel wieder rundläuft, ist es sehr wahrscheinlich, dass Sie manche Medikamente gar nicht mehr benötigen. Oder Sie müssen die Dosierung anpassen. Auch das muss unbedingt ärztlich abgeklärt werden.

Fasten Sie also bitte gern auf eigene Faust, aber wenn Sie medikamentenpflichtig sind, besprechen Sie das mit einem fastenerfahrenen Arzt und lassen Sie die Medikamente nicht einfach weg. Noch besser ist es, wenn Sie die Möglichkeit haben, diese Fragen im Rahmen einer qualifizierten, medizinisch fundierten Fastenberatung zu klären. Die Fachleute dort haben in der Regel Erfahrung mit solchen Fragen.

9

NEBENWIRKUNGEN: WANN SIE MIT DEM FASTEN AUFHÖREN SOLLTEN

Oft werde ich von Menschen, die sich für das Fasten interessieren, aber auch von Kolleginnen und Kollegen nach den Risiken und Nebenwirkungen des Fastens gefragt. Das ist eine bedeutende Frage. Denn letztlich gilt der Grundsatz: keine Wirkung ohne Nebenwirkung. Das heißt, auch das Fasten, das meines Erachtens die effektivste Methode ist, um Leberfett loszuwerden und damit Krankheiten zu lindern oder vorzubeugen, ist natürlich nicht frei von Nebenwirkungen. Viele davon können Sie selbst beim Fasten gut regulieren. Doch es kann auch zu Situationen kommen, in denen es aus medizinischen Gründen und zu Ihrer eigenen Sicherheit besser ist, das Fasten abzubrechen. Das betrifft vor allem Menschen mit Vorerkrankungen. Aber auch vermeintlich gesunde Personen können betroffen sein – gerade wenn sie beispielsweise im Frühstadium einer Erkrankung noch keine Symptome haben und daher noch nichts von ihrem Leiden wissen.

Wenn wir über die möglichen Risiken des Fastens nachdenken, steht für die meisten Menschen erst mal die Angst vor einer Mangelversorgung im Vordergrund. Das Wasserfasten, so wie ich es propagiere, ist schließlich eine sehr strenge Form des

Fastens. Zwei Wochen lang nichts zu essen, das klingt bedrohlich für unser Gehirn. Wir wissen aber aus verschiedenen Studien, dass diese Sorge unbegründet ist. Wenn Sie zwei Wochen lang nicht essen, aber ausreichend Wasser trinken, müssen Sie – ich erwähne es gern noch mal – nicht einmal einen Mangel an Vitaminen und Mikronährstoffen haben. Das konnte man in Untersuchungen für einen Zeitraum von bis zu sechs Wochen nachweisen. Tatsächlich habe ich auch mal einen Mann beim Fasten begleitet, der das Ganze 40 Tage lang durchgezogen hat. Er hatte keinerlei Probleme dabei und war sogar jeden Tag noch motivierter. Ich will damit auf keinen Fall sagen, dass Sie es ihm gleichtun sollen. Die entscheidende Aussage ist vielmehr: Zwei Wochen Wasserfasten ist sicher und führt nicht zu Mangelerscheinungen. Die Voraussetzung dafür ist natürlich, dass Sie sich ansonsten gesund ernähren. Wer vor dem Fasten bereits mit Mangelerscheinungen zu tun hat, sollte vorsichtiger mit dem Nahrungsverzicht sein beziehungsweise vorher herausfinden, woher der Mangel kommt, und diesen im Idealfall ausgleichen. Für alle anderen ist es kein Problem. Wie Sie wissen, hat die Evolution unseren Körper ja darauf vorbereitet, auch längere Hungerphasen zu überstehen. Für ausreichend ernährte Menschen, die nicht an schwerwiegenden Erkrankungen leiden, stellt der Nahrungsverzicht selbst also erst mal kein Risiko dar.

Begleiterscheinung oder Nebenwirkung?

Wie sieht es nun aber mit den Nebenwirkungen aus? Davon gibt es einige, und das ist ja auch logisch. Der Körper erfährt während des Fastens zahlreiche Veränderungen. Er wird entgiftet. Er reinigt sich selbst und befreit sich von abgestorbenem und defektem Zellmaterial. Er stellt seinen Stoffwechsel auf Fettverbrennung und Ketose um. Das sind Vorgänge, die sich – teils unangenehm – bemerkbar machen. Das kann man als Nebenwirkungen bezeichnen. Andere sprechen von den natürlichen Begleiterscheinungen des Fastens. Normalerweise sind diese nicht gefährlich und gehen im Laufe der 14 Tage von selbst vorüber.

Zu diesen Begleiterscheinungen zählen etwa:

- Kopfschmerzen, insbesondere in den ersten Tagen;
- Schwindel, Schwächegefühl, Kreislaufprobleme (Achtung Blutdrucksenker!);
- Konzentrationsstörungen und Müdigkeit, weil der Körper erst mal auf Sparflamme schaltet, wenn er keine Nahrung mehr bekommt. Das wird in der Regel ab Tag 4 besser, wenn der Stoffwechsel auf Ketose umstellt.
- Verstärktes Kälteempfinden;
- Trockene Haut, gegebenenfalls auch Hautunreinheiten, Ausschlag und schuppige Haut;
- Verdauungsprobleme wie Durchfall, Verstopfung oder Übelkeit. Denken Sie daran, regelmäßig mit einem Klistier abzuführen, und vergessen Sie nicht, jeden Tag einmal eine Prise Salz ins Wasser zu rühren.
- Vermehrter Körper- und Mundgeruch, verursacht durch Entgiftung, Veränderungen im Mikrobiom der Mundschleimhaut.

Hinzu kommt: Manche Menschen reagieren sensibler auf die Veränderungen. Oder sie bringen Voraussetzungen mit, die dazu führen, dass sich die Begleiterscheinungen stärker bemerkbar machen. So steigt zum Beispiel während der ersten Fastentage die Harnsäurekonzentration im Blut an. Das hat damit zu tun, dass die Autophagie, also das körpereigene Recyclingsystem, angekurbelt wurde und vermehrt Zellen und Zellbestandteile abgebaut werden. Das setzt bestimmte chemische Verbindungen frei, sogenannte Purine, die der Organismus dann zu Harnsäure abbaut, die schließlich über die Nieren und den Urin ausgeschieden wird. Hat jemand nun bereits vor dem Fasten einen erhöhten Harnsäurewert – das ist häufig bei Menschen der Fall, die in der Vergangenheit mit Gicht zu tun hatten –, so kann die Konzentration während der ersten Fastentage so weit ansteigen, dass es zu einem Gichtanfall kommt. Zumindest in der Theorie: In der Praxis habe ich das bei weit mehr als 1000 Fastenden, die ich begleiten durfte, noch nie erlebt.

Was dagegen häufiger auftritt und sich ebenfalls auf die gestiegene Harnsäurekonzentration zurückführen lässt, sind Muskelschmerzen, insbesondere in den Beinen und im Gesäß. Das unangenehme Brennen tritt bei etwa sieben Prozent der Fastenden auf. Es beginnt meist am zweiten Fastentag und begleitet die Betroffenen bis zum vierten oder fünften Tag. Danach hört es in der Regel von selbst auf. Wer das Muskelbrennen bis dahin als zu quälend empfindet, der kann sich mit Ibuprofen behelfen. Meist reicht schon eine einmalige Dosis von 200 Milligramm aus.

Leidet die Niere?

Um bei den Nieren und Harnwegen zu bleiben: Man liest immer wieder, Fasten könne zum Nierenversagen führen. Auch manche Ärztinnen und Ärzte warnen davor. Natürlich ist es so, dass Menschen, die bereits vor dem Fasten Probleme mit den Nieren hatten, nur unter ärztlicher Aufsicht fasten sollten – so wie alle Menschen mit chronischen Leiden. Ein Risiko für akutes Nierenversagen besteht jedoch nicht. Das kann ich ganz klar sagen. Tatsächlich belegen Studien, dass sich das Wasserfasten sogar vorteilhaft auf die Nierenfunktion auswirken kann – schon allein dadurch, dass Sie quasi kein Salz zu sich nehmen. Und selbst bei Menschen mit chronischen Nierenleiden hat sich gezeigt, dass Scheinfasten, kombiniert mit einer salzarmen Diät, die Regeneration der Nieren verbessern kann.

Wichtig für Ihre Niere ist, dass Sie beim Fasten ausreichend trinken. Sonst kann es – insbesondere bei Menschen mit bestehenden Nierenproblemen – aufgrund der vermehrten Fettverbrennung zu einer Azidose kommen, einer Übersäuerung des Körpers. Zu den häufigsten Symptomen gehören Atembeschwerden, schnelle und flache Atmung, Übelkeit und Erbrechen, in manchen Fällen, wenn Sie sehr lange fasten und bei schweren Vorerkrankungen, auch Verwirrtheit, Lethargie bis hin zur Bewusstlosigkeit. Das kann man vermeiden, wenn man vor dem Fasten bei schweren Vorerkrankungen ärztlichen Rat einholt und vor allem während des Fastens ausreichend trinkt.

Trinken müssen Sie ohnehin reichlich. Drei bis vier Liter Flüssigkeit am Tag sollten es wie erwähnt sein, das kann ich nicht oft genug betonen. Denn wenn Sie beim Fasten nicht genügend Flüssigkeit zu sich nehmen, besteht die Gefahr zu dehydrieren. Vermutlich wird Ihnen das Trinken aber nicht schwerfallen. Die meisten Fastenden berichten von einem gesteigerten Durstgefühl, und außerdem füllt Wasser den Magen, was den Appetit und aufkommendes Hungergefühl in Schach hält.

Hinweise, dass Fasten zu Nierensteinen führt, gibt es übrigens nicht. Auch das liest man immer wieder. Anders sieht es bei Gallensteinen aus. Hier ist das Risiko ganz zu Anfang des Fastens tatsächlich ein kleines bisschen erhöht. Das liegt daran, dass der Organismus vom Nahrungsentzug etwas überrumpelt wird. Er »weiß« nicht, dass Sie sich für das Wasserfasten entschieden haben und vorhaben, 14 Tage lang nichts zu essen. Das heißt, die Leber produziert zunächst weiter im gewohnten Umfang Gallenflüssigkeit. Weil die Gallenblase diese aber nur bei Bedarf abgibt – also dann, wenn Nahrung im Körper ankommt –, sammelt sich die Gallenflüssigkeit an, und es kann passieren, dass sie eindickt. Das wiederum kann zur Bildung von Gallensteinen oder zumindest kleineren Gallenkristallen führen. Das Risiko ist allerdings nur in den ersten 12 bis 16 Stunden erhöht – weil es direkt mit dem Nahrungsstopp zusammenhängt. Wer bereits Gallensteine hat, bei dem besteht jetzt ein erhöhtes Risiko für eine Gallenkolik. Aber vergleichen Sie mal die Situation mit dem Intervallfasten, bei dem die Nahrungsaufnahme regelmäßig unterbrochen wird und es so zu einer vorübergehenden Überproduktion an Gallenflüssigkeit kommt. Beim Wasserfasten haben Sie das nur ein einziges Mal. Plus: Ab Tag vier sinkt das Risiko erheblich – weil sich dann die gesamte Stoffwechselaktivität gravierend verändert.

Elektrolytverschiebungen – leichte bis schwere Symptome

Wichtig ist mir an dieser Stelle nochmals zu erwähnen, dass es beim Fasten zu Elektrolytverschiebungen kommen kann. Weil Sie ohne Nahrung kein Salz mehr zu sich nehmen oder nur wenig über das Wasser, das Sie trinken, kann der Elektrolythaushalt durcheinandergeraten. Eine Salzreduktion ist prinzipiell positiv für Ihren Organismus, denn mit der hierzulande üblichen Ernährungsweise nehmen die allermeisten Menschen tagtäglich viel zu viel Salz auf. Das kann unter anderem zu Bluthochdruck und anderen Herz-Kreislauf-Erkrankungen führen. Aus medizinischer Sicht brauchen Sie im Alltag daher Ihren Speisen kein Salz zuzufügen. Der natürliche Salzgehalt der Speise ist im Normalfall ausreichend. Vielmehr sollten Sie sich beim Salzen sogar extrem zurückhalten. Die Weltgesundheitsorganisation (WHO) empfiehlt Erwachsenen, nur maximal fünf Gramm Kochsalz am Tag zu sich zu nehmen, also ungefähr einen gestrichenen Teelöffel voll.

Zu wenig Salz darf es aber auch nicht sein. Und das kann beim Wasserfasten durchaus passieren, weil das Salz und andere Mineralien aus der Nahrung wegfallen. Dadurch kann es nun zu Elektrolytverschiebungen kommen, wie ich bereits erklärt habe. Um das zu vermeiden, empfehle ich, jeden Tag ein Glas Wasser zu trinken, in dem Sie zuvor eine Prise Salz aufgelöst haben. Auch wenn Sie statt Leitungswasser ein gutes Mineralwasser wählen, kann das helfen, Ihren Elektrolythaushalt im Gleichgewicht zu halten.

Was aber, wenn sich der Elektrolythaushalt doch verschiebt? Bei leichten Symptomen wie Kopfschmerzen, vorübergehendem Schwindel und einmaligem Erbrechen können Sie in der Regel weiterfasten. Vielleicht haben Sie vergessen, die empfohlene Prise Kochsalz zuzuführen. Holen Sie das schnell nach und stellen Sie sicher, dass Sie an den restlichen Fastentagen etwas Salz zu sich nehmen. Bessern sich die Symptome, können Sie in der Regel weiterfasten. Halten diese an oder verschlimmern sich sogar, sollten Sie das Fasten stoppen.

Umgehend das Fasten abbrechen und ärztliche Hilfe einholen sollten Sie, wenn massivere Symptome auftreten, wie große Schwäche, Krämpfe, starker Schwindel, Herzbeschwerden oder Verwirrtheit. Es gibt keinen Grund zu fasten, wenn es einem schwerfällt – Sie können es zu einem anderen Zeitpunkt wiederholen. Elektrolytmangel kann in schweren Fällen zu Herzrhythmusstörungen bis zum Herzstillstand führen. Gefährdet sind vor allem ältere Menschen und Personen mit schweren Vorerkrankungen, etwa einer Herzinsuffizienz oder einem Herzinfarkt in den letzten drei Monaten, Nierenerkrankungen oder Diabetes sowie Patientinnen und Patienten, die entwässernde Medikamente (Diuretika) einnehmen müssen.

Herzensangelegenheit

Wenn Sie bei Google oder einer anderen Suchmaschine die Stichworte »Fasten« und »Herz« eingeben, werden Sie sehr widersprüchliche Antworten finden, die Sie möglicherweise mehr verunsichern werden, als dass sie Ihnen Klarheit verschaffen. Ich will versuchen, das für Sie zu sortieren. Wie Sie bereits wissen, können Elektrolytverschiebungen sich auf das Herz auswirken. Darüber hinaus gibt es mittlerweile jedoch gute Hinweise darauf, dass Fasten sogar förderlich ist für die Herzgesundheit. Das liegt zum einen daran, dass Fasten den Stoffwechsel, Übergewicht, Diabetes, Fettstoffwechselstörungen und Bluthochdruck günstig beeinflusst – und damit das Risiko für Herzinfarkt und andere koronare Herzerkrankungen senkt. Möglicherweise kann es aber auch dazu beitragen, dass das durch den Infarkt beschädigte Herzmuskelgewebe besser regeneriert. Ob das wirklich funktioniert, untersuchen Forschende an der Universität Halle aktuell im Zusammenhang mit Intervallfasten.

Günstig für das Herz ist die Umstellung des Stoffwechsels – von der Zuckerverwertung auf Ketone als Energieträger –, die im Zuge des Fastens erfolgt. Ketone sind äußerst effiziente Energielieferanten für den Herzmuskel. Davon profitiert schon das gesunde Herz, ein geschwächter Herzmuskel aber umso mehr. Wie man heute weiß, stehen viele Herz-Kreislauf-Erkrankungen im Zusammenhang mit einer eingeschränkten metabolischen Flexibilität. Wenn der Stoffwechsel kaum in der Lage ist, Fettsäuren zur Energiegewinnung zu nutzen, kann das zu Energiemangel im Herzmuskel führen. Das wiederum kann zur Entwicklung einer Herzinsuffizienz beitragen. Tatsächlich suchen Forschende nach Wegen, um Ketone für die Behandlung kardiovaskulärer Erkrankungen zu nutzen.

Die Sache ist jedoch zweischneidig und Fasten nicht uneingeschränkt für alle Herzkranken empfehlenswert. Denn während des Fastens muss das Herz mehr leisten. Der Körper arbeitet auf Hochtouren, und der Ruhepuls schnellt bei vielen Fastenden in die Höhe. Das steckt ein gesundes Herz gut weg – zumal es dank der Stoffwechselumstellung auf Ketose nun ausreichend Ketonkörper als effiziente Energielieferanten zur Verfügung hat. Ein bereits geschwächtes Herz, insbesondere bei fortgeschrittener Herzinsuffizienz, wäre durch diese zusätzliche Belastung schnell überfordert. Das heißt: Herzklopfen und leichter Schwindel, insbesondere in den ersten Tagen des Wasserfastens, sind akzeptable Begleiterscheinungen – vorausgesetzt, Sie fühlen sich ansonsten gut und sind nicht vorerkrankt. Kommen nun aber starke Kreislaufprobleme, heftiger Schwindel und Atemnot bei Anstrengung hinzu, ist Ihr Herz möglicherweise überlastet. Dann sollten Sie das Fasten abbrechen und gegebenenfalls Ihren Arzt oder Ihre Ärztin aufsuchen, um das abzuklären.

NEBENWIRKUNG ODER WARNSIGNAL?

Auch wenn Fasten für gesunde Erwachsene in der Regel unproblematisch ist, so lassen sich Nebenwirkungen, aber auch Risiken nicht ganz ausschließen. Doch was ist eine normale Begleiterscheinung und wann müssen Sie zum Arzt?

Begleiterscheinungen, die sich bessern, wenn Sie viel trinken, Ruhepausen einlegen und sich bewegen:

- Leichte Kopfschmerzen
- Müdigkeit
- Frieren

- Abnahme der Leistungsfähigkeit
- Leichter Schwindel kurzfristig beim Aufstehen

Schwerwiegende Symptome, bei denen Sie das Fasten abbrechen und ärztliche Hilfe holen sollten:

- Über mehrere Tage anhaltende Übelkeit, Erbrechen und starker Durchfall
- Anhaltendes starkes Schwindelgefühl oder Ohnmacht
- Herzrasen, schwere Herzrhythmusstörungen
- Starke, unerklärliche Schmerzen (besonders Bauchschmerzen)
- Psychische Krisen (Panik, starke depressive Verstimmungen)

Sicherlich gibt es noch viele weitere Fragen, die Sie zum Fasten haben. Alle im Rahmen dieses Buchs zu beantworten, würde den Rahmen sprengen. Aus diesem Grunde habe ich das Patreon-Fastennetzwerk aufgebaut, in dem ich alle Fastenfragen beantworte (siehe dazu Seite 271).

Ein wesentliches Ziel dieses Netzwerks ist es, Fastenden eine zentrale und verlässliche Anlaufstelle für ihre Fragen und Unsicherheiten zu bieten. In der täglichen Praxis zeigt sich immer wieder, wie viele individuelle Anliegen, Erfahrungen und auch Sorgen während einer Fastenkur auftreten können. Über die Plattform möchte ich es ermöglichen, Antworten direkt aus der Wissenschaft und aus der Erfahrungspraxis zugänglich zu machen und eine verlässliche Begleitung, auch außerhalb der individuellen ärztlichen Betreuung, zu bieten.

Im Zentrum stehen dabei der Austausch unter den Fastenden und die Möglichkeit, voneinander zu lernen sowie von konkreten Beispielen und Lösungen zu profitieren. Sie finden Antworten zu allen Fragen, die Fastende bisher gestellt haben – oder Sie können jederzeit Ihre Fragen stellen. Gleichzeitig dient das Netzwerk dazu, eine Gemeinschaft zu schaffen, in der Motivation, Unterstützung und vertrauensvoller Austausch den Fastenprozess erleichtern. Mein Anspruch ist es, mit diesem Konzept einen echten Mehrwert für alle zu bieten, die sich auf den Weg des Fastens begeben, damit keine Frage unbeantwortet bleibt und jede Erfahrung zählt.

Zusätzlich nutzen wir dieses Netzwerk auch als Crowdfunding für unsere Fastenstudien. Mit einem kleinen monatlichen Beitrag, den Sie auch jederzeit kündigen können, unterstützen Sie unsere Fastenarbeit.

Wichtig ist es mir hier auch nochmals zu betonen: Lassen Sie sich von den hier aufgelisteten Symptomen nicht abschrecken. Die allermeisten Menschen fasten ohne nennenswerte Probleme. Aber ich möchte auch, dass Sie wissen, worauf Sie im Ernstfall achten und an wen Sie sich wenden müssen.

Nach meiner Erfahrung ziehen es die meisten Betroffenen trotzdem durch, wenn ihre Gesundheit nicht akut gefährdet ist. Ich habe Ihnen von der jungen Frau berichtet, die sich an Tag zehn plötzlich übergeben musste. Ihr hatte ich tatsächlich geraten, das Fasten für dieses Mal lieber zu brechen. Denn ich bin der Meinung, dass sich niemand unnötig quälen muss. Und die Tatsache, dass sie erbrochen hat, war ein klarer Hinweis darauf, dass es bereits zu einer Elektrolytverschiebung gekommen war. Diese Situation habe ich zwar nicht als gefährlich eingestuft, aber durchaus als ernst zu nehmend. Trotzdem hat sie darauf bestanden, weiterzumachen, was verständlich ist. Schließlich war sie bereits so weit gekommen. Wichtig war für sie, dass sie verstanden hatte, was passiert war, und warum es ihr so ergangen war. Das beobachte ich immer wieder: Fastende können mit Nebenwirkungen und Begleiterscheinungen gut umgehen, wenn sie genügend Wissen über die Ursache und die Handlungsmöglichkeiten haben.

In diesem Fall nahm die junge Frau sofort ein Glas Wasser mit etwa einem Teelöffel Kochsalz zu sich und fühlte sich sehr schnell besser. Nachdem wir einige »Spielregeln« vereinbart hatten – täglich Kochsalz im Wasser trinken, auf mögliche Symptome achten und mir jeden Tag berichten, wie es ihr geht –, konnte die junge Frau ihr Fastenabenteuer zu Ende bringen, ohne weitere Probleme.

TEIL 3

Nach dem Fasten: Startschuss in ein gesundes Leben

1

GESCHAFFT! WIE ES NUN WEITERGEHT

Sie haben zwei Wochen Wasserfasten durchgehalten und dann mit Muße und sehr wahrscheinlich auch mit großer Freude das Fasten gebrochen. Sie können stolz auf sich sein und auf das, was Sie erreicht haben. Und für den Fall, dass Sie zu jenen gehören, die lieber erst das ganze Buch lesen, bevor sie zur Praxis übergehen: Sie *werden* stolz auf sich sein. Versprochen!

Wer gefastet hat, hat eine ganze Menge erreicht. Sie haben zunächst einmal die Entscheidung getroffen zu fasten – möglicherweise entgegen einiger innerer und äußerer Widerstände. Und Sie haben es durchgezogen. Vielleicht, nein, sehr wahrscheinlich haben Sie auch schwierige Momente beim Fasten erlebt, Momente, in denen Sie ans Aufgeben gedacht haben, in denen das Bedürfnis, wieder zu essen, übermächtig geworden ist oder Sie von Kopfschmerzen geplagt waren. Momente, in denen Sie das Gefühl hatten: »Bis hierhin und nicht weiter!« Trotzdem sind Sie drangeblieben. Das beflügelt und euphorisiert. Denn nun haben Sie es geschafft. Sie haben sich selbst bewiesen, wozu Sie in der Lage sind, dass Sie sich auf sich selbst und Ihren Willen verlassen können. Diese Erfahrung der Selbstwirksamkeit wird Sie vermutlich Ihr Leben lang begleiten. Das kann Ihnen niemand jemals wieder nehmen.

Nach dem Fasten wird Ihre Wahrnehmung zudem sehr wahrscheinlich verändert sein. Vielleicht erleben Sie das Gefühl einer inneren Ruhe und Klarheit. Und mit sehr großer Wahrscheinlichkeit ist Ihr Geschmackssinn durch die Phase der Nahrungskarenz sensibler geworden. Selbst alltägliche Lebensmittel entfalten plötzlich ein überraschend intensives Aroma – sie schmecken nuancierter, feiner und ungewohnt vielfältig. Es ist eine regelrechte geschmackliche Explosion! Viele berichten davon, dass sie beispielsweise den Eigengeschmack von Gemüse, Obst oder frischen Kräutern ganz neu entdecken und schon kleine Mengen völlig ausreichen, um ein volles Geschmackserlebnis zu haben. Bei manchen wird bereits eine Tomatensuppe zu einer ganz besonderen Delikatesse. Diese neue Sensibilität eröffnet eine Fülle von Genussmomenten und macht es leichter, beim Essen bewusster zu genießen und neue, hochwertige Lebensmittel wertzuschätzen. Gleichzeitig werden Sie weniger Zucker, Salz, Fette oder Geschmacksverstärker benötigen, damit Ihnen Ihr Essen schmeckt. Das erleichtert ganz nebenbei den Einstieg in neue, gesündere Ernährungsgewohnheiten mit mehr frischen, naturbelassenen Zutaten und weniger von dem, was Ihrem Organismus schadet.

Sehr wahrscheinlich haben Sie auch auf körperlicher Ebene positive Veränderungen an sich selbst beobachtet. Sie haben einige Kilogramm Körpergewicht verloren (Achtung, ein paar kommen nach dem Fastenbrechen zurück – schon allein, weil der Darm sich wieder füllt!), vielleicht rutscht die Hose. Manche berichten, dass sie nach dem Fasten besser schlafen können. Viele fühlen sich erfrischt und verjüngt, was auch der Blick in den Spiegel bestätigt. Sie können es kaum erwarten, durchzustarten in ein neues Lebensgefühl nach dem Fasten.

Vorher empfehle ich Ihnen aber, nochmals innezuhalten, auf Ihren Erfolg zu schauen und sich auch der vielen Veränderungen bewusst zu werden, die Sie vielleicht selbst gar nicht so direkt beobachten können. Denn wem steht schon ein MRT zur Verfügung, um die Verbesserung beim Leberfett zu dokumentieren? Und einen Report über die vielen positiven biochemischen Veränderungen in Ihrem Stoffwechsel, im Entzündungsgeschehen und im gesamten Organismus bekommen Sie leider auch nicht. Vielleicht lassen Sie mit etwas Abstand – ich empfehle fünf bis sechs Wochen – in Ihrer Hausarztpraxis einen Gesundheits-Check-up machen und Blutwerte nehmen, um schwarz auf weiß zu sehen, wie sich beispielsweise Ihre Blutfettwerte verbessert haben. Ich finde es wichtig, dass Sie sich all die zunächst unsichtbaren Verbesserungen vor Augen führen. Denn sie tragen dazu bei, dass Sie in Zukunft gesünder und sehr wahrscheinlich länger gut leben werden. Vorausgesetzt natürlich, Sie stellen nach dem Fasten die Weichen in diese Richtung und fallen nicht einfach in einen ungesunden Lebensstil zurück. Dann wäre das Fasten zwar auch nicht völlig sinnlos gewesen – den langfristigen Erfolg können Sie unter diesen Umständen aber sehr wahrscheinlich nicht verbuchen.

Entrümpelungsaktion für den Organismus

Viele beschreiben, dass sie sich nach dem Fasten »reiner« fühlen. Wir Vertreter und Vertreterinnen aus Medizin und Forschung zucken bei solchen Begriffen häufig ein wenig zusammen. Das klingt für die meisten wissenschaftlich geprägten Ohren zu sehr nach Esoterik und unseriösen Heilsversprechen. Aber eigentlich finde ich das Bild doch ganz gut. Denn wenn Sie Ihr Haus oder Ihre Wohnung gründlich gereinigt und entrümpelt haben, werden Sie sich im Anschluss auch gut überlegen, was Sie wieder hineinlassen in Ihre vier Wände. Und so ähnlich ist es bei Ihrem Körper ja auch. Ein Mann, den ich beim Fasten begleitet habe, sagte mir bei einer abschließenden Online-Besprechung: »Herr Schwarz, ich habe so viel erreicht. Ich lasse keine giftige Nahrung mehr in meinen Körper hinein!«

Wie gut er das in seinem weiteren Leben umsetzen konnte, weiß ich nicht, aber die Intention ist toll. In seinem Kopf ist etwas Entscheidendes passiert. Es hat klick gemacht, und er hat für sich einen Entschluss gefasst. Und das ist es, was letztlich zählt: Das Bewusstwerden darüber, dass Sie selbst entscheiden, was Sie künftig in Ihren Körper lassen und was nicht. Es ist wie mit einem entrümpelten Zuhause: Auch hier wird vielleicht früher oder später wieder unnützer Kram einziehen. Aber wenn es gut läuft, merken Sie es diesmal früher – bevor der Plunder überhandnimmt, sodass Sie rechtzeitig Gegenmaßnahmen ergreifen und erneut ausmisten können.

Das Bild des Großreinemachens beim Fasten ist also gut, und letztlich kommen auch wir Wissenschaftler und Wissenschaftlerinnen nicht umhin zuzugeben, dass in gewisser Weise genau das passiert. Sie haben Fett aus Leber und Bauchspeicheldrüse und anderen Organen entrümpelt. Sie haben »weggeschlossene« Schwermetalle aus der Leber entsorgt und viele nicht mehr benutzte Eiweißmoleküle und andere Substanzen, die der Körper angesammelt hat, weggeräumt und ausgemistet.

Wir wissen heute, dass die Haut und alle anderen Organe Verbindungen zwischen Glukose und Fett oder Glukose und Eiweiß speichern und dass diese Verbindungen mitverantwortlich sind für frühzeitige Alterung und Krebs, aber auch für eine schnelle Entwicklung von chronischen Erkrankungen wie Diabetes, Bluthochdruck, Depressionen, Demenz sowie entzündliche Erkrankungen wie Rheuma. Ich habe das im ersten Teil des Buches ausführlich geschildert. Durch das Fasten sind diese schädlichen Verbindungen nun verbraucht – oder, falls Sie sehr viele davon eingelagert hatten, zumindest stark dezimiert. So gesehen ist Ihr Körper nun tatsächlich sauberer und reiner.

Vor allem aber dürfen Sie sicher davon ausgehen, dass er gesünder ist – und um viele Jahre verjüngt.

Sie haben viel für sich und Ihre Gesundheit erreicht. Wie also soll es nun weitergehen? Ich gehe nicht davon aus, dass Sie den großen Erfolg, den Sie für sich und Ihre Gesundheit errungen haben, einfach so wieder vergehen lassen wollen. Sie werden daher auch für die Zukunft Konsequenzen ergreifen müssen.

Aus meiner Erfahrung mit weit mehr als 1000 Fastenden, die ich in den letzten Jahren begleiten durfte, gibt es drei große Gruppen, drei Fastentypen, die unterschiedliche Wege einschlagen. Ich nenne sie »die Konsequenten«, »die starken Veränderer« und »die konsequenten Genießer«. Diese Gruppen sind relativ gleichmäßig verteilt, wobei der Typ »starker Veränderer« mit rund 40 Prozent den größten Anteil ausmacht, während sich die übrigen Fastenden mit jeweils etwa 30 Prozent auf die anderen beiden Typen verteilen. Ich will Ihnen diese drei Gruppen einmal näher vorstellen – ohne ein Urteil darüber zu fällen, was nun besser ist und was schlechter.

Typ 1 – Die Konsequenten

Wahrscheinlich gibt es viele, die nach dem Fasten mit den besten Vorsätzen in den Alltag starten und sich sagen: Ab sofort gibt es nur noch das Beste für mich und meinen Organismus. Oder, wie es der Mann in der Online-Nachbesprechung formuliert hat: »Nie wieder lasse ich giftige Nahrung in meinen Körper.« Das ist – zumindest auf die Dauer – leichter gesagt als getan. Denn es erfordert schon sehr viel Konsequenz und Disziplin, den Versuchungen im Alltag dauerhaft zu widerstehen. Trotzdem starten etwa 30 Prozent der Menschen, die ich beim Fasten begleite, mit diesem Vorhaben durch. Von etwa 100 Personen weiß ich auch sicher, dass sie es geschafft haben, diese radikale Umstellung ihrer Ernährung und des sonstigen Lebensstils langfristig durchzuziehen.

Für alle, die nach einer gewissen Zeit doch merken, dass die Disziplin schwindet – ebenso für diejenigen, die jetzt schon ahnen, dass das nichts wird –, habe ich gute Nachrichten: Auch für die »Veränderer« und die »konsequenten Genießer« gibt es Strategien, um in Zukunft vom Fastenerfolg und den gesundheitlichen Verbesserungen zu profitieren. Dazu kommen wir aber später. Und wenn Sie hoch motiviert im Stil des konsequenten Typs durchstarten und dann »einbrechen«, müssen Sie sich nicht grämen. Das ist menschlich. Und Sie dürfen sich sicher sein, dass sich jeder Tag, den Sie durchgehalten haben, positiv auf Ihre Gesundheit und Ihr zukünftiges Ich ausgewirkt hat. Wichtig ist dann nur, dass Sie jetzt nicht aus Frust über den vermeintlichen Misserfolg in eine »Jetzt ist auch alles egal«-Haltung verfallen und damit in das andere Extrem. Selbst wenn der Frust über Ihr vermeintliches Versagen Sie in das nächstgelegene Fast-Food-Restaurant getrieben hat: Verzeihen Sie sich den Ausrutscher, atmen Sie durch und lesen Sie in Ruhe nochmals, was ich über die anderen beiden Typen zu sagen habe. Bestimmt findet sich ein Weg, der besser zu Ihnen passt.

Nun aber zurück zum konsequenten Typ, also zu denen, die nicht nur motiviert durchstarten, sondern auch die Disziplin mitbringen, eine radikale Veränderung langfristig durchzuziehen. Zu denen, die sagen: »Es kommt mir kein Gift mehr in den Körper.« Schauen wir uns einmal an, was genau so schädlich für unseren Körper ist.

Die wohl »giftigste« Nahrung, die wir konsumieren können, sind frittierte Kohlenhydrate. Wenn Sie wirklich konsequent in einen gesünderen Lebensstil einsteigen wollen, dann streichen Sie als Erstes frittierte Kohlenhydrate möglichst komplett von Ihrem Speisezettel. Zweitens sollten Sie Zuckerersatzstoffe und überhaupt stark verarbeitete Lebensmittel aus dem Supermarkt weglassen. Kochen Sie frisch. Kochen Sie regional. Kochen Sie saisonal. Beim Einkaufen greifen Sie im Idealfall zu regional produzierter, unverarbeiteter und unverpackter Nahrung. Das ist das Beste, was Sie für Ihre Gesundheit tun können.

Das Dritte, das ich Ihnen raten möchte: Lassen Sie Kohlenhydrate so oft wie möglich weg. Damit sind wir bei einer Low-Carb- oder Very-Low-Carb- beziehungsweise ketogenen Ernährung. Ich habe bereits erwähnt, dass der Körper nicht auf eine Kohlenhydratzufuhr aus der Nahrung angewiesen ist. Zu wenig Kohlenhydrate gibt es also nicht – zu viel dagegen schon. Nun ist es so, dass die meisten Menschen in unserer Gesellschaft viele Kohlenhydrate essen. Ihr Körper ist daher darauf getrimmt, diese zu verbrennen. Das ist wie ein Ofen, den Sie regelmäßig mit Stroh statt mit Holz füttern. Das Stroh ist schnell verfügbar, entzündet sich gut, verbrennt aber auch sehr schnell. Der Effekt hält also nicht lange an. Das bisschen Wärme, das entsteht, wenn Sie Heu verbrennen, verpufft im Nu. Ein Strohfeuer eben. Sie müssen also sehr schnell wieder Heu – respektive Kohlenhydrate – nachliefern. Das Problem dabei: Wenn Sie ständig Kohlenhydrate nachschieben, ist der Körper permanent dazu gezwungen, diese schnell aus der Blutbahn zu schaffen. Alles, was Sie nicht sofort verbrauchen können, speichert er in Form von Glykogen und Fett – in der Leber und anderen Körpergeweben. Sie erinnern sich.

Bei einer ketogenen Ernährung dagegen gibt es äußerst wenig Kohlenhydrate – zu 100 Prozent vermeiden lassen sie sich nicht, aber das ist auch nicht notwendig. Stattdessen sieht diese Ernährungsform vorwiegend (gutes) Fett und Proteine vor. Wenn Sie aus dem normalen Alltag heraus mit der ketogenen Ernährung beginnen, dann braucht der Stoffwechsel zuerst die gespeicherten Kohlenhydrate auf und muss dann auf alternative Energiequellen umsteigen. Wer nach dem Fasten in eine ketogene Diät einsteigt, hat diesen Schritt bereits vollzogen. Die Kohlenhydratspeicher sind schon leer. Der Stoffwechsel greift auf Fette und Proteine zurück, um Energie zu gewinnen – nur diesmal eben aus der Nahrung und nicht wie beim Fasten aus den Depots im Körper. Letztlich führt er aber genau das Programm fort, das er bereits vom Fasten »kennt«.

Der konsequente Typ, der diesen Weg wählt, nutzt die positiven Effekte des Wasserfastens weiterhin für sich und kann sie sogar noch festigen und verstärken. Ich habe, wie gesagt, etwa 100 Menschen begleitet, die das nach dem Fasten so umgesetzt haben. Manche von ihnen haben über die Jahre 30 oder 40 Kilogramm abgenommen. Sie fühlen sich gesund, sind fitter und leistungsfähiger, und sie sind total zufrieden mit dem, was sie erreicht haben. Und eines haben sie mit Sicherheit nicht (mehr): Leberfett.

Nun möchte ich aber nicht verschweigen, dass eine ketogene Diät auch eine gewisse Einschränkung im Alltag bedeutet. Man muss darauf achten, was auf den Teller kommt, um möglichst keine Kohlenhydrate zu essen oder nur äußerst geringe Mengen pro Tag. Manchen fällt das leichter, weil eben das Filet mit Spinat oder der Thunfischsalat mit Ei und Avocado genau das ist, was ihnen schmeckt und guttut. Aber selbst dann kann es schwierig werden, wenn Sie etwa eingeladen sind oder in Restaurants essen wollen. Die Auswahl auf der Speisekarte ist dann meist sehr begrenzt. Sie wird aber immer besser – ich selbst praktiziere das in vielen Restaurants und sage immer wieder, dass ich keine Kohlenhydrate essen möchte. In der Regel treffe ich auf viel Verständnis und bekomme das, was ich möchte. Und letztlich ist es auch nicht so schlimm, wenn doch einmal ein paar Kohlenhydrate dabei sind. Dann war es an dem Tag eben eine Low-Carb-Ernährung und am nächsten Tag steigen Sie wieder ein in Ihre ketogene Diät. Den Effekt des Fastens torpedieren Sie damit nicht gleich.

Worauf Sie achten sollten: In den meisten ketogenen Rezepten nehmen tierische Produkte eine zentrale Rolle ein, also Fleisch, Fisch, Eier und Milchprodukte. Das ist meines Erachtens nicht schlimm. Allerdings sollten Sie trotzdem dafür sorgen, dass Sie genügend unverdauliche Pflanzenbestandteile zu sich nehmen, also das, was wir gemeinhin als Ballaststoffe kennen. Diese brauchen Sie, um Ihr Mikrobiom im Darm gesund zu halten. Das gilt insbesondere für die ersten Tage nach dem Fastenbrechen. Aber auch danach empfiehlt es sich, die Bakterien in Ihrem Verdauungstrakt zu nähren und pflegen.

Im Prinzip lässt sich eine ketogene Ernährung auch in der vegetarischen oder sogar veganen Version umsetzen. Dann bekommen Sie genügend Pflanzenfasern für Ihr Mikrobiom und, wenn Sie die richtige Wahl treffen, dennoch eine Menge gesunder Fette und Proteine. Denken Sie etwa an Olivenöl, Avocados, Nüsse, Samen und Hülsenfrüchte. Eine vegetarische oder vegane ketogene Diät schränkt im Alltag allerdings noch etwas mehr ein. Ein Kompromiss wäre dann vielleicht eine Low-Carb-Diät, die etwas mehr Kohlenhydrate vorsieht und dadurch insgesamt flexibler ist.

Für viele Menschen stellt Intervallfasten einen idealen Einstieg in einen flexiblen, nachhaltigen Lebensstil nach dem Wasserfasten dar. Die bekanntesten Varianten sind die 16:8-Methode, also 16 Stunden fasten und acht Stunden essen, das 5:2-Modell, bei dem Sie an zwei Tagen pro Woche stark kalorienreduziert essen und an fünf Tagen normal, die 6:1-Methode, die einen Fastentag pro Woche vorsieht, sowie die besonders strenge 20:4-Variante, bei der Sie täglich in einem Zeitfenster von vier Stunden essen und die verbleibenden 20 Stunden fasten. Allen Methoden des Intervallfastens gemeinsam ist, dass sie den modernen Alltag und individuelle Bedürfnisse gut berücksichtigen – ob Beruf, Familie oder soziale Verpflichtungen. Das macht Intervallfasten besonders attraktiv, denn die meisten finden schnell eine Variante, die für sie funktioniert und sich dauerhaft umsetzen lässt. Ein weiterer Vorteil ist die große Flexibilität: Es gibt keine starren Vorgaben, kleine Ausnahmen wie ein Familienfest oder ein festlicher Restaurantbesuch sind problemlos möglich. Entscheidend ist nicht die perfekte Umsetzung, sondern die langfristige Kontinuität. Selbst wenn Sie zwischendurch einmal eine Mahlzeit mehr oder weniger essen, bleibt der gesundheitliche Vorteil bestehen – vorausgesetzt, Sie finden in den gewählten Rhythmus zurück.

Es gibt viele Berichte und Studien darüber, dass Intervallfasten zu mehr Energie, besserer Schlafqualität, Gewichtsreduktion und einem stabileren Blutzuckerspiegel führt. Besonders effektiv wird die Methode, wenn man sie mit einer kohlenhydratreduzierten Ernährung kombiniert. Sind die Mahlzeiten reich an Gemüse, hochwertigen Eiweißen und gesunden Fetten, bleiben Glukosewerte deutlich konstanter, was für das Stoffwechselgedächtnis nach der Fastenkur ein entscheidender Vorteil ist. So lässt sich der Fastenerfolg nach Ihrer zweiwöchigen Nahrungskarenz beim Wasserfasten über Monate und Jahre hinweg stabilisieren und sogar noch zusätzlich ausbauen.

Doch egal, ob Sie zu einer ketogenen Ernährung tendieren, zu Low Carb oder zum Intervallfasten: Das Entscheidende ist am Ende, dass Sie für sich eine Strategie finden, die Sie in Ihrem Alltag dauerhaft umsetzen können. Das, was Sie an der Mehrzahl der Tage schaffen, zählt. Wählen Sie also Ihre Form der (gesunden) Ernährung, die in Ihren Alltag passt, mit der Sie sich wohlfühlen und langfristig gut zurechtkommen.

Typ 2 – Die starken Veränderer

Wenn Ihnen das alles ein bisschen zu extrem erscheint, gehören Sie vielleicht zur zweiten Gruppe, die ich als »starke Veränderer« bezeichne. Es handelt sich hierbei um die größte Gruppe, zu der rund 40 Prozent der Personen zählen, die ich beim Fasten begleitet habe. Und der Weg, den diese Gruppe geht, ist der, den man als einen gesunden Mittelweg bezeichnen könnte: Er paart einen gesünderen Lebensstil mit einer guten Portion Alltagstauglichkeit.

Die starken Veränderer wollen ebenfalls den Schwung aus dem Fasten mit in den Alltag nehmen. Und sie sind bereit, dafür Ihren Lebensstil anzupassen. Komplett umkrempeln wollen sie ihn aber nicht. Vielleicht ahnen sie, dass sie das mit der Familie und den Bedürfnissen ihrer Kinder nicht gut vereinbaren können. Wer will denn schon ständig mehrere Gerichte auf den Tisch bringen? Oder sie haben einen kräftezehrenden Alltag und könnten daher nicht die Energie für drastische Veränderungen aufbringen. Oder sie wollen einfach flexibel bleiben, weiterhin spontan auf Essenseinladungen reagieren, auch mal essen gehen und dabei ein Dessert genießen, ohne groß darüber nachzudenken oder die Zutatenliste zu erfragen.

Auch wenn sie nicht ihre komplette Ernährung umstellen, so sind diese Menschen jedoch bereit, einzelne Punkte grundlegend zu ändern. Zum Beispiel lassen sie die frittierten Kohlenhydrate weg, streichen Produkte mit Zuckerersatzstoffen vom Speisezettel. Sie tauschen Weißbrot gegen Vollkornbrot oder verzichten auf stark verarbeitete Fleisch- und Wurstwaren und behalten diese Veränderung dann auch kontinuierlich bei. Im Prinzip ist es genau das, wozu viele Ernährungsmediziner raten, wenn es darum geht, gesündere Ernährungsgewohnheiten zu etablieren: einzelne Dinge angehen, nicht gleich alles auf einmal. Manche verändern nur drei oder vier Sachen dauerhaft. Aber sie drehen damit an entscheidenden Stellschrauben und senken dadurch ihr individuelles Gesundheitsrisiko.

Einen Weg, den Personen aus dieser Gruppe wählen können, ist beispielsweise, auf eine mediterrane Diät umzusteigen, die reich ist an Gemüse, Obst, Vollkornprodukten, Hülsenfrüchten, Nüssen, Samen, gesunden Ölen wie Olivenöl und fettem Seefisch. Diese Ernährungsform ist flexibel und vielfältig, sodass für jeden Geschmack etwas dabei sein sollte, und sie wird von vielen Fachleuten aus dem Bereich Ernährung empfohlen. Ebenfalls günstig ist, wie bereits beschrieben, das Intervallfasten, das sich auch für die Gruppe der starken Veränderer hervorragend eignet. Beide Varianten – mediterrane Diät und Intervallfasten – tragen dazu bei, den Fastenerfolg zu unterstützen und zu festigen, wie Studien belegen.

Übrigens ist der Zeitpunkt nach dem Fasten ideal, um den Zuckerkonsum zu reduzieren. Das gilt natürlich nicht nur für die Gruppe der starken Veränderer, sondern für alle, die das 14-tägige Wasserfasten erfolgreich hinter sich gebracht haben. Wie bereits erwähnt, werden Sie sehr wahrscheinlich bemerken, dass Ihr Geschmackssinn durch das Fasten viel sensibler geworden ist. Alles, was Sie kosten, schmeckt intensiver – im Positiven wie im Negativen. Wahrscheinlich brauchen Sie daher nach dem Fasten deutlich weniger Zucker, damit Ihnen Speisen süß genug sind. Möglicherweise empfinden Sie manche Desserts, die Sie vorher gern genossen haben, sogar als zu süß. Eine Frau, die ich beim Fasten begleitet habe, erzählte mir, dass sie etwa eine Woche nach dem Fastenbrechen mit ihren Kindern in der Eisdiele war. Sie wollte sich an diesem Tag etwas Besonderes gönnen und bestellte einen Eiskaffee – mit Sahne. Ihr enttäuschtes Resümee: »Das war so schrecklich süß, dass ich es gar nicht essen konnte! So unangenehm hat das geschmeckt. Ich musste den teuren Eisbecher größtenteils zurückgehen lassen.«

Vielleicht klingt die Idee, einzelne Posten aus Ihrer gewohnten Ernährung zu streichen oder auszutauschen, gar nicht verkehrt in Ihren Ohren und sogar irgendwie machbar. Aber trotzdem sträuben Sie sich noch ein wenig. Denn da gibt es diese Genüsse, die Sie einfach lieben, und Sie denken: »Aber Pommes sind nun mal lecker, und die müssen doch frittiert sein!« In diesem Fall rate ich dazu, eine Heißluftfritteuse anzuschaffen. Das Frittieren mit heißer Luft erzielt in den allermeisten Fällen den gleichen Geschmack und zumindest eine ähnliche Textur wie das traditionelle Pendant mit heißem Fett – allerdings ohne die schädlichen Fett-Glukose-Verbindungen zu produzieren.

Es gibt auch Menschen vom Typ starke Veränderer, die recht flexibel mit ihrem neuen Ernährungsstil umgehen und sich sagen: »Ja, wenn ich dann doch mal Pommes gegessen habe, weil ich das unbedingt wollte, dann kompensiere ich das eben mit etwas anderem. Mit Bewegung oder ich lege danach einen Fastentag ein und versuche, die kleine Ernährungssünde auf diesem Weg wieder auszugleichen.« Das ist alles vollkommen akzeptabel. Und solange sich diese Ausnahmen nicht plötzlich jeden Tag einschleichen, wird das auch funktionieren.

Sie sehen also, diese Variante ist deutlich alltagstauglicher und schränkt weniger ein als eine Keto-Diät oder andere drastische Veränderungen im Lebensstil. Und sie lässt sich wahrscheinlich für die meisten auch viel länger durchhalten. Damit gewinnen Sie am Ende vielleicht sogar mehr, als wenn Sie übermotiviert mit einer ketogenen Diät durchstarten, um dann nach kurzer Zeit frustriert aufzugeben und in alte, ungesunde Muster zurückzufallen – nach dem Motto: »Jetzt ist es eh schon egal.« Personen vom Typ starke Veränderer kommen in der Regel auf ein Einsparpotenzial von 400 bis 500 Kilokalorien pro Tag. Das entspricht übrigens den Therapieempfehlungen für Menschen mit metabolischem Syndrom. Charakteristisch für diese zweite

Gruppe ist daher auch, dass sie in der Regel den Fastenerfolg über viele Monate aufrechterhalten kann und damit vollkommen zufrieden ist.

Typ 3 – Die konsequenten Genießer

Dann gibt es noch eine dritte Gruppe. Das ist die Gruppe, die vielleicht bei einigen Ernährungsmedizinern und -medizinerinnen Stirnrunzeln auslöst, weil sie nach dem Fasten recht schnell wieder in ihren alten, eher ungesunden Lebensstil zurückfällt – zumindest phasenweise. Und ich will ehrlich mit Ihnen sein: Zu dieser Gruppe zähle ich mich eigentlich auch. Denn viel zu gern trinke ich mit meiner Frau ein Gläschen Wein. Ich liebe gutes Essen, und wie ich Ihnen bereits verraten habe, komme ich an Apfelkuchen kaum vorbei. Nun schlage ich nicht permanent über die Stränge, und es gibt Zeiten, in denen ich mich sehr viel bewusster und gesünder ernähre. Aber letztlich bin ich einfach ein »konsequenter Genießer«, wie ich die dritte Gruppe nenne.

Nicht nur weil es mich selbst betrifft, möchte ich betonen: Dafür muss sich niemand schämen. Personen aus dieser Gruppe sind genauso stolz auf das, was sie beim Fasten erreicht haben. Und sie spüren den Gewinn für ihre Gesundheit auch. Aber gleichzeitig wissen sie, dass sie aus ihrem Lebensstil eine solche Lust und Freude gewinnen, dass sie auf den Genuss einfach nicht verzichten wollen. Und sehr wahrscheinlich ist dieser Lebensstil auch gar nicht mal so ungesund. Denn »Genuss« bedeutet ja nicht, von Fast Food und hoch verarbeiteten Produkten aus dem Supermarkt zu leben. Es ist vielmehr der selbst gebackene Kuchen oder das etwas zu üppige Dessert, das auf eine durchaus gesunde Hauptmahlzeit folgt.

Kennzeichnend für Personen aus dieser Gruppe ist aber auch,

dass sie das Fasten in aller Regel sehr bewusst erlebt haben. Sie haben gespürt, wie sich ihre Gesundheit und ihr Körpergefühl zum Positiven gewandelt haben. Und mindestens genauso wichtig: Sie wissen, dass sie es schaffen können, und sie trauen sich auch zu, das Wasserfasten jederzeit zu wiederholen. Was sie dann auch machen.

Die dritte Gruppe will also auf den Genuss nicht verzichten und nimmt dafür in Kauf, dass der Fastenerfolg unter Umständen langsam, aber stetig wieder vergeht. Dafür sind sie bereit, einmal im Jahr zu fasten – so wie ich es übrigens auch handhabe –, um die Reset-Taste für den Stoffwechsel erneut zu drücken. Für Menschen von diesem Typus ist es eben einfacher, einmal im Jahr komplett zu verzichten, als viele Veränderungen vorzunehmen und diese dann permanent durchhalten zu müssen.

Drei Wege zum Ziel

Ist nun eine der Gruppen besser oder schlechter als die anderen? Ich weiß, es klingt ein wenig unorthodox, aber ich sage hier ganz klar: nein!

Meine Einstellung mag in den Reihen der Ernährungsmedizinerinnen und -mediziner entsetzte Aufschreie provozieren. Und es ist natürlich so, dass eine dauerhafte Umstellung zu einem durchweg gesunden Lebensstil nach allem, was wir wissen, die beste Option ist. Zumindest rein wissenschaftlich betrachtet. Aber wir Menschen sind nun mal individuell verschieden – und bringen ganz eigene Stärken, Schwächen, Vorlieben und Lebensumstände mit. Deswegen darf auch der Weg nach dem Fasten individuell verschieden sein. Und letztlich sorgen alle drei Gruppen dafür, dass sie ihr Leberfett loswerden und ihr Stoffwechsel rundläuft. Um das zu erreichen, müssen die Konsequenten ihren Alltag dauerhaft umstellen, die Veränderer sollten darauf achten, dass sich die Produkte, die sie ausgetauscht haben, nicht langsam wieder einschleichen, und die dritte Gruppe, die konsequenten Genießer, dürfen nicht vergessen, einmal im Jahr zu fasten. Dann profitieren am Ende alle.

Denn letztlich ist es zumindest rechnerisch egal, ob Sie nach dem Entrümpeln täglich und mit viel Disziplin dafür sorgen, dass nichts Unnützes mehr in Ihre Wohnung kommt, oder ob Sie einmal im Jahr – übrigens ebenfalls mit viel Disziplin – eine Entrümpelungsaktion durchführen. Für mich sind es daher schlicht drei unterschiedliche Wege im Anschluss an das Fasten, die alle drei gleichwertig sind. Jetzt liegt es an Ihnen, sich für eine Gruppe zu entscheiden oder einfach auszuprobieren, welche Variante für Sie am besten passt.

2

PROBIOTIKA – AUFBAU DER DARMFLORA NACH DEM FASTEN?

Immer wieder mal erreicht mich die Frage, ob man denn nach dem Fasten Probiotika nehmen solle oder andere Produkte, die das Darm-Mikrobiom wiederaufbauen. Das geht dann meist einher mit der Sorge, dass das Abführen mit Glaubersalz und mit Klistieren, zu dem ich im Rahmen des Fastens rate, dem Mikrobiom Schaden zufügen könnte. Schließlich liest man das immer wieder in den Medien. Oder vielleicht hören Sie es sogar in der Apotheke, wenn Sie sich vor dem Fasten mit Produkten zum Abführen ausstatten. Diese Angst will ich Ihnen nehmen. Denn es ist zwar richtig, dass sowohl das Fasten als auch das Abführen eine direkte Auswirkung auf das Darm-Mikrobiom haben. Aber genau das können Sie für sich nutzen.

Tatsächlich ist es so, dass beim Abführen mit dem Stuhl auch jede Menge Bakterien und anderer Mikroben, aus denen sich das Darm-Mikrobiom zusammensetzt, herausgespült werden. Es ist ein wenig, wie wenn Sie einen Abflussreiniger nehmen: Das Rohr – respektive der Darm – ist dann frei. Zwar verbleiben dann noch Mikroben im Darm, doch das ist quasi die Minimalausstattung, ein Bruchteil dessen, was sich normalerweise im Verdauungstrakt tummelt. Das Fasten tut sein Übriges dazu.

Denn wenn Sie 14 Tage lang nichts essen, bekommt auch das Mikrobiom in Ihrem Darm kein Futter mehr.

Das ist aber gar nicht so schlimm, wie es vielleicht klingen mag. Vielmehr birgt diese Tatsache eine riesige Chance. Ich habe weiter vorn im Buch bereits darüber gesprochen, dass das Mikrobiom zu einem Gutteil mit darüber entscheidet, wie gesund oder krank der Einzelne ist. Es gibt Darmbakterien, die, wenn sie überhandnehmen, Adipositas und Depressionen begünstigen können. Auch Typ-2-Diabetes, Bluthochdruck und viele weitere Erkrankungen bringen Forschende mit einem ungünstig zusammengesetzten Mikrobiom in Verbindung. Dabei ist es so, dass sich Mikrobiom und Erkrankung gegenseitig beeinflussen können. Die Sache schaukelt sich dann also auch noch hoch.

Einen ganz besonderen Einfluss auf die Zusammensetzung des Mikrobioms hat die Ernährung. Ungünstige Fette, zu viel, zu kohlenhydratlastig, Zusatzstoffe aus Fertigprodukten – das alles beeinflusst das Mikrobiom ebenfalls und führt dazu, dass ungünstige Bakterien überhandnehmen und solche, die der Gesundheit zuträglich sind, verdrängen. Wie Sie bereits wissen, spielen Zuckerersatzstoffe dabei eine besondere Rolle. Sie führen bei regelmäßigem Konsum dazu, dass neue Bakterienarten in Erscheinung treten, die diese Substanzen verstoffwechseln können. Dabei entstehen Abfallprodukte, die wiederum zur Verfettung der Leber – und zur Entstehung von Typ-2-Diabetes – beitragen.

Warum ich das an dieser Stelle nochmals erwähne? Weil ich Ihnen verdeutlichen möchte, welche riesige Chance das Großreinemachen im Darm beim Fasten mit sich bringt. Denn in dem Moment, in dem Sie nach dem Fastenbrechen wieder zu essen beginnen, füttern Sie auch Ihr Mikrobiom wieder an. Das vermehrt sich rasend schnell. Nach ein bis zwei Tagen, an denen Sie normal gegessen haben, ist die Mikroben-WG in Ihrem

Verdauungstrakt wieder voll besetzt. Und Sie entscheiden mit Ihrer Ernährung darüber, wer sich breitmachen darf und wer nicht – quasi wie ein Vermieter, der nach dem Wohnungsbesichtigungstermin seine neuen Mieter wählt. Geben Sie den gesundheitsförderlichen Bakterien den Vorzug oder denen, die Ihnen und Ihrem Stoffwechsel schaden?

Ich denke, die Wahl ist klar. Sie würden mit Sicherheit auch keine Mieter in Ihre Wohnung lassen, bei denen Sie von Anfang an davon ausgehen müssen, dass sie nicht bezahlen können und stattdessen die Immobilie ruinieren. Nun kommt es im Prinzip nur noch darauf an, die richtigen Bakterien anzufüttern. Probiotika aus der Apotheke, also Produkte, die Bakterien enthalten, die den gesunden Aufbau Ihrer Darmflora unterstützen sollen, benötigen Sie dafür nicht. Solche Produkte können sinnvoll sein, wenn jemand über einen längeren Zeitraum Antibiotika nehmen muss. Dann ist das Mikrobiom häufig derart in Mitleidenschaft gezogen, dass es Unterstützung braucht, um wieder ins Gleichgewicht zu kommen.

Nach dem Fasten benötigen Sie dagegen das, was Fachleute als Präbiotika bezeichnen. Dabei handelt es sich um unverdauliche Bestandteile von Lebensmitteln, die den günstigen Darmbakterien als Nahrung dienen und somit ihre Vermehrung fördern. Präbiotika stecken natürlicherweise in vielen Gemüsen: in Zwiebeln und Knoblauch, in Spargel, in Topinambur und vielen weiteren Sorten.

Das Beste, was Sie also nach dem Fasten tun können, ist regional produzierte und unverpackte Lebensmittel zu essen, vorwiegend Gemüse, Gemüse, Gemüse und ein wenig Obst. So wächst rasend schnell und auf ganz natürliche Art und Weise ein gesundes Mikrobiom heran. Und es besteht eine gute Chance, dass es sogar viel günstiger zusammengesetzt ist als vor dem Fasten. Mit der Einnahme von Probiotika können Sie diesen Prozess möglicherweise ein wenig beschleunigen. Dabei handelt es sich aber nur um wenige Stunden, vielleicht einen Tag. Wenn überhaupt. Schaden werden Sie Ihrer Gesundheit damit nicht. Aber ob sich der Griff ins Portemonnaie lohnt, wage ich zu bezweifeln.

Was Probiotika aus Pülverchen und Kapseln aber mit Sicherheit nicht leisten können – diesen Zahn muss ich Ihnen leider ziehen –, ist, einen ungesunden Lebensstil auszugleichen. Wenn Sie also nach dem Fasten gleich wieder zu Limonaden, Fertigprodukten aus dem Supermarkt und Fast Food greifen, verspielen Sie damit Ihre Chance darauf, gute Bakterien anzufüttern. Stattdessen züchten Sie vermehrt solche heran, die Ihrer Gesundheit schaden. Wenn Sie hier nun ein paar Kapseln mit Probiotika hinterherwerfen, erreichen Sie nicht viel. Die nützlichen Bakterien verschwinden regelrecht in der Masse der unerwünschten – zumal Sie diese auch noch füttern, statt den zugeführten Helfern Nahrung zu bieten. Die erwünschten Bakterien bleiben so in der Unterzahl und können sich unter diesen Umständen nicht durchsetzen.

3

NACH DEM FASTEN IST VOR DEM FASTEN

Vielleicht sind Sie, wenn Sie Ihr 14-tägiges Wasserfasten erfolgreich hinter sich gebracht haben, erst einmal »bedient«. Das ist durchaus verständlich. Denn es war anstrengend, und es hat Ihnen eine Menge Disziplin abverlangt, zwei Wochen lang auf jegliche Nahrung zu verzichten. Vielleicht sind Sie einfach froh und erleichtert, wieder mit der Familie und mit Freunden essen und genießen zu können. Möglicherweise haben Sie zwischendurch gehadert und waren kurz davor abzubrechen, und bezweifeln, dass Sie jemals wieder die Kraft für einen solchen Verzicht aufbringen (wollen). Oder Sie haben zwar durchgehalten, hatten beim Fasten aber phasenweise Kopf- oder Muskelschmerzen und können sich daher nicht vorstellen, sich das nochmals »anzutun« – auch wenn Ihr Kopf weiß, dass es Ihnen im Endeffekt gutgetan hat, und auch Ihr allgemeines Befinden sowie sehr wahrscheinlich Ihre veränderten Blutwerte für eine Verbesserung Ihrer Gesundheit sprechen. Die gute Nachricht lautet: Sie müssen das alles nicht jetzt entscheiden. Sie sollen es noch nicht einmal.

Ich habe einmal eine Frau beim Fasten begleitet. Sie war Anfang 50 und Mutter von zwei noch recht jungen Kindern. Sie war selbst überrascht, wie gut sie die 14 Tage bewältigt hat. Trotzdem hätte sie direkt nach dem Fastenbrechen nicht sagen können, ob sie es noch einmal tun würde, weil sie die Zeit des Verzichts zwar als »spannend«, aber auch als anstrengend erlebt hat und einige Höhen und Tiefen durchschreiten musste. Doch sehr schnell fing es an, in ihr zu arbeiten. Denn nicht nur, dass ihre Waage nach dem Fasten einige Kilogramm weniger anzeigte und die Hosen rutschten. Sie fühlte sich auch erfrischt – körperlich wie geistig. Sie war stolz auf sich. Und sie bekam positive Rückmeldungen von Freunden, die anmerkten, ihr Blick sei viel wacher und offener geworden. Sie sehe um Jahre jünger aus.

Im Verlauf der nächsten Wochen fiel ihr zudem selbst auf, dass die bleierne Müdigkeit und Abgeschlagenheit, die sie vor dem Fasten im Alltag begleitet hatten, einem energiegeladenen Gefühl gewichen waren. Das ist übrigens ein ziemlich deutlicher Indikator dafür, dass die Frau vor dem Fasten Fett in der Leber hatte – und davon einiges, wenn nicht sogar alles, losgeworden ist. Es wird Sie daher vielleicht nicht überraschen, dass mir die Dame gerade mal vier Wochen nach dem Fastenbrechen im Brustton der Überzeugung am Telefon verkündete: »Doch, ich werde es nochmals tun! Ich weiß noch nicht wann, aber ich werde bestimmt nochmals fasten.«

So oder so ähnlich ergeht es vielen. Und tatsächlich ist es für die meisten Menschen sinnvoll, das Fasten gelegentlich zu wiederholen. Denn wie Sie bereits wissen, lässt sich mit einmaligem Fasten ein ansonsten ungesunder Lebensstil nicht für immer ausgleichen. Es ist eher der Reset-Knopf, den Sie betätigen, bevor Sie hoffentlich in ein gesünderes Leben starten. Oder Sie betätigen ihn eben öfter. Wenn Sie also nicht zur Gruppe derer gehören, die ihr Leben nach dem Fasten völlig umkrempeln, sondern sich weiterhin – so wie auch ich – Kuchen, Zürcher Geschnetzeltes und Weißwein gönnen wollen, wenigstens in Maßen, dann ist es sicherlich sinnvoll, in regelmäßigen Abständen erneut zu fasten.

Ich kann es nicht oft genug betonen: Gerade für Menschen, deren Stoffwechsel bereits deutlich aus dem Gleichgewicht geraten ist – also für Menschen mit Prädiabetes, metabolischem Syndrom, Bluthochdruck oder sogar beginnendem Diabetes –, ist Wasserfasten eine der wirkungsvollsten und nachhaltigsten Strategien, um den Weg in Richtung Remission einzuschlagen.

Schon während des Fastens werden zentrale Stoffwechselparameter spürbar verbessert: Der Blutzucker sinkt, die Insulinempfindlichkeit steigt, Entzündungsprozesse nehmen ab und das über Jahre angesammelte Leberfett beginnt sich deutlich zu reduzieren. Viele erleben, dass sich belastende Symptome wie Müdigkeit, Heißhungerattacken und diffuse Schmerzen während oder unmittelbar nach dem Fasten spürbar bessern – und vor allem nehmen sie wahr, dass ihr Körper wieder auf gesunde Reize reagiert.

Wer allerdings über lange Zeit große Mengen Leberfett aufgebaut hat, kann dieses in 14 Tagen Wasserfasten meist nicht ganz beseitigen. Das ist zum Beispiel dann der Fall, wenn Ihr Arzt oder Ihre Ärztin Ihre (beginnende) Fettleber bereits diagnostiziert hat. Sie müssen sich bewusst machen: Im Ultraschall lässt sich Fett in der Leber erst ab einer Menge von Rund 300 Gramm erkennen, wobei diese Schwelle häufig bereits überschritten ist, bevor überhaupt jemand auf die Idee kommt, das zu untersuchen, weil vielleicht andere Stoffwechselstörungen festgestellt wurden.

Nach aktuellen Erkenntnissen verschwinden beim Wasserfasten etwa 150 bis 200 Gramm Fett aus Leber und Bauchspeicheldrüse. Das ist ein beeindruckender Fortschritt, egal welche Fettmenge sich bereits in diesen Organen angesammelt hatte. Möglicherweise aber bleibt ein Rest zurück – gerade bei Menschen, deren Leber und Bauchspeicheldrüse bereits mit 300 Gramm Fett und mehr belastet waren. Deshalb empfiehlt sich insbesondere für diese Gruppe, das Fasten regelmäßig zu wiederholen und die Zeit nach dem Fasten für bewusste Lebensstilveränderungen zu nutzen – das ist der Schlüssel, um die Remission tatsächlich zu erreichen und dauerhaft zu erhalten.

Motivierend ist: Jeder Fastenzyklus vermag den Stoffwechsel weiter zu stabilisieren, das Risiko für Diabetes, Herz-Kreislauf-Krankheiten und andere Folgeerkrankungen sinkt deutlich. Wasserfasten ist keine kurzfristige Reparatur, sondern eröffnet einen ganz neuen Zugang zur eigenen Gesundheit – und jeder Schritt in Richtung Reduktion des Leberfetts bringt spürbare Verbesserungen für das Wohlbefinden und die Lebensqualität.

Vielleicht fragen Sie sich gerade, ob man nicht einfach länger als 14 Tage fasten kann, um sicher zu sein, dass man auch wirklich alles Fett in Leber und Bauchspeicheldrüse losgeworden ist. Davon rate ich jedoch derzeit ab. Aktuell wissen wir noch wenig darüber, wie der Organismus eine längere Fastenphase verkraftet. Zwar gibt es Berichte über Hindus, die bis zu fünf Wochen Wasserfasten praktizieren – mit guten Ergebnissen und bei bester Gesundheit. Und sicherlich wird es auch in anderen Kulturen Ähnliches geben. Aber momentan haben wir keine evaluierten wissenschaftlichen Daten darüber, wie sicher das ist. Wasserfasten ist eine der radikalsten Fastenformen. Bei sehr langer Anwendung steigt möglicherweise das Risiko für unerwünschte Nebenwirkungen. Daher möchte ich Ihnen aktuell nicht dazu raten, den vollständigen Nahrungsverzicht länger als 14 Tage am Stück durchzuziehen.

Die andere – meines Erachtens sinnvollere und weitaus schonendere – Möglichkeit ist, das Fasten zu wiederholen. Doch wann ist dafür der richtige Zeitpunkt? Im Grunde entscheiden Sie das selbst. Ich empfehle im Moment aber dringend, eine Pause von mindestens drei Monaten einzuhalten, bevor Sie erneut durchstarten. Ein Grund dafür ist, dass Sie Ihrem Körper Zeit geben sollten, die neue Stoffwechselsituation zu festigen.

Beim Fasten setzt im Körper eine regelrechte Entgiftung ein:

Schwermetalle und andere gespeicherte Schadstoffe, die sich über Jahre in der Leber angesammelt haben, werden mobilisiert und gemeinsam mit Stoffwechselprodukten über Blut und Urin ausgeschieden. Auch wenn Laborwerte während oder direkt nach dem Fasten vorübergehend ungewohnt oder sogar erschreckend aussehen können, ist das ein Zeichen dafür, dass der Körper aktiv aufräumt – alles, was belastet, wird ausgeschwemmt und gehört damit schon bald der Vergangenheit an. Nach Abschluss dieses natürlichen Reinigungsprozesses sehen die Blutwerte meist besser aus als je zuvor, ein beeindruckender Beweis für die Kraft der körpereigenen Selbstheilung.

Während dieser intensiven Umstellung verliert der Körper nicht nur schädliche Stoffe, sondern auch die in der Leber gespeicherten Vitamine A, B12 und D werden teilweise mit mobilisiert. Das ist jedoch kein Grund zur Sorge: Nach dem Fasten hat der Organismus die fantastische Fähigkeit, diese Speicher rasch wieder aufzufüllen – vorausgesetzt, man gönnt ihm Zeit, hochwertige Ernährung und gegebenenfalls gezielte Nahrungsergänzungen. Fasten ist damit nicht nur eine bewusste Kraftanstrengung, sondern vor allem auch ein Akt tiefer Regeneration und Erneuerung.

Ich hoffe sehr, dass es uns in den nächsten Jahren gelingt, gute Biomarker und neue Messmethoden zu finden, mit denen wir Aussagen darüber treffen können, wie viel Leberfett jemand angesammelt hat. Denn auf dieser Grundlage könnte es in Zukunft möglich werden, individuelle Empfehlungen zu geben, wie lange – oder eben wie oft – eine Person fasten muss, um die Leber gänzlich vom Fett zu befreien. Außerdem sollten Sie nicht öfter als zwei- bis viermal pro Jahr fasten, aber das ergibt sich aus den drei Monaten Pause ja von selbst. Meine eigentliche Empfehlung, von der ich zutiefst überzeugt bin, lautet: Planen Sie einmal im Jahr eine zweiwöchige Wasserfastenkur ein. Das ist nach meiner Erfahrung die richtige Frequenz.

Tatsächlich ist eine mehrmonatige Unterbrechung zwischen zwei Fastenkuren auch sinnvoll, um Veränderungen bei sich selbst zu beobachten und sich bewusst zu werden, was gesundheitlich vielleicht schon besser läuft. Mit diesem Erfolg im Gepäck ist es leichter, sich erneut zum Nahrungsverzicht zu entschließen. Zudem beginnen manche Menschen ein paar Monate nach dem Fasten wieder zuzunehmen. Das ist ein recht eindeutiger Indikator dafür, dass sie noch (oder wieder) Fett in der Leber haben. Wenn Sie das bei sich selbst bemerken sollten, ist ein guter Zeitpunkt gekommen, um das Wasserfasten zu wiederholen – oder zumindest ernsthaft darüber nachzudenken, ob und wann Sie es erneut einplanen wollen.

4

QUO VADIS, FASTENFORSCHUNG?

Ich hoffe sehr, dass Sie bei der Lektüre dieses Buchs viel für sich mitgenommen haben. Denn auch wenn ich am liebsten sagen würde: »Das brauchen Sie alles nicht, legen Sie einfach los«, wollen doch die meisten Menschen verstehen, was im Körper passiert, wenn sie fasten. Und warum es sinnvoll ist, ab und an auf Nahrung zu verzichten. Die meisten wollen wissen, wie ihnen die Nulldiät nutzt und wann sie eventuell schaden könnte. Das ist gut so, denn Selbstwirksamkeit heißt auch, informiert und bewusst zu handeln – und nicht nur zu tun, was der Professor sagt. Nach dem Motto, wird schon passen.

Ich hoffe auch, dass ich Sie mit diesem Buch dazu motivieren konnte, über das Fasten und insbesondere das Wasserfasten nachzudenken, und Sie es vielleicht sogar nun selbst wagen. Vielleicht steht die Fastenkur für Sie noch an, weil Sie noch den richtigen Zeitpunkt abwarten. Oder Sie haben sich ein konkretes Datum gesetzt, das aber irgendwann in der Zukunft liegt. Dann wünsche ich Ihnen viel Freude und Erfolg mit Ihrem Vorhaben. Möglicherweise fasten Sie gerade, oder Sie haben gefastet und suchen nun nach dem für Sie passenden Weg, um Ihren Erfolg mit in eine gesündere Zukunft zu nehmen.

Egal wo Sie persönlich momentan stehen: Ich hoffe, dass

dieses Buch einen wichtigen Beitrag dazu leisten kann, das Wasserfasten als selbstwirksame Methode für mehr Gesundheit zu verbreiten und das ambulante Fasten möglichst vielen Menschen zugänglich zu machen. Denn wie Sie im Laufe des Buches sicherlich bemerkt haben, ist das meine große Vision: Ich möchte die breite Masse dazu ermächtigen, ihre Gesundheit selbst in die Hand zu nehmen, ihre Stoffwechselprobleme wie Diabetes und andere Bestandteile des metabolischen Syndroms in den Griff zu bekommen und anderen schwerwiegenden Erkrankungen vorzubeugen sowie chronische Leiden zu lindern. Ich bin der festen Überzeugung, dass wir in den nächsten Jahren noch viel darüber lernen werden, welchen umfassenden positiven Effekt das Fasten auf die Gesundheit hat.

Um dahin zu kommen, brauchen wir vor allem eines: viel mehr Forschung! Wir benötigen gute Studien, die den Effekt des Fastens weiter untermauern. Natürlich gibt es solche Untersuchungen bereits. Forschende aus verschiedenen Ländern der Welt haben Menschen fasten lassen und so Belege gesammelt, dass Wasserfasten sicher ist. Und sie haben beobachtet, dass sich die Gesundheit ihrer Probanden verbessert hat; dass beispielsweise die Risikofaktoren für das metabolische Syndrom zurückgegangen sind, dass Leberfett abgebaut wird und der Stoffwechsel insgesamt wieder flexibler wird. Außerdem hat sich gezeigt, dass sich bei Fastenden vermehrt Indikatoren nachweisen lassen, die für eine Verjüngung des Organismus sprechen.

Allerdings: Diese Studien wurden bislang mit relativ kleinen Gruppen von Freiwilligen durchgeführt. Um die Kritiker zu überzeugen, brauchen wir daher viel mehr Daten von einer großen Anzahl von Fastenden. Das verbessert die Aussagekraft von Studienergebnissen und liefert noch mehr Belege, die beweisen, dass Wasserfasten für den Großteil der Menschen ungefährlich ist. Große Studien mit vielen Probanden benötigen wir auch, um Krankenkassen davon zu überzeugen, Kosten für professionelle Fastenbetreuung zu übernehmen. Die Messlatte dafür, dass eine medizinische Maßnahme als erstattungsfähig anerkannt wird, liegt hoch. Gleichzeitig sammeln wir so auch Daten, um genau sagen zu können, bei wem Fasten nicht infrage kommt. Wie Sie wissen, bin ich sicher, dass mehr als 90 Prozent aller gesunden Erwachsenen ohne Bedenken für zwei Wochen auf Nahrung verzichten können und dass es auch möglich ist, dies ohne medizinische Begleitung zu tun. Wir brauchen aber Gewissheit in Form von wissenschaftlichen Daten, damit dieser Gedanke Einzug halten kann in die akademische Medizin. Damit Sie Unterstützung von Ihrem Hausarzt oder Ihrer Hausärztin bekommen, wenn Sie fasten wollen. Damit Sie Ansprechpartner haben, wenn es darum geht zu entscheiden, welche Medikamente Sie während des Wasserfastens weiterhin einnehmen müssen und welche Sie absetzen können oder sogar sollen. Damit Ihnen geholfen wird, falls doch Nebenwirkungen auftreten, die Sie verunsichern, oder Sie einfach noch Fragen zum Fasten haben. Damit Ihr Diabetologe oder Ihre Diabetologin überhaupt auf die Idee kommt, Ihnen das Fasten zu empfehlen. Die Liste der Gründe lässt sich fast beliebig lange fortsetzen.

Als Präsident der internationalen Diabetesgesellschaft habe ich eine Initiative ins Leben gerufen, bei der über 120 Experten weltweit mitarbeiten. Unser Ziel ist, für 19 verschiedene Fastenformen alle verfügbaren Daten aus wissenschaftlichen Studien zusammenzutragen und auszuwerten – um ihre Wirkung auf Diabetes und andere chronische Erkrankungen zu bewerten. Auf dieser Grundlage wollen wir eine Leitlinie herausgeben für Ärzte und Ärztinnen sowie für medizinisches Personal, damit diese entscheiden können, welche Fastenform bei welchen Personen und welchen Erkrankungen geeignet ist und wie sie sich im individuellen Fall anwenden lässt. Für Patienten ebenso wie für Gesunde, die fasten wollen, soll die Leitlinie Informationen enthalten.

Zukunftsvision: maßgeschneiderte Fastenprogramme

Stellen Sie sich vor, Sie kommen zu mir als Arzt. Ich untersuche Sie und kann Ihnen dann ganz genau sagen, welche Fastenform wie lange für Sie am besten ist – je nachdem, welches Ziel Sie erreichen wollen. Wollen Sie abnehmen? Wollen Sie das Leberfett verschwinden lassen? Wollen Sie Ihren (Prä-)Diabetes umkehren? Wollen Sie den Körper entgiften? Oder geht es Ihnen darum, Ihre beginnende Demenz zu bekämpfen oder einer solchen neurodegenerativen Erkrankung vorzubeugen? Das Wissen über das Fasten und seine Effekte derart konkret mit den individuellen Zielen und Notwendigkeiten des Einzelnen zusammenzubringen – das ist die wissenschaftliche Herausforderung der nächsten Jahre.

Mein Traum ist, in einem ersten Schritt genau zu verstehen, wie viel Gramm Leberfett beim Wasserfasten pro Tag verschwindet. Ob es hier individuelle Unterschiede gibt und welche Faktoren darüber bestimmen. Gleichzeitig brauchen wir Methoden, um die individuelle Menge des Leberfetts genau zu bestimmen. Das kann mithilfe der Magnetresonanzspektroskopie passieren. Besser wäre aber, wenn wir Biomarker finden, mit deren Hilfe sich schnell und wesentlich kostengünstiger beurteilen lässt, wer wie viel Leberfett hat und wie lange diese Person dann fasten muss, um den Stoffwechsel wieder ins Lot zu bringen.

An solchen und ähnlichen Fragestellungen arbeiten wir bereits. Und ich freue mich, sagen zu können, dass es in Deutschland ein Netzwerk von Fastenforschern gibt, die sehr respektvoll, konstruktiv und fruchtbar zusammenarbeiten. Eines unserer Ziele ist es, große Mengen an Daten zu sammeln und auszuwerten. Denn Menschen fasten zwar seit mehr als 4000 Jahren – zumindest so weit zurück existieren historische Belege dafür –, aber individuelle Ergebnisse, was der Einzelne unter welcher

Voraussetzung mit welcher Fastenform erreichen kann, sind so gut wie nicht dokumentiert. Genau dieses Wissen brauchen wir aber, um das Fasten für alle therapeutisch nutzbar zu machen. Wir Fastenforscher sind davon überzeugt, dass diese Methode einem medizinischen Schatz gleichkommt – wertvoller als die besten Medikamente zusammengenommen. Ohne eine ausreichende Datenlage ist es aber, als ob wir die Karte zum Schatz in der Hand hielten, aber nicht in der Lage sind, sie vollständig zu entziffern. Vor allem können wir ohne die entschlüsselten Details kaum jemanden von der Notwendigkeit überzeugen, die Expedition zu finanzieren. So schürfen wir zwar und finden auch immer wieder Diamanten – den ganzen Schatz zu heben, vermögen wir jedoch noch nicht.

Ein Fastenregister für Deutschland

Ein entscheidender Schritt, um den Schatz des Fastens für alle zugänglich und nutzbar zu machen, ist es daher, Daten zu sammeln, Daten und noch mehr Daten. Dafür arbeiten wir daran, ein Fastenregister aufzubauen. Ziel ist, ein Minimum von 15 000 Personen – Gesunde wie Kranke – zu erfassen und genau zu dokumentieren, nach welcher Methode sie gefastet haben, wie lange, mit welchen Erfolgen, wie sich das Fasten auf ihre Medikamenteneinnahme ausgewirkt hat, welche Nebenwirkungen sie hatten und ob sie das Fasten eventuell abbrechen mussten und aus welchen Gründen.

So können wir therapeutische Fastenprotokolle entwickeln, also genaue Anleitungen, mit deren Hilfe Kolleginnen und Kollegen ihre Patienten und Patientinnen beim Fasten beraten und sicher begleiten können. Das Wasserfasten über einen Zeitraum von 14 Tagen, so wie ich es in diesem Buch ausführlich geschildert habe, entspricht einem solchen Protokoll.

Das Fastenregister ist meines Erachtens einer der wichtigsten Schritte, um das Fasten in Deutschland als anerkannte medizinische Maßnahme zu etablieren. Denn nur mit einer ausreichend fundierten Datenlage kann es gelingen, dass irgendwann auch im Gesundheitssystem ein Umdenken erfolgt, Fasten als Therapieform anerkannt wird und beispielsweise auch Krankenkassen die Kosten dafür übernehmen.

Ambulantes Fasten – selbstständig mit fundierter medizinischer Begleitung

»Moment mal!«, werden Sie vielleicht denken. »Wieso redet er jetzt von Krankenkassen und Kosten? Sollte es denn nicht so sein, dass jeder einfach für sich zu Hause fasten kann?« Im Prinzip muss ich Ihnen da recht geben. Und genau das ist ja auch meine Botschaft, dass jeder selbstwirksam und zu Hause fasten kann, ohne dafür in eine Klinik zu müssen. Trotzdem wünschen sich viele Fastenwillige professionelle Begleitung, Ansprechpartner, um ihre Fragen zu klären, und Austausch mit anderen Fastenden. Und genau das möchte ich mit meinem Programm zum ambulanten Fasten erreichen.

Das ambulante Fasten eröffnet eine neue Dimension. Es schlägt die Brücke zwischen medizinischer Evidenz und Selbstwirksamkeit und macht die Kraft des Fastens endlich auch für den Alltag zugänglich, für jeden und jede. Statt eines Klinikaufenthalts oder einer stationären Kur bietet das ambulante Fasten die Möglichkeit, die positiven Effekte der freiwillig gewählten Nahrungskarenz mitten im Berufsleben und eingebunden in das Familienleben sowie in das soziale Umfeld zu erfahren – ohne lange Ausfallzeiten, unnötige Kosten oder den Verlust persönlicher Freiheit. Sie fasten selbstbestimmt, zu Hause in den eigenen vier Wänden, auf Geschäftsreise oder im Urlaub – ganz wie es zu Ihnen und Ihren individuellen Bedürfnissen passt.

Gleichzeitig sind Sie mit Ihrem Fastenvorhaben nicht auf sich allein gestellt. Eine kontinuierliche medizinische Begleitung, praktische Tipps aus dem Erfahrungsschatz von über 1000 erfolgreich betreuten Teilnehmern sowie flexible Kommunikationswege – zum Beispiel per WhatsApp oder im Austausch mit anderen Fastenden – sorgen dafür, dass Motivation und Sicherheit auch in anspruchsvollen Phasen erhalten bleiben. Das ambulante Fastenprogramm basiert auf modernster wissenschaftlicher Evidenz, wird individuell an die persönlichen Ziele und Lebensumstände angepasst und ermöglicht so auch Einsteigerinnen und Einsteigern einen sicheren Zugang zu dieser kraftvollen Therapieform. Fasten wird zur praktikablen Option für alle, die tatsächlich etwas für ihre Gesundheit tun wollen, aber nicht den Luxus einer teuren Klinik oder eines Sanatoriums genießen können oder möchten.

Ich biete Menschen, die an einer Fastenbegleitung interessiert sind, aktuell zwei Möglichkeiten an. So gibt es mein ambulantes Fastenprogramm, in dem Sie sich individuell begleiten lassen können – während des Wasserfastens, aber auch darüber hinaus. Eine professionelle Begleitung sorgt für Sicherheit und Motivation, medizinische Beratung und Monitoring helfen, Nebenwirkungen zu vermeiden und gesundheitliche Bedenken frühzeitig zu klären. Ambulantes Fasten ermöglicht, den nachhaltigen Erfolg nach der Fastenkur direkt ins eigene Leben zu übertragen. Die Begleitung durch Expertinnen und Experten fördert das Umdenken im Lebensstil, unterstützt bei Ernährungsumstellungen, gibt individuelle Tipps für Bewegung, Stressmanagement und die gezielte Nachsorge. So entsteht ein Prozess der Selbstheilung, der motiviert und inspiriert – und nicht nur für ein paar Wochen, sondern dauerhaft wirkt.

Ergänzend biete ich auf meinem Fastenkanal regelmäßig neue

Informationen rund um das Thema Fasten an und beantworte Fragen, die mir Fastenwillige und Fastende stellen. Ja, diese Programme sind mit Kosten verbunden. Doch letztlich profitieren nicht nur die einzelnen Teilnehmenden davon: Mit Ihrem Beitrag unterstützen Sie zudem die Fastenforschung in Deutschland. Denn Sie wissen ja: Forschungsgelder sind in diesem Bereich noch dünn gesät.

Mit dem Erfolg der ambulanten Fastenprogramme wächst in Deutschland zudem eine starke Gemeinschaft gesundheitsbewusster Menschen. Das macht den Unterschied und weist den Weg in die Zukunft. Denn ambulantes Fasten ist damit weit mehr als eine Methode der Gesundheitsförderung. Es ist der Schritt zu gelebter, alltagsnaher Gesundheitskompetenz – wissenschaftlich fundiert, nachhaltig wirksam und für jeden erreichbar, der Eigenverantwortung und Neugier mitbringt. Und es ist ein Statement für Selbstbestimmung, für moderne Präventionsmedizin und für die Vision, dass jeder Mensch die Schlüssel zu seiner Gesundheit in der eigenen Hand halten kann.

Doch das ist erst der Anfang: Für die Zukunft wünsche ich mir ambulante Angebote, bei denen Ärztinnen und Ärzte, Fastenberaterinnen und Fastenberater die Menschen beim Fasten begleiten, zu Medikamenten beraten, über Nebenwirkungen aufklären und ihre fachliche Einschätzung geben können, wann es notwendig ist, das Fasten vielleicht abzubrechen. Mir schwebt da ein System nach dem Vorbild der Telemedizin vor, in dem von uns ausgebildete und zertifizierte Ärztinnen und Ärzte mitarbeiten und Menschen beim Fasten begleiten – telefonisch oder über eine App.

Tatsächlich sind wir von dieser Vision gar nicht so weit entfernt. Im etwas kleineren Maßstab können Sie sich heute schon von mir und meinem Team begleiten lassen (ambulantesfasten.de). Darüber hinaus verfolgen Prof. Dr. Andreas Michalsen und ich gemeinsam mit weiteren Expertinnen und Experten das große Ziel eines flächendeckenden Angebots für ein betreutes ambulantes Fasten. Dafür arbeiten wir gerade daran, ein Fasteninstitut aufzubauen, das die Kompetenzen der Forschenden in diesem Bereich, der Ärztinnen und Ärzte, die sich mit dem Fasten befassen, aber auch nicht akademischer Fastenbegleiterinnen und -begleiter bündelt. Gemeinsam wollen wir die Forschung in diesem Feld kanalisieren und vorantreiben, ein System für eine zertifizierte Fastenbegleitung aufbauen und letztlich dafür sorgen, dass das Fasten in Deutschland die therapeutische Bedeutung gewinnt, die ihm unserer Meinung nach längst zukommen sollte.

Ich bin überzeugt, dass wir mit dem Wasserfasten einen echten Schatz in den Händen halten. Und wahrscheinlich werden wir den Reichtum dieser Methode erst mit den Jahren und mit weiterer Forschungsarbeit in seiner ganzen Fülle erfassen. Überlegen Sie mal, ob es sonst in der Medizin etwas Ähnliches gibt. Wasserfasten hat enormes Potenzial, den Umgang mit Diabetes, Bluthochdruck, dem metabolischen Syndrom und vielen weiteren chronischen Erkrankungen zu revolutionieren. Und der Erfolg dieser Maßnahme gehört ganz allein den Patienten, die sich entschieden haben, das umzusetzen – entgegen aller anfänglicher Skepsis und impulsiver Ablehnung.

Mit diesem Gesamtpaket ist das Wasserfasten in meinen Augen allen anderen medizinischen Therapien überlegen. Natürlich gibt es Kolleginnen und Kollegen, aber auch Patientinnen und Patienten, die komplett dagegen sind. Aber Wissenschaft und Fortschritt leben auch vom Diskurs. Und ich erfahre immer wieder, dass die Resonanz bei meinen Vorträgen sehr positiv ist – gerade in Fachkreisen. Ziemlich häufig kommen bei solchen Veranstaltungen Ärztinnen und Ärzte zu mir und berichten, dass sie etwas Ähnliches auch schon mal ausprobiert haben.

Lassen Sie uns gemeinsam daran arbeiten, das Wasserfasten zu konsolidieren. Und damit meine ich nicht nur Kollegen in

Forschung und Klinik, sondern gerade Sie, die dieses Buch in der Hand halten und vielleicht gerade Ihre erste Fastenerfahrung gemacht haben. Wenn Sie helfen, das Fastenregister mit Daten und Erfahrungen zu füllen, tragen Sie direkt dazu bei, Wasserfasten und andere Fastenformen als eine moderne und innovative Form der Medizin zu etablieren. Eine, die Ihnen nicht »von außen« verordnet wird, sondern eine, die aus Ihrer eigenen Kraft heraus funktioniert. Das lohnt sich für jeden Einzelnen. Das lohnt sich für die Medizin der Zukunft. Und es lohnt sich für uns alle als Gesellschaft.

UNTERSTÜTZUNG GEWÜNSCHT?

Machen Sie Fasten zu Ihrem Weg der Gesundheit – wissenschaftlich fundiert, alltagstauglich und sicher. Aktuell biete ich folgende Wege an, wie Sie sich beim Fasten begleiten und unterstützen lassen können.

Angebot zum ambulanten Fasten: ambulantesfasten.de

Mein Team und ich begleiten Sie vor, während und nach dem Fasten – mitten im Alltag, sicher, flexibel und individuell.

Fastenregister

Werden Sie Teil des größten wissenschaftlichen Fastenprojekts Deutschlands! Wenn Sie bereits gefastet haben oder eine Fastenkur planen, nehmen Sie am Fastenregister teil und unterstützen Sie aktiv die Weiterentwicklung und gesellschaftliche Anerkennung des Fastens als Therapie.

Patreon-Community »Prof. Schwarz fastet«

Vertiefen Sie Ihr Wissen, erhalten Sie exklusive Inhalte und profitieren Sie vom Austausch mit anderen Fastenden. Werden Sie Fastenpatron unter https://www.patreon.com/profschwarzfastet. Weitere Informationen finden Sie zudem auf meinem Instagram-Account profschwarzfastet.

ANHANG

ÜBERSICHT NAHRUNGSFETTE UND GESUNDHEITLICHE BEWERTUNG

Fett in der Nahrung muss nichts Schlechtes sein: Die Tabelle zeigt Ihnen, wo Sie zugreifen dürfen und wo Zurückhaltung angezeigt ist.

Fettart / Lebensmittel	Kategorie	Bemerkung
Pflanzliche Öle (Oliven-, Raps-, Leinöl)	gesundheitsförderlich	Reich an ungesättigten Fettsäuren (v. a. Omega-3/9), positive Wirkung auf Herz-Kreislauf, Blutdruck, Immunfunktion
Nüsse, Samen, Avocado	gesundheitsförderlich	Gute Quellen für ungesättigte Fettsäuren, enthalten Vitamine, Mineralstoffe
Fettreicher Seefisch (z. B. Lachs, Makrele, Hering)	gesundheitsförderlich	Liefert Omega-3-Fettsäuren, entzündungshemmende Wirkung, senkt LDL
High-oleic Sonnenblumenöl	gesundheitsförderlich	Enthält hohe Mengen einfach ungesättigter Ölsäure, gute Hitzestabilität
Butter, Sahne, Schmalz (tierisch)	ungünstig	Reich an gesättigten Fettsäuren, erhöhen LDL, steigern Risiko für Herz-Kreislauf-Erkrankungen

Fettart / Lebensmittel	Kategorie	Bemerkung
Kokosöl, Palmöl	ungünstig	Ebenfalls viele gesättigte Fettsäuren, besonders in hoch verarbeiteten Produkten verwendet
Fleisch, Wurstwaren	ungünstig	Viele gesättigte Fette, steigern LDL-Cholesterin, problematisch bei Übermaß
Margarine (mit gehärteten Fetten/ Transfetten)	ungünstig	Transfettsäuren erhöhen LDL, senken HDL, begünstigen Arteriosklerose
Eier, Milchprodukte (in Maßen)	okay/neutral	In moderater Menge nach aktueller Studienlage meist kein Problem, enthalten auch wertvolle Nährstoffe
Maiskeim-, Sonnenblumen-, Sojaöl, Distelöl (Omega-6-reich)	okay/neutral	Omega-6-Fettsäuren in Balance mit Omega-3, zu viel Omega-6 kann entzündungsfördernd wirken
Fertigprodukte, Fast Food	ungünstig	Sehr viele Transfette und gesättigte Fette, pro-atherogen und entzündungsfördernd

MEDIKAMENTE, DIE SIE VOR DEM FASTEN ÜBERPRÜFEN SOLLTEN

Manche Medikamente können das Fasten behindern und sollten nach Rücksprache mit dem behandelnden Arzt abgesetzt oder anders dosiert werden. Andere müssen während des Nahrungsverzichts zwingend weiter eingenommen werden. Umgekehrt kann Fasten die Wirkung einiger Substanzen beeinträchtigen. Hier eine Übersicht über die gängigsten Arzneimittel:

Medikamentengruppe	Was ist zu beachten
Diabetesmedikamente (Insulin, orale Antidiabetika)	Ohne Energiezufuhr durch die Nahrung besteht die Gefahr einer Unterzuckerung (Hypoglykämie), wenn die Medikamente beim Fasten unverändert eingenommen werden. Die Dosis muss daher intensiv kontrolliert und angepasst werden. Orale Diabetesmedikamente können beim Fasten meist abgesetzt werden.
Blutdrucksenker	Beim Fasten sinkt der Blutdruck. Die Dosis muss daher angepasst oder das Medikament ganz abgesetzt werden. Sonst drohen ein zu niedriger Blutdruck und Kreislaufprobleme.
Diuretika (Entwässerungsmedikamente)	Hier ist äußerste Vorsicht geboten: Werden beim Fasten Diuretika eingenommen, besteht ein Risiko für übermäßige Elektrolytverluste und Dehydratation.
Kortikoide (z. B. Prednisolon)	Stoffwechselveränderungen beim Fasten können zu einem veränderten Kortikoid-Level führen, also von Botenstoffen, zu denen unter anderem das Kortisol gehört. Wer Kortikoide einnehmen muss und fasten möchte, sollte sich daher unbedingt an den behandelnden Arzt oder die Ärztin wenden. Diese Fälle bedürfen einer individuellen ärztlichen Entscheidung.

Medikamenten-gruppe	Was ist zu beachten
Nichtsteroidale Antirheumatika (NSAIDs, z. B. ASS, Ibuprofen)	Beachten Sie, dass Magenreizungen durch diese Medikamente sowie andere Nebenwirkungen beim Fasten verstärkt auftreten können.
Schilddrüsen-medikamente (z. B. L-Thyroxin)	Schilddrüsenmedikamente müssen beim Fasten in gewohnter Dosierung weiter eingenommen werden. Bei schlecht eingestellter Überfunktion sollten Sie nicht fasten.
Orale Kontrazeptiva (Antibabypille)	Die Wirksamkeit kann durch Fastenausleitung/ Abführen kurzzeitig eingeschränkt sein.
Nahrungsergän-zungsmittel, Vita-mine, Mineralstoffe	Sollen beim Wasserfasten grundsätzlich abgesetzt werden, sofern keine medizinische Indikation vorliegt.

Literaturverzeichnis

Alirezaei, Mehrdad et al.: Short-term fasting induces profound neuronal autophagy, in: *Autophagy 6(6)*, 2010, S. 702–710. Online unter: 10.4161/auto.6.6.12376

Al-Mrabeh, Ahmad: Pathogenesis and remission of type 2 diabetes: what has the twin cycle hypothesis taught us?, in: *Cardiovascular endocrinology & metabolism 25,9(4)*, 2020, S. 132–142. Online unter: 10.1097/XCE.0000000000000201

ÄrzteZeitung: Strenge Diät fördert Regeneration von Pankreaszellen, 27.02.2017. Online unter: https://www.aerztezeitung.de/Medizin/Strenge-Diaet-foerdert-Regeneration-von-Pankreaszellen-310182.html

Bagherniya, Mohammad et al.: The effect of fasting or calorie restriction on autophagy induction: A review of the literature, in: *Ageing Research Reviews 47*, 2018, S. 183–197. Online unter: 10.1016/j.arr.2018.08.004.

Bahr, Lina et al.: Die ketogene Diät – was sie kann, wie sie wirkt und wie sie gelingt, in: *Zeitschrift für Komplementärmedizin 10(2)*, 2018, S. 22–29. Online unter: 10.1055/a-0584-5311

Bansal, Savita et al.: Visceral fat: A key mediator of NAFLD development and progression, in: *Human Nutrition & Metabolism 33(200210)*, 2023. Online unter: https://doi.org/10.1016/j.hnm.2023.200210

Bar, Sudipta et al.: Neuronal glycogen breakdown mitigates tauopathy via pentose-phosphate-pathway-mediated oxidative stress reduction, in: *Nature Metabolism 7*, 2025, S. 1375–1391. Online unter: https://doi.org/10.1038/s42255-025-01314-w

Bauersfeld, Stephan P. et al.: The effects of short-term fasting on quality of life and tolerance to chemotherapy in patients with breast and ovarian cancer: a randomized cross-over pilot study, in: *BMC Cancer 18(476)*, 2018. Online unter: https://doi.org/10.1186/s12885-018-4353-2

Beaumont, Annette et al.: Time-restricted eating improves appetite regulation and sleep characteristics in adults with poor sleep quality, in: *Randomized Control Trials 50*, 2025, S. 66–74. Online unter: https://doi.org/10.1016/j.clnu.2025.04.028

Berger, Bettina: Fasten bei Diabetes mellitus Typ 1, in: *VFED aktuell PLUS 196*, 2023, S. 22–28. Online unter: https://www.researchgate.net/publication/373691190_Fasten_bei_Typ_1_Diabetes

Berger, Bettina et al.: Seven-day fasting as a multimodal complex intervention for adults with type 1 diabetes: Feasibility, benefit and safety in a controlled pilot study, in: *Nutrition 86(111169)*, 2021. Online unter: 10.1016/j.nut.2021.111169

Bergmann, Antje et al.: Diabetes in der Wüste, in: *Diabetes aktuell 17(7)*, 2019, S. 251. Online unter: 10.1055/a-1022-9300

Bernet, Claus: Der Mediziner Otto Buchinger (1878–1966), in: *Zeitschrift des Vereins für hessische Geschichte 112*, 2007, S. 227–234. Online unter: https://www.vhghessen.de/inhalt/zhg/ZHG_112/12_Bernet_Der%20Mediziner%20Otto%20Buchinger.pdf

Brater, Jürgen: *Medikamente aus der Muskelapotheke*, 23.09.2023. Online unter: https://www.wissenschaft.de/gesundheit-medizin/medikamente-aus-der-muskelapotheke/

Bundesministerium für Forschung, Technologie und Raumfahrt: *Adipositas: Wenn überzählige Pfunde krank machen*. Online unter: https://www.gesundheitsforschung-bmftr.de/de/adipositas-wenn-uberzahlige-pfunde-krank-machen-16079.php

Chen, Weiyi et al.: Nutrient-sensing AgRP neurons relay control of liver autophagy during energy deprivation, in: *Cell Metabolism 35(5)*, 2023, S. 786–806.e13. Online unter: 10.1016/j.cmet.2023.03.019

Cheng, Chia-Wei et al.: Fasting-Mimicking Diet Promotes Ngn3-Driven β-Cell Regeneration to Reverse Diabetes, in: *Cell 168(5)*, 2017, S. 775–788.e12. Online unter: 10.1016/j.cell.2017.01.040

Couto, Sergio et al.: The impact of intermittent fasting and Mediterranean diet on older adults' physical health and quality of life: A randomized clinical trial, in: *Nutrition, Metabolism and Cardiovascular Diseases 35(104132)*, 2025. Online unter: https://doi.org/10.1016/j.numecd.2025.104132

Cryan, John et al.: Mind-altering microorganisms: the impact of the gut microbiota on brain and behaviour, in: *Nature Reviews. Neuroscience 13(10)*, 2012, S. 701–712. Online unter: 10.1038/nrn3346

Dai, Zhongquan et al.: Effects of 10-Day Complete Fasting on Physiological Homeostasis, Nutrition and Health Markers in Male Adults, in: *Nutrients 14(18)*, 2022, S. 3860. Online unter: https://doi.org/10.3390/nu14183860

Dai, Zhongquan, Dai et al.: Analysis of physiological and biochemical changes and metabolic shifts during 21-Day fasting hypometabolism, in: *Scientific Reports 14(1)*, 2024. Online unter: https://doi.org/10.1038/s41598-024-80049-2

Dehghani, Shakila et al.: Comparison of the Effect of Intermittent Fasting with Mediterranean Diet on Glycemic, Lipid, and Anthropometric Indices in Type 2 Diabetes: A Review of Randomized Controlled Trials, in: *Current Hypertension Reviews*, 2025, S. 174–185. Online unter: https://pubmed.ncbi.nlm.nih.gov/40231524/

Destatis Statistisches Bundesamt: *Entwicklung der Lebenserwartung in Deutschland seit 1871/1881*, 2025. Online unter: https://www.destatis.de/DE/Themen/Gesellschaft-Umwelt/Bevoelkerung/Sterbefaelle-Lebenserwartung/sterbetafel.html#:~:text=Der%20langfristige%20Trend%20der%20steigenden,Arbeitsbedingungen%20und%20gestiegener%20materieller%20Wohlstand

Destatis Statistisches Bundesamt: *Sterbefälle und Lebenserwartung.* Online unter: https://www.destatis.de/DE/Themen/Gesellschaft-Umwelt/Bevoelkerung/Sterbefaelle-Lebenserwartung/_inhalt.html

Deutsches Primatenzentrum: *Evolution und Diversität*. Online unter: https://www.dpz.eu/wissen/primaten/evolution-und-diversitaet

Dittmann, Marc: *Fasten – eine Ernährungsstrategie für Sportler?*, 28.06.2020. Online unter: https://sportsandmedicine.com/de/2020/06/fasten-eine-ernaehrungsstrategie-fuer-sportler/

Dutzmann, Jochen et al.: Intermittent Fasting After ST-Segment–Elevation Myocardial Infarction Improves Left Ventricular Function: The Randomized Controlled INTERFAST-MI Trial, in: *Circulation: Heart Failure 17(5)*, 2024, S. e010936. Online unter: https://doi.org/10.1161/CIRCHEARTFAILURE.123.010936

Ezpeleta, Mark et al.: Efficacy and safety of prolonged water fasting: a narrative review of human trials, in: *Nutrition Reviews 82(5)*, 2024, S. 664–675. Online unter: https://doi.org/10.1093/nutrit/nuad081

Fallert, Max: *Kur für den Körper: »Fasten ist die therapeutische Königsdisziplin«*, 16.02.2024. Online unter: https://www.mdr.de/wissen/podcast/challenge/ernaehrung-gesundheit-fasten-beugt-krankheiten-vor-102.html

Farrukh, Hussain: Fasten als Heilmittel für physische und psychische Krankheiten, in: *Deutsches Ärzteblatt 81(6)*, 1984, S. 334–335. Online unter: https://api.aerzteblatt.de/pdf/81/6/a334.pdf

Felix, Gerlinde: Das Problem unserer verarmten Darmflora, in: *Die Zeit*, 30.09.2021. Online unter: https://www.zeit.de/gesundheit/2021-09/darmgesundheit-forschung-mikroben-1000-jahre-industrielaender-ernaehrung

Fernández-Verdejo, Rodrigo et al.: Effects of ketone bodies on energy expenditure, substrate utilization, and energy intake in humans, in: *Journal of Lipid Research 64(10)*, 2023. Online unter: 10.1016/j.jlr.2023.100442

Fischer-Posovszky, Pamela et al.: Fettgewebe als endokrines Organ, in: *e.Medpedia*, 23.07.2018. Online unter: https://www.springermedizin.de/emedpedia/detail/paediatrische-endokrinologie-und-diabetologie/fettgewebe-als-endokrines-organ?epediaDoi=10.1007%2F978-3-662-52794-8_20#CR4

Fischer-Posovszky, Pamela et al.: Fettgewebe als endokrines Organ, in: Hiort, Olaf; Danne, Thomas; Wabitsch, Martina (Hrsg.): *Pädiatrische Endokrinologie und Diabetologie*, Springer, 2020, S. 271–278. Online unter: https://doi.org/10.1007/978-3-662-57309-9_20

Ganten, Detlev et al.: Risikofaktor Übergewicht und Diabetes, in: dies.: *Die Gesundheitsformel*, Knaus, 2014, S. 232–234.

Gebhardt, Ulrike: *Unscheinbarer Führungsspieler. Die Schilddrüse ist der Chef des Hormonhaushalts und komplizierter reguliert als bisher gedacht*, 03.07.2014. Online unter: https://www.spektrum.de/news/die-schilddruese-ein-unterschaetztes-steuerorgan/1299047?gad_source=1&gad_campaignid=22421427060&gbraid=0AAAAAD_c8R4X5_ycHRAYxQsGVOzrCK-QWM&gclid=EAIaIQobChMI4N-Niff_jgMVagEGABofDzjFEAAYA-SAAEgLR8_D_BwE

Geidl-Flueck, Bettina et al.: Fructose- and sucrose- but not glucose-sweetened beverages promote hepatic de novo lipogenesis: A randomized controlled trial, in: *Journal of Hepatology 75(1)*, 2021, S. 46–54. Online unter: 10.1016/j.jhep.2021.02.027

Ghizal, Fatima et al.: Fasting as Cancer Treatment: Myth or Breakthrough in Oncology, in: *Cureus 17(3)*, 2025, S. 81395. Online unter: 10.7759/cureus.81395

Gunz, Philipp: Die Ersten unserer Art, in: *Jahrbuch der Max-Planck-Gesellschaft*, 2017. Online unter: https://www.mpg.de/11820357/mpi_evan_jb_2017

Hagenberg, Jonas et al.: Dissecting depression symptoms: Multi-omics clustering uncovers immune-related subgroups and cell-type specific dysregulation, in: *Brain, Behavior, and Immunity 123*, 2025, S. 353–369. Online unter: 10.1016/j.bbi.2024.09.013

Hallberg, Sarah J. et al.: Effectiveness and Safety of a Novel Care Model for the Management of Type 2 Diabetes at 1 Year: An Open-Label, Non-Randomized, Controlled Study, in: *Diabetes therapy 9(2)*, 2018, S. 583–612. Online unter: 10.1007/s13300-018-0373-9

Hollstein, Tim: Ernährung: Gesättigte Fette nicht verteufeln, in: *Deutsches Ärzteblatt 118(7)*, 2021, S. 359–361. Online unter: https://www.aerzteblatt.de/

archiv/ernaehrung-gesaettigte-fette-nicht-verteufeln-b9999e82-43fa-4627-b425-4d968c104332
Hoppert, Karin et al.: Is there a fit in cognitive and sensory evaluation of yogurt? The moderating role of nutrition training, in: *Food Quality and Preference 31*, 2014, S. 65–68. Online unter: https://doi.org/10.1016/j.foodqual.2013.08.001
Hüther, Gerald et al.: Essen, Serotonin und Psyche: Die unbewußte nutritive Manipulation von Stimmungen und Gefühlen, in: *Deutsches Ärzteblatt 95(9)*, 1998, S. 477–479. Online unter: https://www.aerzteblatt.de/archiv/essen-serotonin-und-psyche-die-unbewusste-nutritive-manipulation-von-stimmungen-und-gefuehlen-7b925907-5eda-477b-9f37-677789136303
Hummel, Katrin: »Es gibt auch schlanke Menschen mit einer recht ausgeprägten Fettleber«, in: *Frankfurter Allgemeine Zeitung*, 28.05.2025. Online unter: https://www.faz.net/aktuell/stil/leib-seele/wie-man-bauchfett-am-schnellsten-wieder-los-wird-110493674.html
Imada, Shinya et al.: Short-term post-fast refeeding enhances intestinal stemness via polyamines, in: *Nature* 633, 2024, S. 895–904. Online unter: https://doi.org/10.1038/s41586-024-07840-z
Jabs, Markus et al.: Inhibition of Endothelial Notch Signaling Impairs Fatty Acid Transport and Leads to Metabolic and Vascular Remodeling of the Adult Heart, in: *Circulation 137(24)*, 2018, S. 2592–2608. Online unter: 10.1161/CIRCULATIONAHA.117.029733
Jamshed, Humaira et al.: Effectiveness of Early Time-Restricted Eating for Weight Loss, Fat Loss, and Cardiometabolic Health in Adults With Obesity: A Randomized Clinical Trial, in: *JAMA Internal Medicine 182(9)*, 2022, S. 953–962. Online unter: 10.1001/jamainternmed.2022.3050
Jayedi, Ahmad et al.: Central fatness and risk of all cause mortality: systematic review and dose-response meta-analysis of 72 prospective cohort studies, in: *BMJ 370(8261)*, 2020. Online unter: https://doi.org/10.1136/bmj.m3324
Jiang, Yanyu et al.: Five-day water-only fasting decreased metabolic-syndrome risk factors and increased anti-aging biomarkers without toxicity in a clinical trial of normal-weight individuals, in: *Clinical and Translational Medicine 11(8)*, 2021, S. e502. Online unter: https://doi.org/10.1002/ctm2.502
Jiang, Yanyu et al.: Non-invasive omics analysis delineates molecular changes in water-only fasting and its sex-discriminating features in metabolic syndrome patients, in: *MedComm 4(6)*, 2023, S. e393. Online unter: https://doi.org/10.1002/mco2.393
Kabthymer, Robel Hussen et al.: The association of sweetened beverage intake with risk of type 2 diabetes in an Australian population: A longitudinal study, in: *Diabetes & Metabolism 16(101665)*, 2025. Online unter: https://doi.org/10.1016/j.diabet.2025.101665

Kaplow, Mirjam: *Neue Studie zeigt systematische Veränderungen des Körpers durch Fasten*, 01.03.2024. Online unter: https://www.bihealth.org/de/aktuell/neue-studie-zeigt-systematische-veraenderungen-des-koerpers-durch-fasten

Kelly, John et al.: Transferring the blues: Depression-associated gut microbiota induces neurobehavioural changes in the rat, in: *Journal of Psychiatric Research 82*, 2016. S. 109–118. Online unter: 10.1016/j.jpsychires.2016.07.019

Kjeldsen-Kragh, Jens et al.: Controlled trial of fasting and one-year vegetarian diet in rheumatoid arthritis, in: *The Lancet 338(8772)*, 1991, S. 899–902. Online unter: 10.1016/0140-6736(91)91770-U

Kleine-Gunk, Bernd: Fasten und Langlebigkeit, in: *Ernährung & Medizin 36(4)*, 2021, S. 164–168. Online unter: 10.1055/a-1593-8091

Kolb, Hubert: Obese visceral fat tissue inflammation: from protective to detrimental?, in: *BMC Med. 20(494)*, 2022. Online unter: 10.1186/s12916-022-02672-y

Kolnes, Kristoffer et al.: Effects of seven days' fasting on physical performance and metabolic adaptation during exercise in humans, in: *Nature Communications 16(122)*, 2025. Online unter: https://doi.org/10.1038/s41467-024-55418-0

Krstic, Jelena et al.: Fasting improves therapeutic response in hepatocellular carcinoma through p53-dependent metabolic synergism, in: *Science Advances 8(3)*, 2022. Online unter: 10.1126/sciadv.abh2635

Kühn, Jens-Peter et al.: Prevalence of Fatty Liver Disease and Hepatic Iron Overload in Northeastern German Population by Using Quantitative MR Imaging, in: *Radiology 284(3)*, 2017, S. 706–716. Online unter: 10.1148/radiol.2017161228

Lachnit, Tim et al.: Exposure of the Host-Associated Microbiome to Nutrient-Rich Conditions May Lead to Dysbiosis and Disease Development – an Evolutionary Perspective, in: *mBio 10(3)*, 2019. Online unter: https://doi.org/10.1128/mbio.00355-19

Laurens, Claire et al.: Is muscle and protein loss relevant in long-term fasting in healthy men? A prospective trial on physiological adaptations, in: *Journal of Cachexia, Sarcopenia and Muscle 12(6)*, 2021, S. 1690–1703. Online unter: 10.1002/jcsm.12766

Lenz, Dennis: *Mutationen im Erbgut der Inuit entdeckt*, 30.09.2015. Online unter: https://www.forschung-und-wissen.de/nachrichten/medizin/mutationen-im-erbgut-der-inuit-entdeckt-13372232

Lenzen-Schulte, Martina: Gegen Diabetes und Adipositas: Dein Freund, der Ketonkörper, in: *Deutsches Ärzteblatt 115(41)*, 2018, S. 1810–1815. Online unter: https://www.aerzteblatt.de/archiv/pdf/66e3de3d-61ec-4e86-a33f-60ddc4b62b28

Lenzen-Schulte, Martina et al.: Autophagie: »Selbstverstümmelung« als Überlebensstrategie, in: *Deutsches Ärzteblatt 113(40)*, 2016, S. 1740–1743. Online unter: https://www.aerzteblatt.de/archiv/pdf/da349572-74af-4226-afe1-348f28180567

Liu, Yan et al.: Gut Microbiome Fermentation Determines the Efficacy of Exercise for Diabetes Prevention, in: *Cell Metabolism 31(1)*, 2020, S. 77–91 e.5. Online unter: https://doi.org/10.1016/j.cmet.2019.11.001

Maifeld, András et al.: Fasting alters the gut microbiome reducing blood pressure and body weight in metabolic syndrome patients, in: *Nature Communications 12(1970)*, 2021. Online unter: 10.1038/s41467-021-22097-0

Marinac, Catherine et al.: Prolonged Nightly Fasting and Breast Cancer Prognosis, in: *JAMA Oncology 2(8)*, 2016, S. 1049–1055. Online unter: doi:10.1001/jamaoncol.2016.0164

McCay, Clive et al.: Growth, ageing, chronic diseases, and lifespan in rats, in: *Archives of Biochemistry* 2, 1943, S. 469–479.

Michalsen, Andreas: Ernährung und Fasten, in: *Zeitschrift für Rheumatologie 83*, 2024, S. 697–705. Online unter: https://doi.org/10.1007/s00393-024-01557-0

Michalsen, Andreas: *Ernährung. Meine Quintessenz*, Insel Verlag, 2025.

Michalsen, Andreas et al.: Fasting therapy for treating and preventing disease – current state of evidence, in: *Forschende Komplementarmedizin 20(6)*, 2013, S. 444–453. Online unter: 10.1159/000357765

Muñoz-Cánoves, Pura et al.: Interleukin-6 myokine signaling in skeletal muscle: a double-edged sword?, in: *The FEBS Journal 280(17)*, S. 4131–4148. Online unter: https://doi.org/10.1111/febs.12338

Naturhistorisches Museum Wien: *Venus-Forschung*. Online unter: https://www.nhm-wien.ac.at/forschung/praehistorie/forschungen/venus-forschung

Ntv: *Nach Absetzen der Abnehmspritze nimmt man schnell wieder zu*, 22.07.2025. Online unter: https://www.n-tv.de/wissen/Nach-Absetzen-der-Abnehmspritze-nimmt-man-schnell-wieder-zu-article25915976.html

Osterkamp, Jan: *Hatte PMS früher einmal einen biologischen Sinn?*, 13.08.2014. Online unter: https://www.spektrum.de/news/hatte-pms-frueher-einmal-einen-biologischen-sinn/1304832

Pałucka, Klaudia et al.: Satisfaction with life in postmenopausal women, in: *Quarterly Journal Fides Et Ratio 51(3)*, 2022, S. 76–83. Online unter: https://www.researchgate.net/publication/363938027_Satisfaction_of_life_in_postmenopausal_women

Pietzner, Maik et al.: Systemic proteome adaptions to 7-day complete caloric restriction in humans, in: *Nature Metabolism 6*, 2024, S. 764–777. Online unter: https://doi.org/10.1038/s42255-024-01008-9

Podbregar, Nadja: *Eine alte Tradition. Die Renaissance des Fastens*, 11.03.2016. Online unter: https://www.scinexx.de/dossierartikel/eine-alte-tradition/

Refisch, Alexander et al.: Die Bedeutung des humanen Mikrobioms für die psychische Gesundheit, in: *Der Nervenarzt 94(11)*, 2023, S. 1001–1009. Online unter: https://doi.org/10.1007/s00115-023-01552-x

Roeb, Elke et al.: Aktualisierte S2k-Leitlinie nicht-alkoholische Fettlebererkrankung der Deutschen Gesellschaft für Gastroenterologie, Verdauungs- und Stoffwechselkrankheiten (DGVS), in: *Zeitschrift für Gastroenterologie 60(9)*, 2022, S. 1346–1421. Online unter: 10.1055/a-1880-2283

Rüegger, Andrea et al.: Ketogene Ernährungstherapien: mehr als nur Lifestyle-Diät, in: *Swiss Medical Forum – Schweizerisches Medizin-Forum 23(43)*, 2023, S. 1386–1388. Online unter: https://doi.org/10.4414/smf.2023.1270632119

Saucedo-Orozco, Huitzilihuitl et al.: SGLT2 Inhibitors and Ketone Metabolism in Heart Failure, in: *Journal of Lipid and Atherosclerosis 11(1)*, 2022, S. 1–19. Online unter: https://doi.org/10.12997/jla.2022.11.1.1

Schaub, Anna-Chiara et al.: Clinical, gut microbial and neural effects of a probiotic add-on therapy in depressed patients: a randomized controlled trial, in: *Translational Psychiatry 12(227)*, 2022. Online unter: 10.1038/s41398-022-01977-z

Schmidt, Joana: *Neuer Therapieansatz für Herzerkrankungen: Was nützen Ketone*?, 05.03.2021. Online unter: https://www.springermedizin.de/kardiologie/neuer-therapieansatz-fuer-herzerkrankungen--was-nuetzen-ketone-/24653900

Schnurr, Eva-Maria: Iss dich glücklich!, in: *Zeit Wissen* 5, 03.08.2010. Aktualisiert am 01.11.2015. Online unter: https://www.zeit.de/zeit-wissen/2010/05/Iss-dich-gluecklich/komplettansicht

Sethi, Shebani et al.: Ketogenic Diet Intervention on Metabolic and Psychiatric Health in Bipolar and Schizophrenia: A Pilot Trial, in: *Psychiatry Research 335(115866)*, 2024. Online unter: https://doi.org/10.1016/j.psychres.2024.115866

Siddiqui, Moneeza et al.: Young-onset diabetes in Asian Indians is associated with lower measured and genetically determined beta cell function, in: *Diabetologia 65(6)*, 2022, S. 973–983. Online unter: 10.1007/s00125-022-05671-z

Tagesspiegel: *Fett essen und gesund bleiben – Mutationen lassen Inuit überleben*, 21.09.2015. Online unter: https://www.tagesspiegel.de/wissen/mutationen-lassen-inuit-uberleben-5194705.html

Translational Psychiatrie: *Brain Gut*, 2019. Online unter: https://translational-psychiatry.de/brain-gut/

Universitätsmedizin Halle: *Fasten hilft dem Herzen: Universitätsmedizin Halle untersucht die Vorteile des Intervallfastens für Herzinfarkt-Patientinnen und -Patienten*, 18.08.2021. Online unter: https://www.umh.de/news/vorteile-des-intervallfastens-fuer-herzinfarkt-patientinnen-und-patienten

Villani, Valentina et al.: A kidney-specific fasting-mimicking diet induces podocyte reprogramming and restores renal function in glomerulopathy, in: *Science Translational Medicine 16(771)*, 2024. Online unter: 10.1126/scitranslmed.adl5514

Wang, Yanying et al.: Dionysus or apollo, skeletal muscle mass changes in type 2 diabetes with sarcopenia receiving GLP-1 receptor agonist: systematic review and meta-analysis, in: *Diabetology & Metabolic Syndrome 17(315)*, 2025. Online unter: https://doi.org/10.1186/s13098-025-01877-4

Wilding, John et al.: Weight regain and cardiometabolic effects after withdrawal of semaglutide: The STEP 1 trial extension, in: *Diabetes, obesity & metabolism 24(8)*, 2022, S. 1553–1564. Online unter: 10.1111/dom.14725

Wilhelmi de Toledo, Françoise: Fasting followed by vegetarian diet in patients with rheumatoid arthritis: a systematic review, in: *Scandinavian Journal of Rheumatology 30(1)*, 2001, S. 1–10. Online unter: 10.1080/030097401750065256

Wilhelmi de Toledo, Françoise et al.: Safety, health improvement and well-being during a 4 to 21-day fasting period in an observational study including 1422 subjects, in: *PLOS One 14(1)*, 2019. Online unter: https://doi.org/10.1371/journal.pone.0209353

Wilson, Jean (Hrsg.): *Harrison's principles of internal medicine*, McGraw-Hill, 1991.

Wu, Han et al.: Trajectory of the body weight after drug discontinuation in the treatment of anti-obesity medications, in: *BMC Medicine 23(398)*, 2025. Online unter: https://doi.org/10.1186/s12916-025-04200-0

Xie, Zhibo et al.: Randomized controlled trial for time-restricted eating in healthy volunteers without obesity, in: *Nature Communications 13(1003)*, 2022. Online unter: https://doi.org/10.1038/s41467-022-28662-5

Yurista, Salva et al.: Therapeutic Potential of Ketone Bodies for Patients With Cardiovascular Disease: JACC State-of-the-Art Review, in: *Journal of the American College of Cardiology 77(13)*, 2021, S. 1660–1669. Online unter: https://doi.org/10.1016/j.jacc.2020.12.065

Zembic, Anika et al.: An Empirically Derived Definition of Metabolically Healthy Obesity Based on Risk of Cardiovascular and Total Mortality, in: *JAMA Netw Open. 4(5)*, 2021. Online unter: 10.1001/jamanetworkopen.2021.8505